一擊必中的狙擊手法則

商場如戰場，學習狙擊手思維，用最少資源達成不可能的任務

The Sniper Mind

Eliminate Fear, Deal with Uncertainty, and Make Better Decisions

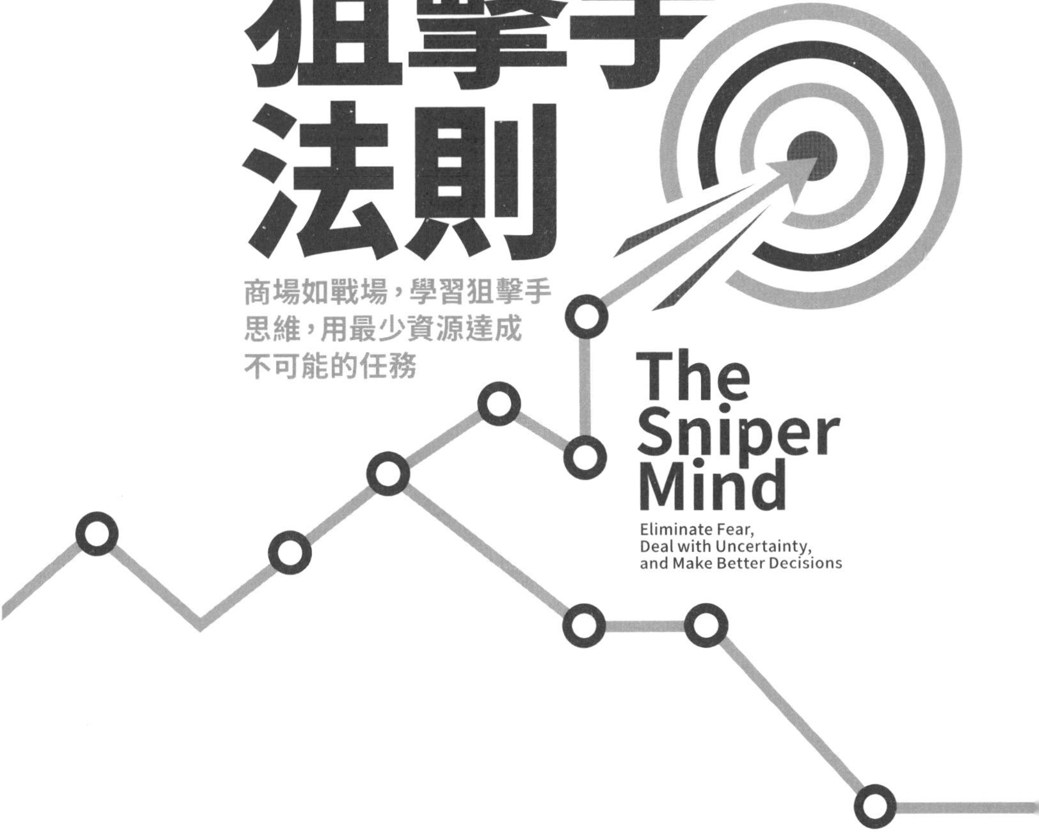

大衛·艾莫蘭 David Amerland 著

姚怡平 譯

CONTENTS

獻給班・莫斯卡蘭斯基（Ben Moskalensky）。

他在處理不受掌控的局面時，

總是展現出幹練狙擊手的果敢態度、

真正戰士的堅毅精神。

至於各地的退伍軍人，我們再怎麼表彰，

也不足以表達感激之情。

前言

半公里外，一名男子正以將近十四公里的時速，朝另一處的掩蔽物跑去，他看起來像是個低解析度的小點，只有幾公分高，用軍事術語來說，他是「機會不高的目標物」。

從火力強大的狙擊步槍裝設的望遠鏡，觀看大小如人類的靜止目標物，即使風和日麗，目標物位於射程內，但是要擊中目標物，似乎是人類難以解決的物理問題。

二〇〇四年，伊拉克的法魯加城爆發第一次掃蕩戰，海軍陸戰隊狙擊手中士約翰·伊森·普拉斯（John Ethan Place）不得不在最為艱困的局勢下著手處理。

光看變數之多，就足以對射擊的困難度望之生畏。變數包括了距離、海拔、氣溫、風速、槍膛溫度、使用的彈藥類型、目標物的行為、狙擊手的心跳率和沉著度等。生理因素則有生理疲倦、心理倦怠，使用狙擊望遠鏡視物超過三十分鐘導致眼睛疲勞等。

在第一次的法魯加掃蕩戰，美軍派出好幾個小隊快速挺進法魯加城。由於當時的政治命令（而非軍事命令）致使該場行動的時間提早，部分準備作業受到影響。行動開端，普拉斯在狙擊位置就定位，他是保護E連的唯一狙擊手。

在為期三十天的戰役期間，普拉斯淨空大部分的戈蘭高地區域，拯救無以計數的海陸弟兄，成為令敵軍聞之喪膽的強大火力。敵軍原本想利用熟悉的都會區來抵抗正規美軍部隊，卻在普拉斯的狙擊下失去這項策略優勢。伊拉克叛亂軍的士氣一落千丈。

普拉斯在三十天內擊斃三十二人。射程最遠的一次距離長達六座足球場，成功擊斃一名逃竄的叛亂份子。普拉斯擁有訓練精良的狙擊手思維，憑藉著他對人類平均速度的了解，成功計算出叛亂份子的速度，並將所有影響他與目標物之間彈道的所有變數都納入考量。

他從那名男子閃躲時表現的行為，推測出瞄準該名男子前方二點四公尺處，並對著男子即將到達的位置擊出一發子彈。普拉斯掌握僅僅二點八秒的下手良機，順利擊斃叛亂份子，然而在戰況激烈的戰役中期，普拉斯的周遭還有諸多因素干擾他的行動。

本書的用意是審視這類看似不可能達成的事蹟，致力了解這類事蹟何以成真，以及我們能從中學習到什麼。一名訓練精良的狙擊手具備多項硬技能，例如武器知識、狀況警覺、實戰經驗、彈道學與物理學知識等；同時也具備軟技能，例如穩定的情緒、同理心、平靜的內心、忍受周遭複雜情況形成的艱苦環境等。

這個前提十分簡單易懂，只要學會硬技能與軟技能，那麼在工作、人際關係、執行決策上，人們都會表現得更好。我們會仔細衡量再做出人生的選擇，我們想要的結果也將伸手可及。

本書各章節分別代表狙擊手應該具備的特定技能，先闡述背後的科學原理，再說明如何習得技能，以及如何應用在商業環境裡。各章會以一則狙擊手故事做為開頭，此外也訪問一些訓練有素的狙擊手，引述他們的概念、意見、想法。

實際上，早期的商業模式奠基於階級嚴明的軍隊結構，不僅呈現出軍方採用的「指揮及控制」做法，也展現出對於結構與編組的重視。企業經營常以軍隊作為借鑑，在策略、行動、實戰上也多有參考。但一段時日過後，企業卻忘了這類技能的養成應歸功於軍隊。企業越來越常借用軍事用語，卻忘了實踐紀律文化、專注力，以及為達目標背後所下的決心等等。

本書將扭轉以上這些不平衡的狀態，今日的軍隊有如今日的企業，同樣面臨前所未有的經營難題。軍方的工作透過社群媒體公諸於世，透明公開的程度是過去無法想像的。由於戰爭發生在不斷移居的當地居民當中，因此居民的需求必須納入考量。同樣的，企業也面臨著多變又有挑戰性的市場，因此員工必須具備高度的能力、進取心、專注力、獨創力。

大家都知道，軍人的傑出表現來自於訓練。二〇〇六年光輝國際公司（Korn／Ferry International）的研究報告顯示，曾任軍官的男性成為執行長的機率是一般美國男性的三倍。佩羅系統前任執行長羅斯・佩羅（Ross Perot）、Veritas 公司執行長比爾・科曼（Bill Coleman）、聯邦快遞執行長弗瑞德・史密斯（Fred Smith）、寶僑公司前任執行長麥睿博

（Bob McDonald），都曾在軍方服役。

本書將特定技能劃分成數個部分，依各章內容闡述技能的成效，說明如何達到必要的轉變，並且應用在工作上。讀完本書學會這十二個準則，你就可以變得更專注、更自我覺察、更有自信，對自己的能力更有信心、心態更正面。

你可能是名生意人，或是正在經營公司，是一人創業者，假如你正在尋找方法運用軍方數百年來累積的豐富知識，以期改善自身技能，成為更好的自己，那麼本書就是你最理想的選擇。

軍方早就知道，不能光靠一顆「神奇子彈」來解決所有事情。一般人只要透過適當訓練、獲得充分支持、肯定自身價值，就能達到非凡的成就。

本書提出的準則十分簡單，可應用在所有商業模式上。《孫子兵法》說：「信己之私，威加於敵，則其城可拔，其國可隳。」本書不吝透露箇中訣竅，讀者們只要善加運用知識，便能達到非凡成就。

大衛　筆

第一章

尋求競爭優勢

培養狙擊手的心理素質，

就能沉著應對、擅長分析、成效顯著。

訓練狙擊手，先要把人給招來，重新打造。

要挖出他真正的本質，然後以此為起點，從頭培養起……

——克雷格·哈里森（Craig Harrison）《最遠的殺戮》

（*The Longest Kill: The Story of Maverick 41, One of the World's Greatest Snipers*）

摩西堡谷地位於阿富汗赫爾曼德省摩西堡區中西部，海拔高度一千零四十三公尺，多半乾旱地形崎嶇，夏季酷熱冬季嚴寒，不宜人居。在塔利班捲土重來期間，阿富汗部隊、支援前者的英國部隊與塔利班，這三方打得最激烈的幾場戰役就是位於摩西堡谷地。

摩西堡（Musa Qala）的意思是「摩西的堡壘」。在 Google 上搜尋 Musa Qala，會找到穿著破舊長袍、戴著頭巾的山人揮舞著 AK47 和火箭推進榴彈的圖片。此外，還會找到英國部隊的圖片，只是背景不一樣。英軍擁有的尖端科技車輛、防彈衣及現代設備，古老又荒涼的背景，恰好形成鮮明的對比。

摩西堡向來給人荒蕪的感覺，該地的外觀和氛圍凋零破敗，跟美國人熟悉的都會生活顯然是天差地別。摩西堡這個名字更是讓該地註定成為第一人稱射擊遊戲的場景，或是造就出有如神話般的軍團歷史。

在英軍騎兵克雷格．哈里森上士的眼裡，前述兩個類比同樣都說得通。時值二〇〇九年十一月的某個早晨，英軍驅離該區的塔利班兩年後，新成立的阿富汗軍隊正在學著掌控該區。平日的巡邏就是數十名阿富汗士兵徒步行進，幾個英軍小隊駕駛武裝巡邏車支援，有時會有一名狙擊手負責掩護。因狙擊手的存在難以察覺，現代武裝部隊的攻擊力道隨之大增。

在現代戰爭，掩護是一種保護部隊的戰略，指小隊執行火力和行動戰略時，利用另一個小隊或軍用車輛作為支援。至於負責掩護支援的小隊，他們所佔據的位置要有利觀察前方的地形，尤其是敵軍的可能所在位置，還要能提供掩護火力或開槍示警。

哈里森後來回想，那天是個射擊的好日子。天氣晴朗，視線良好，側風不多。哈里森和觀測手兩人守在丘陵上一道傾頹的老舊牆垣後方，距離英國及其支援的阿富汗部隊約二點四公里。好一段時間，哈里森都在觀看部隊謹慎穿越這處變化莫測的土地。那一天出差錯的機率顯然很小，可是哈里森很清楚，阿富汗的情勢變化向來捉摸不定。在那裡，平淡無奇的白日有可能會突然變成夢魇一場。

突襲就是盡量在不驚動敵方的情況下發動攻勢。若說摩西堡難以徒步穿越，那麼要在兩公里外的狙擊望遠鏡準星下穿越此區，更是難上加難。在明亮又不閃爍的日光底下，該區毫無特點的景色有如水蛭，吸盡了視野裡的對比，營造出同質的背景，使背景經過一段時間後看起來模糊難辨。太陽移動投射出陰影，看得人眼睛疲累，地形顯出不定感。

在時日的侵蝕下，深溝成了穿越不了的黑暗，靜物的影子不斷移動。此處的風景如同阿富汗的大部分地區，一眼就能望盡，兼具外顯與隱蔽之作用。每一樣東西都在你的眼前展露無遺，卻看不到任何實質的東西。

突襲的當下哈里森差點沒注意到，因為塔利班精心挑選出來的突襲地點，從丘陵上就能俯瞰阿富汗士兵和負責護送的英軍。阿富汗士兵和英軍從基地出發，來到掃蕩範圍的最遠端，距離掩護的狙擊手二點四公里。

槍口開始出現火光，子彈開始如雨水般落在英軍的金屬車殼上，阿富汗與英國的士兵慌忙融入景色當中，努力讓自己隱形起來。守在狙擊位置的哈里森望去，突襲地點的視野很清楚，情況不太妙，於是他立刻採取行動。

在看了一輩子好萊塢電影的制約下，外行人對於狙擊手和狙擊工作的瞭解既不完善又有錯誤。電影基於需求，必然著眼於配備。武器準星要在目標物上游移不定，子彈要緩慢上膛，要架設步槍的瞄準具。望遠鏡如同魔法般讓遠處目標的輪廓變得清晰，有如目標就站在攝影機面前。好萊塢電影打造出的狙擊手形象，呈現出近乎無所不能的力量，讓我們以為只要準星一對準目標，狙擊手就不會失手。然而實際情況不盡如此，後文會在詳細說明。

不可能的射擊

狙擊史上的許多英勇事蹟其實是特例，跟好萊塢塑造的狙擊手形象正好形成對比。狙擊手總是要以更少資源完成更多事情。無論古今，狙擊手的歷史都反覆出現同一種情境：他們面臨極高的失敗率，在高壓下工作，設法超越普通人的領域，達到截然不同的水準。這種跨越歷史、文化、國家的型態往往一再重演，並且具備獨特的環節。

我們並非低估狙擊手面臨的任務之惡，但只要熟悉每回射擊都含有的五種變數，就會對射擊有更深一層的認識。在許多情況下，這五種變數會在同一時間發生，有時只冒出其中兩種，卻可能是最極端的程度：

1. 環境艱苦：以戰場環境而言，就是指天氣太熱或太冷。人體置身於立即的生理壓力，有側風或上升氣流，有刺眼的強光或能見度不佳，自然環境不合人意，地形過度平坦或多山，地形的色彩單調難以察覺遠處的動靜。

2. 高風險：狙擊手時常面臨到有人即將失去性命，隊友落入危險之中，同袍受到攻擊，四面遭到圍攻，有時還可能受傷或彈藥用盡，自己也可能遭受火力攻擊，或是要在沒有觀測手的情況下深入敵區迅速行動。每回射擊所需的無數次計算，都必須獨自完成。

3. 時間有限：時間永遠不站在狙擊手這一邊，局勢永遠緊迫，令人焦慮。而陣地遭到侵佔，同僚被殺害或俘虜，只是時間早晚的問題。毫無戒心地去巡邏，路上卻擺放易爆裝置；當機關槍對準友軍，必須壓制下來。永遠沒有充裕的時間能像電影演的那樣，可以深思熟慮又謹慎計畫。

4. 多變的變數：狙擊手必須計算所有可能影響射擊結果的變數，但變數本身也會不斷變化。目標會移動，風會改變，局勢會變得更惡劣。要是計算太久，射擊結果可能對誰都沒好處。

5. 遠處的目標：宇宙有自己的幽默感。狙擊手的步槍功能有多強大並不重要，彈藥的能量有多高才重要。危機臨頭時，狙擊手向來必須朝有效射程外的目標射擊，並且設法擊中目標。

前文所述是好萊塢的典型場景，可構成名為「不可能的射擊」的畫面。電影通常會營造緊張刺激的場面，但這種情況下的狙擊手其實不迷人也不高調。事實上，許多第一人稱射擊遊戲的玩家證實，遊戲的緊張狀態會刺激腎上腺素，使人情緒激動，進而過度反應犯下明顯失誤。

狙擊手進行失敗率高的射擊任務時，不但要對抗當時的局勢、面前所有艱難情況，同時還要對抗自己的人性。約瑟夫．魯德亞德．吉卜林（Joseph Rudyard Kipling）曾於一八九五年寫了一首名為〈倘若……〉的詩，詩一開頭是這麼寫的：「倘若你能昂首面對周遭失序的一切……」

根據吉卜林在自傳裡留下的線索，這首詩的靈感來自於林德．史塔．詹森（Leander Starr Jameson）。詹森日後成為開普殖民地（今日的南非）第十任首相，還帶領「詹森突襲」行動，這場失敗的行動還引發波耳戰爭。吉卜林寫這首詩時，或許是想到了狙擊手。〈倘若……〉一詩激發人心，講述藉由思維訓練，能享有自然的競爭優勢。

二〇〇九年十一月的早晨，克雷格・哈里森的同袍遭受攻擊，哈里森或許並未想到吉卜林，他的大腦忙著計算，無暇顧及自身和所處的局勢，更遑論站在詩篇或好萊塢電影的角度。然而，他即將如實展現出吉卜林詩中所讚頌的非凡心理紀律和專注力。

哈里森經由狙擊望遠鏡的鏡頭，看見那場突襲行動逐漸展開，並且昂首面對。他沉著地展現受過的訓練，開始採取那些已制約成習慣的動作。在三小時內，他利用自身所處的遠距離制高點，盡力壓制敵軍，設法創造機會協助同袍逃脫。三小時的行動將近尾聲，此時人的專注力開始下降，心理和精神逐漸疲乏，然而克雷格・哈里森卻在此時寫下射擊史上精彩的一頁。

塔利班在山坡上一處掩護良好的制高點，順利架設一把雙人機關槍，開始朝著下方平原毫無掩護的英國士兵連續開火，壓制住英軍，這時哈里森所保護的英國部隊極有可能戰敗。哈里森透過步槍望遠鏡，看見機關槍後方有兩個男人趴在地上。他很清楚，要阻止那架火力強大的機關槍壓制住部隊，時間不多了。然而，他面臨一大問題——距離。哈里森使用的 L115A3 長距離步槍，專門用來進行六百公尺的首輪射擊與最遠一千一百公尺的擾亂射擊。英國狙擊手使用這款步槍，最高紀錄是擊斃一千五百公尺外的目標。可是哈里森那天想要壓制的機關槍，所在位置比前述距離還要多了九百公尺。

哈里森在描述他駐紮於阿富汗經驗的《最遠的殺戮》一書中，回憶當時情景：「所有的證據都顯示不可能成功、不可能命中。那距離遠超過大家公認的步槍射程。」

望遠鏡不能再調了，我的處境堪憂，每次步槍在後座力下往後退時，牆上就有一小塊土剝落下來，我的左手不得不抓住步槍腳架，免得腳架鬆脫。精準射擊的關鍵在於盡量降低武器受到的干擾，我今天就是要努力做到這一點。

哈里森的腦海裡根本沒意識到前述提及的種種因素，他全副心思放在那幅即將展開的災難場景上，忙著調校望遠鏡的設定。現在為了讓事情更有意思，除了好萊塢電影「不可能的射擊」場景所具備的五項要素外，應該要再加上更專業的第六項要素——科氏力（Coriolis Force）。

用大白話來說，是指地球會旋轉，而沿著地軸轉圈的地球，在赤道的轉速每小時達一千六百七十四公里。我們轉身跟隔壁站著的人講話，對方之所以看似靜止不動，是因為我們都站在地球上，因此對方和我們的相對速度一模一樣。好比兩輛高速火車以同樣的速度並排行駛，相對速度一樣的物體看起來沒有移動。不過，這個原理並不適用於飛快的子彈。

子彈在離開槍膛的當下就全憑自己了，畢竟子彈並未跟地球相連。子彈裝在槍膛裡承載的動力會不斷隨著距離散失，開槍的狙擊手和狙擊手射擊的目標物持續加速，還要加上地球一千六百公里以上的轉速。

對哈里森而言，問題更是複雜。他的槍就廣告所宣傳的槍口速度是每秒九百三十六公尺，聽起來很快，卻不持久。假如除了子彈發射的初速外沒有其他作用力的話，那麼子彈的射程遠近端賴子彈的重量、高度、仰角、氣溫、槍口速度以及子彈本身的溫度。

以這樣的速度，若不考量其他因素，在科氏力的作用下，目標物只會向左或向右（實際情況視狙擊手所在的半球而定），向上或向下（實際情況視狙擊手所在的海拔高度而定）偏離幾公分。科氏力在極地最強，在赤道則是微不足道。

阿富汗差不多位於北極和赤道的中間，因此科氏力造成的偏離狀況十分顯著。哈里森那天是遠距離射擊，子彈要飛六秒的時間才會擊中目標，再加上不得不考量其他所有因素，稍有偏差就無法擊中目標，情勢丕變。

我在此用文字依序介紹每項要素，一次用一個句子，慎重構建出當天的畫面，可是哈里森在狙擊手歷史上寫下精彩一頁的那天，所有的事情都是同時間發生。他身心俱疲，緊張不安，壓力隨著時間的流逝增加，甚至受到距離和裝備限制的約束。他的射程堪稱極限，望遠鏡幾乎毫無用處。目標物超乎望遠鏡的設定，他只好先開個幾槍測試，觀察子彈是怎麼飛到那裡，或是擊中哪裡。然後根據自身的知識和經驗進行推測，判定要手動進行哪些調校。接著再次開槍，希望自己的推測能改善子彈的準確度。

然而時間緊迫，你還沒閱讀理解完前述文字，在這麼短暫的時間內，他就已經開了九槍，修正射擊狀況找出射程。

其中一槍擊中目標，子彈飛過哈里森與敵軍機關槍之間的兩千四百七十五公尺，飛行路徑隨著當日的高溫、上升氣流、槍膛溫度、科氏力而有所改變，一路沿著弧線飛行，擊中機關槍後方趴著的那名男子。操控子彈的是一顆不犯錯的腦袋，能在極端壓力下計算所有因素，讓子彈貫穿到目標物即將處於的位置。

這項絕技非常人能及，可是哈里森竟然數秒後又再度辦到了，接手機關槍的第二人也遭到擊斃。哈里森以一模一樣的兩發射擊，在軍事史上留下大名。他究竟是怎麼辦到的？

說到狙擊手，就會聯想到沉默又自信的神態，還有以超乎常人的手法處理問題、壓力，與人類的局限。我們要明白，那就是我們面對的問題會戰自身的本質。有時問題十分專業，我們擔心自己沒有技能、特質、毅力能夠處理；有時問題依情況而定，我們害怕失敗，先是讓我們覺得自己會失敗，再來讓旁人看到我們有多麼脆弱又無能為力。

這是自我毀滅的內心獨白。那些問題並不是我們外在面臨的，而是先在我們的內心留下深暗的陰影。如果找不到方法處理陰影，就會感覺問題讓你無法招架。那些問題勾起我們偷偷藏著的恐懼，致使我們崩潰。

「辦不到」只是一種看法

曾經有個人面對的自我懷疑和不安超過自己所能承擔，不得不費盡心力克服，那個人就是已故的拳王阿里（Muhammad Ali-Haj）。

提升態度使阿里得以克服嚴重缺陷，三度成為世界重量級拳擊冠軍。阿里對於辦不到的看法是：「辦不到，並不是事實，而是旁人的看法；辦不到，並不是證言，而是賭你敢不敢；辦不到，不一定是真的；辦不到，是暫時的現象；辦不到，算不上什麼。」

如果辦不到是旁人的看法，那麼只要堅信自己，就絕對可以克服。對此，狙擊手似乎十分擅長，他們能扭轉隨著害怕失敗而來的負面敘事，還能在失敗率極高的情況下獲得正面成果。為達目標，狙擊手著眼於自己能做的事情上，並且構思出詳細的做法，不去擔心事情有沒有辦法成功。

擁有這種超能力實在了不起，但不只是這樣而已。如果光憑心態便能對抗壓倒性的優勢，那麼事情就簡單多了。狙擊手能夠規律地將表現水準提高到超乎一般人的程度，背後還有許多因素。

為了找出狙擊手運用的方法，我不得不直接去問他們。撰寫本書期間，我訪談過的狙擊手有一百多位。有些已經退休，很樂意跟我聊聊。有些還在服役，不願敞開心房，必須試了又試，寫了幾十封電子郵件才聯絡得到人。有些狙擊手會以不同方式運用狙擊技能，在現代生活獲得成就，經營公司帶領部屬。一腳跨在軍隊生活、嚴苛訓練、危機四伏的戰場上，另一腳跨在平民生活和普通的職業上，跟他們聊天最是愉快。

「當內心預期事情會有所不同，身體就會表現出來。」這是鬼犬提出的隱晦說法，他正在海軍陸戰隊服役，堅持使用綽號隱匿身分。他那句話是在回答我的問題，當時我問他，生理上辦不到的事情，到底要怎樣才辦得到？在莫大的身心壓力下，要怎樣才能保持冷靜？要怎樣才能拋開疲累、口渴、痛苦，專注於手上的任務？要真正達到超高效率，有何訣竅？

「就像是從外頭進到裡頭一樣。」鬼犬在電子郵件裡如此說明，我們的信件往返已持續數週。「你會覺得裡頭比較溫暖，或比較涼快，看你人是在哪裡。裡頭比較舒服，可是你不知道溫度是高是低，外頭和裡頭的溫度都不清楚，你並未監測自己的體溫高低，所以你留意到的其實是差異。你對溫差有所反應，是因為你預期會有溫差。但要是沒有溫差呢？萬一外頭和裡頭的溫度其實一模一樣呢？你根本就察覺不到絲毫差異。」

我花了些時間去理解他話裡的重點——毫無差異。讓你有所感覺的是差異，不是處境。太熱或太冷的不適感，其實是一種感覺，而且唯有將注意力放在感覺上，身心才會衰弱下來。我們之所以把注意力放在感覺上，是因為我們知道還有別的選擇，還有更好的情況。這就是我們的腦袋對身心玩的遊戲，因為有更好的情況可作為對比，所以目前的感覺便更難熬了。

我們就像阿米巴原蟲，想要遠離不適，緩緩移向舒適的地方。我們複雜的大腦處在所有可能讓舒適感成真的情境裡，就算是在潛意識中，心理和情緒的資源也都投入這樣的工作，因此使我們變得精神渙散。

我知道，狙擊手的技能全都在他們的腦袋裡。假如我真的想了解狙擊手在高壓下仍有傑出表現的箇中訣竅，就只能進入那些訓練精良的狙擊手的腦袋裡，看看他們對於辦得到和辦不到的事情，是怎麼改變看法的。

舒適反應

圖 1.1 是 Google 地圖上的摩西堡地區圖像，哈里森那一天的射程究竟有多遠，從圖中就可得知。

二點四公里相當於兩千四百公尺，雖然哈里森當天使用的狙擊步槍望遠鏡具有強大功能，卻無法將目標拉近到清晰程度。能力不足的人肯定當場就內心動搖，只要有正當藉口可以推託，這件事就不可能成功。那些沒受過精良訓練，受到的制約沒那麼大的人，肯定會屈服讓步。

根據哈里森的說法，當天的情況並不理想，不利於長距離射擊。步槍的位置會隨著每次射擊而改變，他不得不自動重新計算，好彌補開槍位置的變動。在理論上，當時的局面毫無希望可言，即使開了槍也是白做工。

我們的腦海裡老是浮現熟悉的消極台詞：「為什麼某件事就是辦不到？」我們總是有正當的理由可推託，因為我們面對的情況經常是不完美的，無論處於哪一種背景脈絡，我們很容易就能列出哪些技術局限，使我們想做的事情看似辦不到。

至於哪些因素會妨礙我們成功執行一件頗具挑戰性的任務，大腦倒是很懂得該如何展現逐漸堆砌的無情邏輯，先詳細列舉，再分類說明。之所以出現這種現象，背後有充分的理由。在生物學上，人類跟阿米巴原蟲一樣，同樣都是天生就會避開痛苦，尋求享樂，或是尋求舒適。

發生在我們身上的每件事，我們所做的每件事，都會先在腦袋裡變成原型。我們的內心世界是由資料組成的結構體，而那些資料便是從感官收集來的資訊。在《消費者

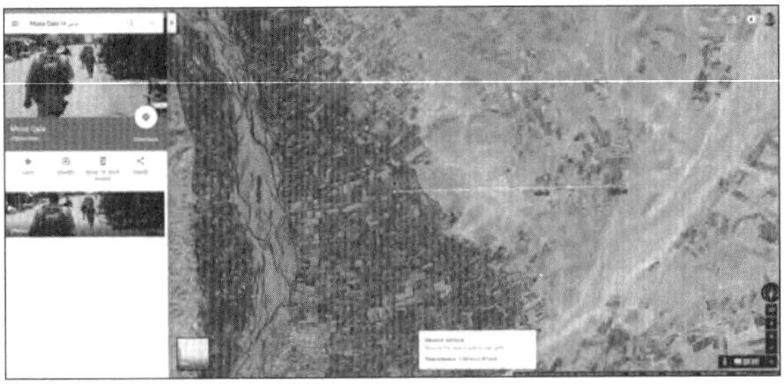

圖 1.1　Google 地圖的摩西堡圖像記錄了不宜人居的地景，並呈現出克雷格．哈里森那兩槍的驚人射程，該區兩點間的直線長度是二點四公里。

研究期刊》（*Journal of Consumer Research*）的文章中，芝加哥大學和亞利桑那大學的研究人員如此解釋：「我們往往是身體想接近某個東西，就推斷那個東西是好的，身體想避開，就推斷那個東西是壞的。」即使阿米巴原蟲不是研究消費者行為的重要環節，但這樣的行為的確有如阿米巴原蟲的反應。

我們的腦袋處理資訊的方式，流露出隱藏的真相。人類的結構樣樣符合人體工學，背後的動力在於必須充分利用資源。人腦佔人體重量約百分之二，消耗的能量卻達百分之二十。負荷這麼大，實在沒有太多空間容納多餘信息。大腦使用同樣的部位來處理生理痛苦和心理不適，害怕失敗和害怕獵食者所觸發的心理部位是同樣的，我們可能因此嚇得不知所措。例如可能重要賽事球投不中，公開演講說錯話，關鍵考試不及格，搞砸職涯舉足輕重的簡報，這些情況都會讓我們緊張不安。在腦袋裡頭，這類情況會因焦慮而放大，也會因不確定性而加劇。

大腦面對這種流動不定的局面，在認知上會大規模超載，使各個神經中樞都在閃爍，有如處在迷你的電子風暴當中。處理程序會變得混亂，就連呼吸、移動這類最基本的機能，也得費力去做才辦得到。大腦想要關機來自我防禦，但現實上卻不可能這麼做，只好時常崩潰瓦解。大腦會引發舒適反應，使成年男性在心理上回到近似嬰兒的狀態。

人體的大部分器官都能感受到疼痛，而大腦的立場就是做點什麼好逃離疼痛。認知超載的情況越是加劇，大腦就越難做出關鍵決定。情況可能會變得非常嚴重，就連移動身體也要花費許多氣力。若分析思維崩潰瓦解，大腦就會自行創造出相對溫馨的情境，以求舒適感。大腦會開啟內在的大門，把我們推進奇幻班機裡，沉浸在幻想與鄉愁當中。心理建構出這一切，大腦就很有可能對其自身（和我們）施展幻術，誰都有可能會發生這種情況。

空軍特勤隊（Special Air Service，簡稱SAS）是英國的精英特種部隊。隊員是從現役英軍當中挑選，必須通過艱苦的選拔過程，試用期最長可達八個月。選拔過程的平均淘汰率高達百分之九十，本身即是傳奇，還經常吸引別國的部隊精英前來試身手。

我們會以為空勤隊員無所畏懼，永不退縮，即使面臨最艱困的情勢也毫無忌憚。其實，空勤隊員的大腦也會受到壓力與恐懼影響，向舒適反應求助。二〇一五年英國的第四頻道（Channel 4）播出紀錄片，片中空勤退伍軍人讓精心挑出的一般民眾參與小規模的選拔，幾乎每位軍人都認為那算是和諧版本的選拔過程。在宣傳該電視節目的一篇報紙訪談中，自稱「狐狸」的空勤退伍軍人談到他的戰場經驗：「有一晚我永遠忘不了，那晚我們長時間交火，雙方一堆子彈飛來飛去。我進入壕溝，還記得自己覺得很累，只想回家，再度變回小孩跟媽媽在一起。」

狐狸是個長得有稜有角的粗獷男性，五官輪廓彷彿用鑿刀鑿成，一看就知道曾經受過艱困的體能訓練，目不轉睛的直視眼神更是讓人緊張不安。他的語氣平靜，說話清晰且精確，確定每一個字的意思都精準無誤。他說的話讓人覺得有點超現實，他說在交火的當中，他暫時回到嬰幼兒的狀態。

麻木不仁又得致人於死地的戰士，竟然思念著媽媽照顧他的時候。碰到棘手的情勢，通常大腦會設法麻痺自身，把我們的思緒送到別的地方，而養成心理韌性的人都會辨別這種反應。當事件發生時他們可以視而不見，或是面對而不對抗，從中汲取力量而不變得脆弱，在掌控下脫離而不感到無助。

哈里森在開出破記錄的兩槍前也有類似的感覺嗎？雖然他沒說，但是很有可能。哈里森確實有做的是重新掌控自己的思緒，利用所有的心智資源，著眼在必須做的事情上。

有一種似非而是的說法說人類很獨特，但人類的技能和能力卻不獨特。只要有一個人辦得到，其他人也能學會；只要有一個人的大腦懂得某件事情，便能開啟路徑，讓別人的大腦也都懂得那件事情。

科學家把這種現象稱為「同步發現」。有理論說，科學上的發現和發明多半是獨自進行，但也曾有多位科學家和發明家同步進行。這種現象不只發生在概念層面，也發生在行動層面。一九五四年英國的羅傑．班尼斯特（Roger Bannister）打破一英里賽跑的四分鐘紀錄，他以三分五十九秒四跑完一英里，在那之前大家從沒想過這是有可能辦到的。（編註：一英里約為一千六百公尺）

當時，大家都認為人無法四分鐘跑完一英里。據說班尼斯特接受的其中一項訓練，就是不斷想像自己能在四分鐘內跑完，從心智、身體上培養出確信感。信念的力量能讓事情成真，本章接下來會更仔細探討，並且找出是哪種機制讓我們變得有可能超越自身的局限。最重要的是要認知到，沒有心智的作用，身體就無法表現超乎平均水準。

班尼斯特破紀錄兩個月後，同年在加拿大溫哥華舉辦的大英帝國和聯邦運動會，班尼斯特和澳洲的約翰．蘭迪（John Landy）不到四分鐘就跑完一英里。同年稍晚，也有其他人辦到了。直至今日，健壯的高中跑者也能在四分鐘內跑完一英里，而且不會有人覺得這件事辦不到。

看似不可能的事情一旦成真，就像是越過了一道不可思議的柵欄，於是重複做這件事變得容易。雖然是身體在執行這項壯舉，卻是心智先相信可以辦到。雖然聽起來像是妄想，但狙擊手不知怎的就是認為子彈會射中目標。有些人認為現實並非假想實驗，現實有具體的存在，關係到槍枝，還有專用的瞄準具、子彈、彈道表。事情的發生，是數學運作使然，不是魔術。照這個道理來說，電腦的表現應該好過血肉之軀的狙擊手。

德州奧斯汀有一家公司名叫 TrackingPoint。根據該公司的網站，他們有一群技術專家、退役軍人、射手、獵人，使命是促進輕武器功能達到百年的跳躍進展，目標是以電腦為核心打造智慧型槍枝，輕鬆完成長距離射擊。該公司想透過打造智慧型槍枝，促使狙擊手的角色型，人們只需移動槍枝，讓槍枝朝著正確的方向就好。

根據該公司的目錄，兩萬兩千美元便可買到一把具備 WiFi 功能的步槍，且附加密碼保護。雷射導引式的智慧型望遠鏡，不但能計算出長距離射擊所需的必要變數，還能記錄一切，分享在社群媒體帳戶，比方說，通知臉書上的親朋好友有關你的射擊結果。但假如武器是要在敵區裡進行秘密行動時使用呢？製造商顯然並未考慮到這點，我希望他們只是沒想到罷了。

智慧型步槍裝載的氣象系統，考量了可能影響射擊精準度的環境因素。計算射擊變數要用到數學，智慧型步槍有一堆電路板可進行正確計算，全部裝載的話總重量超過九公斤。設計師並不是希望智慧型槍枝用在「邊跑邊射

圖 1.2　TrackingPoint 智慧型步槍的外觀不像步槍，比較像是以槍膛和彈藥為中心所打造的先進電腦系統。

擊」的情境，不然我們就得開始認真思考打造超級士兵了。

該公司網站表示：「無論射手技能水準高低，現在都能比史上最厲害的射手還要強」、「七十人團隊耗費三年打造這項技術」，這個主張很大膽，卻有一項隱而不顯的缺陷。儘管電路、重量、每次射擊後的社群媒體分享都讓人印象深刻，但有效射程僅達四百二十六公尺，不到半公里。然而在十一月某日的摩西堡，克雷格．哈里森經過人工計算成功射擊目標，射程是智慧型步槍的五倍半之多。

該公司並未證明智慧型步槍如何讓人類狙擊手變得多餘，反而突顯該領域的技術局限。為了計算所有變數，智慧型步槍必須具備多個感測器，不僅步槍本身要裝設，周遭環境也要架設。智慧型步槍必須針對預定的目標以及子彈飛向目標時行經的環境，進行氣象資料的轉譯。智慧型步槍連結所有相關讀數資料，將多種交織的關係建構成精密的網絡，並做出推斷。

換句話說，智慧型步槍必須具備資料以及真實世界的知識。不只懂得解讀一組資料，還必須依照背景脈絡，對於可移動、可推理、可變異的知識進行解讀。智慧型步槍真正需要具備的是超知識，也就是跟知識有關的知識，這樣才懂得自己的弱點、強項、盲點，以及彌補的方式。

智慧型步槍以某種方式連結到智慧型網絡，而網絡在射程範圍內都設有感測器，讀取目標附近與周遭的讀數，將讀數傳輸回步槍及專用的智慧型望遠鏡。即使做到這種程度，智慧型步槍還是必須了解所有讀數共同運作的方式，建構出一幅複合的畫面，畫面中不僅有空間當中的一個區間，還有其他相關的所有區間。智慧型步槍不僅要了解一處空間，還要了解所有的空間；不僅要了解所有的空間，還要了解時間。

狙擊手還有一項能力是智慧型步槍辦不到的，那就是他們會把當下的局面設想得十分透徹，並且懂得所有環節是怎麼相互牽動。狙擊手很了解能左右情勢的元素，得以計算出每項元素的行為模式，還有元素接下來的所在位置。

子彈在空中移動，受到上升氣流和側風影響飛越多種地形，飛向那個可能也在移動的目標，簡直有如一幅由多道難題交織而成的掛毯，而狙擊手的思維受過訓練，得以解決種種難題。我們很容易就

圖 1.3　TrackingPoint 智慧型步槍的外觀令人留下深刻的印象，全部裝載的話重達九公斤，終歸是有點笨重的新奇玩意。由於價格高達兩萬兩千美元，大多數的購槍者和軍隊都不會購買。

會以為，運用這種複雜手法處理多種不斷變換的變數，是狙擊手獨有的技能，然而事實並非如此。

冰球運動員韋恩．葛瑞茨基（Wayne Gretzky）的父親華特．葛瑞茨基（Walter Gretzky）曾對他說：「滑到球即將抵達的位置，不要滑到球去過的位置。」韋恩把自己的傳奇成就歸功於父親的建議，不要追逐現在，要望向未來，努力在未來的那裡碰到球。韋恩不是反應快速的選手，而是善於選位的選手，他能夠看清局面，預測情勢發展。同樣的，棒球選手也是利用同樣的預測能力，內心想像未來畫面，早在看見棒球朝自己飛來以前就揮棒擊出全壘打。

碳基生命形態的表現很少能超過矽基硬體。二〇一六年三月的圍棋五局賽，Google 人工智慧演算程式 AlphaGo 突破萬難，打敗韓國棋士李世乭（Lee Sedol）成為世界第一的棋手。綜合來看，用步槍射擊似乎簡單多了。十九乘十九棋盤上的棋子走法，比宇宙已知的原子數量還要多。相較之下，用步槍射擊還比較簡單。機器之所以在這方面受挫，不在於技術上的困難，而是深層認知技能。

我們的腦袋裡有某種魔法在施展，若熟知、懂得再現魔法，那麼在生意或個人處境上，肯定能做出更佳的決策，獲得更好的成果。要學會在判斷上具備狙擊手的精準導引、菁英士兵的心理紀律，又不用經歷他們所受的嚴酷體能訓練，好比技客在做白日夢，期望從學校圖書館借本書，就能學到十八般武藝。

然而，這卻是本書的重點所在。所謂信念的力量，是指腦袋裡發生的事情跟周遭經歷的結果相互連結。亞歷山大大帝曾說過：「只要願意一試，沒有辦不到的事情。」西元前三三四年，這位軍事天才從馬其頓出發，征服當時已知世界的大部分地區。鬼犬說：「我滿腦子只想著要射出那一槍，我化為步槍。」內在思緒和外在現實之間那些細微且重要的關係，成為許多研究的主題。

知識：只要相信自己，大腦的運作就會變得不一樣。說來奇怪，當「我」消失，取而代之的是可和善交談的「你」，或者是更大的「我們」。當我們真正覺得自己是當中的一分子，自信就會開始發揮作用。若要始終都能達到高績效，或是為了左右成果，去重新編寫知覺生理機能，那麼自信正是關鍵環節。

我思故我在

無論是哪種場合，似乎都能引用美國第二十六任總統羅斯福的名言。就信念一事羅斯福曾說：「相信自己做得到，就是成功的一半。」這句話在基礎本能層次上具有十足的吸引力，很適合掛在大學宿舍的牆上，用在學生對抗睡意和疲倦、熬夜唸書之時。但在現實世界，我們會對自己說，這種陳腔濫調在嚴酷的現實日光出現前就會消失不見。

其實，我們都想要相信，掌控自己是大家都渴望做到的事。我們很清楚，在易變的世界裡每樣東西都在不斷變化，所以我們唯一能掌控的，或許就是自己，也就是心智和身體、思緒和本能。那麼，假使有一條路徑從內在世界通往外在世界呢？假使有一條線把我們的希望和行動連結起來，進而促成願望實現呢？

羅斯福的話裡傳達的觀點，這種「相信自己就能獲得預期成果」的想法，並不是新的想法。「Yad bhavam tad bhavati」是摘自吠陀梵文文獻的瑜珈教義，意思是「你思故你在」，這是三千多年前的句子，可追溯至鐵器時代。

這句話可能是第一批記錄下最古老「相信自己就能改變現實」的概念。在某種程度上，這個概念一直反覆冒出來，只是說法稍有不同。這個概念留存在印度的《吠陀經》，約一千年後重新浮上檯面，出現在當時中國儒家經典《四書》之一的《大學》中：「誠於中，形於外。」再過兩千五百年，羅斯福說出那一句較不隱晦又平民化的規勸話語，對象是西方的現代聽眾。

當時我正在找證據，證明腦袋內部深處和整個世界相互連結，而證據的來源比吠陀經文要來得稍微現代一點，也就是社群媒體。加州大學心理學、精神醫學、生物行為科學系的社會認知神經學實驗室，有五位研究員組成團隊，專門研究網路上的社群媒體文章互動和成果相互交織的模式。

研究員的論點是，只要撰寫者認為文章會在社群媒體上爆紅，那麼文章就會爆紅。根據研究顯示，註定會流傳的概念在概念創作者的大腦裡，也就是在源頭上有個典型特徵。腦袋外頭發生的事以及腦袋裡頭發生的事，兩者間的路徑是由傳送者大腦內啟動的兩個迴路裡的關鍵區域所建立。這兩個迴路分別是：「獎勵」迴路，記錄傳送者心目中的訊息價值；「心智化」迴路，我們站在訊息接收者的角度看待事情時就會啟動。研究員發現，從第一次構思訊息開始，這兩個迴路就決定了訊息會不會在社群媒體上爆紅。

該項研究有其深遠的意義，只要針對構成訊息特徵的那兩個迴路進行研究，就能預測在社群媒體上的哪些文章會爆紅，哪些文章會消失得幾乎不留痕跡。由此可見，現在是有方法可讓文章變得更完善，更容易吸引人轉貼分享。我們要做的事情就是處理訊息，讓訊息在傳送者（我們）和接收者（讀者）的眼裡都是有價值的。

聽起來簡單，卻不是人人都做得到。撰寫社群媒體文章很耗費時間心力，作為源頭種子的動機，往往只在傳送者眼裡才具有直接價值。若將文章重心擺在傳送者，而非接收者身上，這就表示訊息本身會變成單方面一頭熱，文章的完善度不夠，便無法在網路上爆紅。

從梵文和儒教的教誨，一直到羅斯福和社群媒體，心智都能找到方法對採取的行動「做記號」，創造重點和意義，藉此直接影響成果，藉此將意志施加於外在世界。然而，戰場跟社群媒體網路並不相同。

假使狙擊手和社群媒體文章撰寫者利用相同的心理路徑，將腦袋裡的東西投射到這世界並付諸實行，那麼說兩者很類似，實在難以理解。畢竟在戰場上，傳送者傳送的「訊息」是用鉛製成，很有可能會殺死接收者。兩者之間的共同價值觀，到底要怎樣才能應用在那種情況並左右成果，實在叫人難以理解。肯定有別的機制在那種背景脈絡下運作。

若想看清該機制，不僅要研究社群媒體行家的意識和狙擊手的紀律心，更要探討一般人的潛意識。所謂的一般人，就是指大腦未受過社群媒體行銷比喻法的訓練，也沒有受過戰爭的鍛鍊。如果有路徑可讓心智藉由其所採取的行動，將意志施加於世界，那麼這種心智提供的競爭優勢必定是任何心智都能重現，不是只有受過訓練的人員才可重現。

德國維藤/海德克大學心理學者烏立克．威格（Ulrich Weger）和澳洲墨爾本大學心理學者史蒂芬．勞南（Stephen Loughnan）共同探討這個現象。前一陣子，他們請兩組人回答若干測驗題。他們告訴其中一組人，在每道題目出現前答案會在螢幕上一閃而逝，時間短到在意識上察覺不到，卻長得足以讓潛意識接收到。然後跟另一組人說，螢幕上閃現的畫面是用來表示下一題即將出現。

這兩組人在螢幕上看到的一串隨機字母，其實並不是答案。可是不知怎的，那些以為是答案的人，測驗的表現竟然比較好。原來只要以為自己知道答案，就越有可能答對。從這場實驗即可得知，即使信念是奠基在完全錯誤的前提上、即使信念的地基是建築在沙地上，只要相信自己做得到，大腦仍能在不可能成功的情況下達到想要的結果。方法很簡單，只要轉換腦內的決策特徵，就能左右外在世界的成果。

幸好自我的信念跟這項「特徵」息息相關，而這項特徵又藉由言語與行動表達出來。我們因此有機會在資料山裡挖掘，獲得過去採取不到的資料。我們得以把多個點連結起來，了解想法如何化為行動，自信如何化為逆境中的勝利。正如同狙擊手受過高強度的訓練，在反覆操練下獲得自信。

好萊塢熱門強片《黑鷹計畫》（*Black Hawk Down*）中，演員伊旺・麥奎格（Ewan McGregor）跟其他演員一起前往新兵訓練營，接受遊騎兵部隊的訓練，該部隊曾參與過片中描述的真實事件。

日後，麥奎格接受採訪，以平民角度描述遊騎兵反覆操練後的身心狀態。他說：「他們教的行動方式投射出暴力的成分，他們從舉止流露出他們在心理上、生理上都有所知，知道自己可掌控局勢。一段時間過後，這個概念還是盤據在我這個平民的心裡。」

自信的心理要素和生理要素有著緊密的關係，可把個人的經驗敘述緩慢交織起來，有效打造出強大的認同感。這樣的認同感又反過來打造出個人對自身能力的深層信心。即使面臨高壓，只要有信心，就可以把不可能成功的情勢，扭轉成另一項要迎接的挑戰。

商業案例

在重要簡報、在許多聽眾面前公開演講、在關鍵商業會議、在對職涯舉足輕重的面試之前，大家都很清楚會有何感覺，彷彿腦袋裡有個聲音輕聲說：「失敗機率很高，我什麼事都做不好，很有可能一敗塗地。」

「我們的心裡都有個魔鬼。」自己妨礙自己，破壞自己努力的成果，這種做法顯然不合理，所以才訴諸如中世紀迷信一般的想法。這句話也很方便用來讓我們稍微遠離自我毀滅的傾向。不是我們的錯，是內心的某個東西對我們說，我們很沒用。那東西幾乎有如獨立的實體，多半不在我們的掌控之中。

我們都希望自己做的事能成功，可是面對不高的勝算、困難的挑戰，我們覺得筋疲力盡。即使擁有很強的動機，也都著眼於自己想要的成果，但是實際上獲得成果的只有少數人，為什麼會這樣？在人生中、在事業上面臨關鍵局面，為什麼成功就是那麼不容易？為什麼我們比較容易做錯決定？為什麼我們那麼常失敗？

雖然失敗的背景脈絡各有不同，但有些人之所以失敗，通常是基於同一個原因——不相信自己會成功。無論是駐守在伊拉克法魯加的狙擊手，還是在舊金山領導新創公司、加夜班的創業者，都擁有同樣的基本工具可自由運用，那就是能思考的大腦，以及想成功的欲望。狙擊手和創業者的差別，只在於心智有沒有經過訓練，能不能認清勝敗關頭。

網路媒體 Fast Company 根據一百位新創公司負責人的測驗結果，清楚列出失敗的原因。該公司綜合那些負責人的經驗，從不同情境當中摘選出十項原因。這十項原因可用來回答形形色色的問題，可簡單摘述為「地方不對」、「時機不對」、「心態不對」三大因素。前述三大因素或任兩大因素，就蘊含在新創公司失敗的十項原因裡：

- 打造錯誤的產品。
- 沒有能力打造適合的團隊。
- 缺乏獨一無二的價值主張。
- 缺乏毅力。
- 無法轉移／改變方向。
- 沒有良師或顧問。
- 上市時間慢。

- 執行長／創辦人無法決策。
- 沒有經營計畫。
- 對競爭對手和多變的市場情勢渾然不知。

若你具備上述任三項（或更多項）的變數，那麼通常是當中兩項變數受到外在因素控制，一項變數受你自己控制。此時，你顯然面臨兩種選擇：一是放棄，二是用你擁有的資源把事情辦成。不過，那樣就夠了嗎？

狙擊手鬼犬說：「我滿腦子只想著要射出那一槍，我化為步槍。」這句話正是我們需要的關鍵線索。在高壓下，在危急關頭，他採取低調作風。實際上，他的自尊消失了，而構成他這個人的一切要素，也就是我們視為「意識」的一切要素，都成了過程中的一部分，先判斷自己可否擊中特定目標，再決定要採取哪些必要步驟才能擊中目標。

然而，自尊還是至關重要，畢竟人格是企業順利運作的主要關鍵。那麼為了改善決策過程，必要時要怎樣才能放下自尊與人格？要讓關注的焦點從寬大的光束縮小成雷射光點，應該怎麼做？

狙擊手的大腦經過訓練，可抵抗壓力的蹂躪。狙擊手採取的心態可劃分成三種可行的步驟，任誰都能直接應用在商業情境或個人處境上：

- 掌控。
- 分析。
- 行動。

想像有個高壓的情境，狀況多變且高風險，必須快速做出決定。如果知道自己想要什麼，知道自己想要的原因，知道自己得做什麼才能有所收獲，也明確了解一路上會碰到哪些障礙，要付出哪些代價才能克服障礙，那麼就能享有競爭優勢，贏過那些不具備必要的心理方法就直接上場、試著胡亂應付的人。這就是吉卜林〈倘若……〉一詩的典型例子，要昂首面對才行。狙擊手具備的情操，經由前述三項步驟進化成精確的科學。

為了依序完成掌控、分析、行動三步驟，必須建立自信的根基，要做到這點，就要運用三大心理支柱——「三個P」。三大心理支柱如下：

- 熱情（Passion）。
- 意義（Purpose）。
- 毅力（persistence）。

這裡的關鍵是認同感。沒有認同感，就不可能產生自信，不可能認為即使失敗率高，自己還是能夠成功。打造認同感確實很老套，但我們還是應該帶著自信著手進行。

自信的三大支柱

我們之所以有別於狙擊手，原因在於兩大關鍵要素：一，我們在經營自己的新創公司及處理工作時，無論有多強調自己是戰士、多常借用軍事術語，我們的性命從來沒有危險之虞。

二，在我們當中就算是訓練最精良、腦袋最聰明、受過最昂貴教育的人，也都沒有預先演練就開始做生意。我們完全沒有事先模擬過事業的經營，未曾在歷經成敗的企業經營老手準備的情境裡，體驗每一項縝密安排的細節。

在達成實質結果及克服逆境方面，也沒有人評定我們的表現。我們做生意時，人身安全無虞，對於必須知道的事情渾然不知，輕忽不知道的事情，這些地方都有別於狙擊手。然而我們很有信心，以為自己的技能與知識足以帶領我們度過前方的困境。這種做法會產生落差感，在我們第一次跌跤的時候，使自信心大損。我們的無知和關鍵技能的缺乏會更顯而易見，我們亟需的堅定不移信心也會大幅降低。

狙擊手在長達兩年的時間內學習技術，將磨練技能到完美程度，接受評分，參與模擬情境並運用所知的一切。狙擊手學會克服那些挑戰性極高的情況，達成任務。此外，狙擊手接受的訓練可以經受拷問，可以更認識內心深處的自己，更明白自己準備好要做的事情。

狙擊手完成訓練後會變得強大，猶如穿上盔甲，把危險隔離在外，身心更堅強，表現更優異。相較之下，商界人士經營事業多半是憑著樂觀、企圖心、咖啡因與希望。

我們很難以具有意義的角度擷取全球統計數據，但根據美國勞工部勞動統計局和英國國家統計局公布的數據，在世界各大經濟體當中整理出各國狀況進行比對，就會發現新公司的失敗率約在百分之五十至七十之間，若以十年為範圍，新公司的存活率只有百分之四至九。

生於賽普勒斯的西奧．帕菲提斯（Theo Paphitis）是英國零售業大亨，因出演ＢＢＣ熱門電視節目《龍穴》（*Dragon's Den*）而打開知名度。他公開表示，大家必須培養正確的心態（就像狙擊手一樣），並且呼籲政府將企業家精神列入英國的學校課綱中，讓兒童從十一歲開始學習企業家精神。帕菲提斯認為世界已經改變了，光憑學術能力再也不足以應對，必須培養特殊的思維模式才行。或許正是這樣的心態造就截然不同的成果，並且在你的商業創意犯下「地方不對」、「時機不對」的錯誤時，幫你度過難關。

二〇一四年時帕菲提斯在《衛報》的訪談中表示：「學術能力一般的人也能學會企業家精神，到處都有例子可以證明。如果年輕人具備更優異的企業經營技能，就會有更多的新創公司成功，還可能對經濟帶來莫大影響。」大家在探討失敗的企業時多半都忽略了這一點。

經營新公司這麼複雜的事情，竟然只要運用簡單的心法就能輕鬆辦到。有人說，狙擊手只要相信自己，相信自己的能力，那麼在這樣的期望下，戰場上的艱苦和危險就會消失不見，工作也會變得更簡單，這種說法真是再真實不過。

要在危機四伏的戰場上存活下來、獲得成功，不光是默默察覺自己在任務中的意義，產生出絕對的自信而已，還需要許多技能。然而，這種不動搖的自信能夠打下紮實的基礎，然後在這個基礎上培養出許多技能。這樣的自信化為主要的跳板，讓腦袋裡十分重要的內在世界，得以連結到我們身為人類實際活動的外在世界。

由此可見，要打造狙擊手，得先培養明確的認同感好確立自己是誰，第一個階段端賴於狙擊手三大訓練支柱：熱情、意義、毅力。這三大支柱又可轉化成平民版，詳情如下：

熱情：在職場上，堪稱為最常誤用的詞彙，熱情必定源自於人們對自身工作的深刻認同。如果你做的事情並沒有投入感情，而是直接呈現出自己的本質，那麼你對工作就很難產生熱情。

對自己的事業抱以熱情的人，都是把工作本身視為回報。雖然還是需要縝密的規劃、合宜的經營計畫、符合邏輯又規避風險的行為，但是一旦有了熱情，那麼為了讓個人表現提升到優越水準，必須付出大量思考時間和精力的時候，就會顯得像是投入在嗜好上，不像是在埋首工作。

意義：工作不只是一份差事。我們所做的每件事，都是眾多人際關係交織而成的一部分，私人生活和職場生活混合在一起。我們需要賺取足夠的金錢謀生，同時打造出自己想要生活，以及更寬廣的世界。

假如我們或多或少都清楚，自己所做的每件事在這幅心理圖像中的位置，那麼就算是在思考諸多任務當中的第一要務，應該不至於忘了留意其他要務，反之亦然。意義從來就不是他人賦予我們的，我們必須付出一番努力，才能明白自己做的事情是如何有意義。意義能讓我們擁有清晰的思維，進而邁向第三步。

毅力：永遠不要停下你正在做的事情。如果你做的事情能傳達出你的本質，那麼你在路上碰到的每一個障礙物，只不過是另一項需要克服的難題。如果我們願意站在各種角度，長時間處理難題，那麼難題本身就會透露出因應困境的辦法。

前述三大要素的作用，有無以計數的生活實例可以證明。想來諷刺，燈泡最常用來象徵想法，可是愛迪生（Thomas Alva Edison）小時候，老師卻說他「笨得什麼都學不好」。愛迪生的頭兩份工作都慘遭解雇，被雇主說他「沒有生產力」。最終他經歷一千次的失敗，終於發明燈泡。

與此類似，華特．迪士尼（Walt Disney）被報紙主編開除，原因是「他缺乏想像力，沒有好想法」，迪士尼破產好幾次，後來才打造出迪士尼樂園。當時加州安那罕市否決迪士尼提出的主題樂園提案，說他的樂園只會吸引到下等人。此外，亨利．福特（Henry Ford）也是歷經失敗，破產五次才成功。

正如三腳架需要三根支腳才站得起來，只具備「三個P」當中的一兩個，沒辦法獲得成果。真正的熱情需要意義，熱情和意義創造毅力。你想邁出第一步，培養追求卓越的心態嗎？了解你自己是誰，了解你的動力是什麼，找出你真正在乎的事物是什麼，就能奠定紮實的基礎，有利發展。

確立你自己的心理狀態

拉丁文「Temet nosce」的意思是「了解自己」，出處是古希臘德爾菲阿波羅神廟前院的碑文。希臘文寫成「γνῶθι σεαυτόν」，可大略翻譯成「自知」。

在古希臘，收藏德爾菲神諭的阿波羅神廟是特殊之地。傳說太陽神阿波羅的女祭司具有特殊力量，信徒前來聽取祭司對他們未來人生的看法，祭司會贈予箴言。在這種脈絡下的自知，有其充分的理由。**要是不知道自己是誰，不知道做事的原因，就不能指望自己掌控現在、選擇未來。**

試著想像一下，克雷格．哈里森趴在滿是灰塵、炎熱又乾燥的平地上，離家千百里，對抗疲倦、緊張、強大的心理壓力與莫大的技術局限，然後開出破紀錄的兩槍。從他必須克服的種種不利因素來看，就算他那天失敗也沒人會怪他。

如果他失敗，也該是埋怨器材有缺陷，怪罪英國國防部用錯綜複雜的官僚流程決定英軍配備。或者是目標物遠超過

圖 1.4　「死之將至」（Memento mori）馬賽克作品，義大利羅馬阿庇亞大道聖大額我略修女院出土文物。現在收藏在義大利羅馬的羅馬國家博物館。希臘箴言 gnōthi sauton（意思是「了解自己」，拉丁文是 nosce te ipsum）加上圖像，傳達出眾所周知的警語，意思是：「回頭看，記得自己終有一死，記住死亡。」（Respice post te; hominem te esse memento; memento mori.）

哈里森持有的狙擊槍的有效射程，望遠鏡的校準功能顯得毫無用處，心智正常的人都不會主張狙擊手可以命中目標。

然而哈里森那天並沒有失敗，他精準的狙擊技術令人為之驚嘆，使我們亟欲提出兩個明確的問題：「他到底是怎麼順利克服內心的所有疑慮，和情境上的感知局限？」「誰都學得會、做得到嗎？」

狙擊手是極其難以應付、戰鬥力高超的人員，從各大軍事衝突的統計數據就能證明。雖然全面的戰爭會製造大量傷亡，但其實人類很難殺死。人一方面害怕自己被殺，一方面對殺人又心生嫌惡，因而造就出瞄不準又隨便開火的文化，軍人只大概瞄著敵軍的方向射擊。按照戰場上的說法，這就是「亂槍打鳥」。

美軍退役中校戴夫．葛羅斯曼（Dave Grossman）在其著作《論殺：在戰爭與社會中學會殺戮所要付出的心理代價》（*On Killing: The Psychological Cost of Learning to Kill in War and Society*），探討一戰期間為何需要擊發約一萬顆子彈才能造成一人傷亡。到了二戰，數據增加到約兩萬五千發子彈。在越戰期間，則是五萬發子彈。

根據美國審計總署的報告，國防部的資料顯示，要擊斃阿富汗的一名叛亂分子，美軍需擊發二十五萬發子彈。相較之下，狙擊手在越戰後是平均一點三九發子彈擊斃一人。狙擊槍在越戰後獲得大幅改善，平均擊斃率卻幾乎毫無變動。這表示狙擊手在做法上顯然相當一致，武器的精良與否，跟擊斃率不太有關係。我們尋求的訣竅就在持槍者的身上。

看待狙擊手的最佳之道，就是把他想像成一層又一層的洋蔥，堆疊成今日的他。他的生活方式、他的青春、他的抱負、他的雄心、他的訓練、他的信念……不勝枚舉。每次有事情發生在狙擊手的生命裡，那件事就又成了洋蔥的一層，界定他、壯大他，鞏固他的存在。

狙擊手各有不同，可是逐一剝去洋蔥皮，就會發現每位狙擊手的核心都是一樣的，他們對於自己是誰，對於自己做的事情都抱持著堅定不移的信念，這就是狙擊手的核心本質。當狙擊手不再出任務、不再處於戰區，當親身經歷的記憶浮現在腦海中，這樣的特質可以使他們不致崩潰。哈里森在著作中將其稱為人類的本質，我們每個人遲早都要對自身的本質想個透徹。狙擊手必須做到這點，才能撐過嚴苛的訓練，有效執行任務。狙擊手必須充分認識自己，而要充分認識自己，就要深度探究自己是誰，提出難以回答的質問：「為什麼自己會是現在這個樣子？」

我在這種認同感的形成當中，尋找有哪些實際層面可以應用在商業上，於是我向現實生活中可聯絡到的狙擊手提問，為什麼他們會是現在這個樣子？沒想到回應我的人並不多，大部分都不想開口，或者開不了口。

他們在我們的眼裡很特殊，要開口表達自己的特殊之處，必須十分精準覺察到自己的存在，要做到這點絕非易事。在這顆容納七十多億個靈魂的星球上，必須知道自己所在位置有何背景脈絡。思考這一點不會不自在，只不過在大多數的情況下，沒有必要做這樣的思考。狙擊手感受到自己的認同感，在自己的能力中獲得慰藉，開口表達他們藉由信念與態度，構成怎樣的核心。

很顯然的，態度和信念只具備篩選作用，於是我往更深處挖去。我繼續纏著鬼犬，最後他在信裡寫了這句話給我：「我感覺到自己很重要。」假如他是活在德爾菲神諭的時代，那裡的女祭司肯定會樂意請他當服事。他說的話，我思忖了好一會兒，想著他那簡潔扼要的用語，想著那些不直接回答我，或轉而說起其他事的人們所說不清的話語，想著也許我終究會懂得他們話裡的意思。那就像是一幅拼圖，漸漸的，每一片都拼在正確的位置上。所謂的自知，並不是能清楚表達出自己是誰，也不是有能力解釋自己為何對完全的陌生人做出這樣的事。

自知是對自己有所覺察，真正感受到自己的心。有了這樣的覺知，熱情變得明顯，意義變得清晰，我們得以界定自己是誰，了解做事的原因。然而，光憑意義是不夠的，我們還需要毅力。少了毅力，就克服不了眼前的難關；少了毅力，我們感受到的意義很快就會消失不見。意義與掌控結伴同行，兩者跟認同感息息相關，而且是超乎自身本質的有形層面。

狙擊手要讓辦不到的事情成真，必須經歷哪些階段呢？我在筆記本上逐一列出：

- **掌控**：徹底了解自己，如此一來，一有不適感就能去除。看清自己的動機，好了解自己準備要做什麼事，為什麼要做。為自己的身分認同感到自豪，奠定穩固的根基，對抗腦海裡的負面聲音。掌控的重點在於創造內在對話，讓負面的聲音沉默下來。
- **分析**：把事情劃分成幾個小步驟，關注自己的感受，了解自己為何有某種感覺，有助於克服不確定性、憤怒、恐懼等。分析自己面臨的問題，不要概括討論，要對問題細分探究一番。思考自己需要哪些東西才能解決問題中的每一個小細節，即使相隔一段距離就會看到死胡同，還是要按部就班處理。只要付諸行動，解決辦法就會自己冒出來。
- **行動**：不要一次做太多事情，壓力下不要匆忙行事，要講究精準、條理、周密。其實每一項細節都至關重要，說細節不重要，就等於是貶損你做的事的價值。注重細節就能紮穩根基，不斷思考、分析、掌控。每件事都彼此相關。

狙擊手在腦袋裡應用前述三個步驟，就能在逆境中立即擁有競爭優勢。狙擊手得以昂首面對戰局，是運用該過程使然，不是天分所賜。哈里森運用這種訓練法，在法魯加把不可能的射擊化為可能，在紀錄上留名。

哈里森一次解決一個問題，他採取的每一個行動，讓他有了下一個行動所需的資料。他的任務在整體性上有嚴重問題，加上他必須開的兩槍不可能辦得到，但這兩項要素並不是這個過程中的重要要素。他的自尊消失了，腦袋裡的負面聲音也安靜下來，他化為步槍。

擁有自信、明確的認同感、以審慎方式表達及確立意義，就能取得超乎常人的掌控，進而獲得專注感，達到真正握有能力、無拘無束又表現出色的水準。

一般人在生活中要如何獲得掌控局勢的感覺？以下明確列出幾個要點：

- 在職涯中，你始終知道哪些事情是自己能掌控，哪些是掌控不了的。
- 了解哪些事情是自己能做的，哪些是做不到的。
- 你獲授權可採取的所有行動，都要有明確的方針可依循。
- 發揮熱情和自我認同感，推動自己往前邁進，但工作不能變得以自我為中心。
- 了解自己做的事情如何幫助他人。
- 從工作成果當中獲得深切的慰藉。
- 在自己做的事情上，培養深刻又專業的愛好。
- 從自己的每一個行動中學習。
- 請勿忽略內在自我。
- 努力持續發展技能。

狙擊手技能養成清單

本章學習內容：

□ 即使面臨最艱鉅的情況，自信仍能讓你創造正面成果。

□ 大腦經過訓練，在自我分析時會保持一段距離，更客觀看待自身經歷的事情，因此能在壓力下表現得更好。

□ 我們之所以能在艱困的情況下保持優異表現，關鍵就在認同感和個人信念系統。

□ 只要清楚自己的「任務」內容，並且了解自身的能力，那麼即使在高壓下，還是有可能保有清晰的思緒。

□ 即使局勢在理論上看似沒有希望，但若擁有清晰的洞察力、決心、熱情、毅力，就能享有競爭優勢。

第二章

挑選戰場

確立可左右成果的要素，
掌控你的「衝突區」裡的變數。

掌控戰場，等於掌控歷史。
——《潛龍諜影》（*Metal Gear*）
系列主角固蛇（Solid Snake）

德國藝術家賽門．曼諾（Simon Menner）對影像的力量著迷不已。曼諾認為影像可以影響我們的感知，而感知會塑造我們的想法。他用攝影與視覺藝術作品為現代生活下了註解，他在作品中探討現代社會、我們過的生活、認可的消費潮流以及接受的行銷譬喻。他為作品取了「最高機密」、「東德國安部」、「視窗管理員」（Metacity）這類的名稱。

二〇一〇年曼諾構思一場大膽的實驗，還取了個適合的名稱叫做「感知情結」。他聯絡德國軍隊，詢問軍方願不願意讓他拍攝那些受過訓練的狙擊手，無論是擁有多年經驗的老兵還是剛招募進來的新兵，他都想拍攝。

此外，他向軍方提出要求，這些狙擊手要偽裝、隱身在環境當中，還要把致命的步槍直接瞄準他。他不清楚自己究竟會有何發現，卻很清楚狙擊手善於融入周遭環境。他知道自己用相機記錄下的畫面，會掀起狙擊手技能的話題熱潮，連帶討論相關的視覺影像感知。

曼諾最初的想法是把相片當成強而有力的聲明，呈現出現代圖像當中隱藏的元素，象徵

圖 2.1　狙擊手藏匿在空曠又多岩的地面，武器還直接瞄準相機，令人難以置信。這張相片的情境正是如此。賽門．曼諾拍攝時，並不知道狙擊手躲在哪裡。

眾目睽睽下隱而不顯的事物，即使大腦已經徹底處理影像，我們還是渾然不知。結果，藏匿的狙擊手把槍直接對準相機的概念，反倒吸引眾人的目光。於是他拍攝一系列的地景相片，有原野、森林、巴伐利亞阿爾卑斯山脈荒涼多岩的地帶。

曼諾的作品不久就變成「找出狙擊手」的遊戲，還刊登在歐洲各地的報章雜誌。《連線》（*Wired*）雜誌訪問他，英國《每日郵報》（*The Daily Mail*）刊登他拍攝的一些相片，線上雜誌《頁岩》（*Slate*）報導他的作品，還刊登他為藏身的狙擊手拍攝的相片。他的相片在網路上爆紅，引起熱烈討論。比方說，相片是不是真的？曼諾說相片裡有狙擊手，是不是用了高超技巧篡改影像？

曼諾覺得網路上的討論很有趣，對於人們提出的許多問題，他表示：「首先，相片是真的，如果還是懷疑的話，就去問德國軍隊吧。每一張相片都有狙擊手，他們都是奉命瞄準相機，這樣他們就看得到我，但我幾乎都看不到他們。他們受過專業訓練，也就是說，有些相片就算放大仔

圖 2.2　即使在狙擊手附近打轉，也無法立即看到他。步槍瞄準相機，要找出狙擊手，只能先找出那枝瞄準相機的槍膛。

細檢查，也看不到他們的蹤跡。」

曼諾的作品是一種隱喻。曼諾說：「對我及我的作品而言，當時的關鍵問題在於如何運用影像來影響人們及其決策。就核心來說，藏身的狙擊手和 Apple 的廣告有個共通點，兩者都是努力透過看不到的事物灌輸概念給我們。然而，我認為藏身的狙擊手的含意，會比 Apple 廣告更容易看穿。」

此後，曼諾拓展作品涵蓋範圍，拍攝了拉脫維亞和立陶宛軍隊的狙擊手。他為作品所拍攝的地景美得令人難忘，那些地景在光線下猶如藝術作品，展現出畫家林布蘭的懷舊色調。不過，這些相片之所以那麼吸引人，是因為大家都知道裡頭藏著狙擊手。

狙擊手學到的第一件事，就是務必要謹慎挑選狙擊位置和交戰時機。有「狙擊手基礎」之稱的某本說明手冊提到：「要有戰鬥力又能存活下來，就得挑選有利的良好位置。你選的位置有可能害死你，阻礙你的視野；也有可能掩護你，讓你的視野清晰，方便射擊。」這建議很好，即使你認為這本手冊是軍隊訓練專用，也情有可原，但前文其實是出自《Dust 514》的狙擊說明手冊。

《Dust 514》是一款免費的第一人稱射擊遊戲，由 CCP Games 專為 PlayStation 3 平台開發。大眾對狙擊手戰技的著迷，在每個文化都相當普遍，就連網路遊戲產業也是如此，重要的是我們實際從中學到的東西。

已故的拳王阿里曾說：「眼睛看不到的，雙手也就打不到。」眼睛看不到的，大腦也處理不了，這點自然也是毫無疑問。尋找某樣藏著不讓人看到的東西，若擁有背景脈絡的先備知識，就能握有優勢。

為了證明，我們可以做個簡單的測試：首先拿一枚硬幣往背後丟，讓硬幣落在背後的地上，快速望向你認為硬幣落地的區域，轉身撿起地上的硬幣，你會發現，這樣真的很難找到硬幣。通常需要進行地毯式搜索，然後那枚落在顯眼處的硬幣，才會終於進入視野裡。有越多資訊朝我們而來，就越難找到硬幣，例如質地、一道道的光線與陰影、附近散落的物體等等。

然而，有個方法可以更簡單快速完成任務。把另一枚類似的硬幣丟到地上，不過是丟在你前方的地面上，這樣就看得到硬幣在哪裡。請盯著硬幣看，盡量看清周遭區域的樣子，然後再回頭去找你先前想找卻找不到的那枚硬幣。通常在你掃視地面時，硬幣就會突然跳入你的眼簾，科學家把這種現象稱為視覺線索提示。把一枚類似的硬幣丟在地上，然後盯著硬幣看，就能將特定物體及其位置的資料送入大腦裡，大腦會使用這些資料，深入了解眼睛捕捉到的視覺資訊。

在這種機制的運作下，觀看類似環境裡的另一枚硬幣，就能更快找到先前丟到地上的硬幣。即使狙擊手沒有太多的掩護，也能更有效藏身起來。之所以辦得到，是因為可聽明預測到人會看到的東西，然後把預期看到的資訊送入觀者的大腦裡，或是中斷資訊流，讓大腦看不到應該看到的東西。這個機制的運作不在於眼睛，而是大腦為了讓視覺畫面發生，處理資料流的方法。

知識：大腦運用視覺資訊，細膩建構出世界的樣子。而那樣的建構變成樣板，樣態辨識模式因而產生。成功的關鍵便是了解那類模式，因為模式可引導感知，而感知又反過來塑造現實。

隱藏是一種心智遊戲

每次望向這世界，就會發生以下情況：必須睜開眼睛，讓視覺資訊經由視網膜與視神經傳進大腦裡，然後大腦再把原始資訊組成物體和景象。

不同物體和景象的辨識都是在大腦裡進行，在複合型神經網路結構裡運作。視覺資料的處理則是在腹側視覺通路（亦稱「內容」路徑）進行物體視覺的識別，並且把資訊送到下側顳葉皮質。物體辨識需要大腦裡好幾個層級的參與，各個部位會流暢地一起運作。

我們十分擅長辨識大小不一的物體，很少會留意到當中需要經歷何種過程，即使如此，過程並不會因此變得容易。人類之所以能輕鬆辨識大小不一的物體，再歸類到同一個種類，是因為大腦具備的技能，型態分析師稱為「邊緣分析」。

簡單來說，每一件物體要能歸類為真實存在，就必須具備某種不變的特質，即使當日的時間，或是物體的溫度、形狀、外觀起了變化，物體還是不會隨之改變。這類恆常的特性在數學上稱為「不變性」。

倒掛在樹上的松鼠，坐在地上吃堅果的松鼠，看起來完全不一樣，可是我們很簡單就能辨識出這兩隻都是松鼠。物體的形狀與固有特性，是視覺識別過程中不可缺少的環節。至於物體的擺放方式、物體的大小、我們看到的是物體哪一面，這些全都無關緊要。不變性是階層式的累積，先是位置與規模，再來是視角，還有更複雜的轉化，這需要好幾個不同物體視圖之間的內嵌才辦得到。

品牌營銷者通曉這種能力，努力創造出大家一眼就能辨認的品牌標誌。例如今日知名的可口可樂曲線瓶，根據可口可樂官網所述：「即使在暗處，即使摔到地上碎了，還是認得出來」。基於這個理由，一九一五年印地安那州特雷霍特的魯特玻璃公司（Root Glass）授予專利權。

以下將說明大腦如何達到這項非凡的成就。視覺皮質裡的細胞會對直線、曲線等簡單形狀做出反應，當視覺信號流入腹側通路，大腦裡會有更多的複雜細胞活化，可對臉孔、汽車、高山等更複雜的物體做出反應。

在腹側通路路徑上更深處的神經元，接受域擴大，偏好的刺激因子複雜度也增加了。人類瞬間就能辨識、分類物體。就日常生活中的所有意圖和意義而言，處理速度十分快速，顯得辨識行為近似同步發生。

鑽研此領域的神經生理學者表示，大腦有能力立刻辨識出形狀，就代表有某種前饋式資訊處理作業正在進行。腹側通路階層某個層級的細胞會處理資訊、判定形狀，然後再將資訊交給下一個層級使用，判定質地。腦袋裡的內部指揮鏈安排得宜，因此有高度的絕對信任。上層一般不會質疑下層的處理結果。我們在尋找形狀質地、試著辨別特定的形狀時，並不會質疑大腦回報的色彩正不正確。分析過程中的內部信任分數，是基於充分的理由。視覺辨識物體的任務超快就能完成，大部分的情況下也十分精準。

然而，這也就表示資訊必須先交由大腦處理，然後才會有視覺。人能視物，憑藉的是視覺，不是眼睛，眼睛只不過是資訊擷取傳導的工具。狙擊手掌握錯綜複雜的視覺過程，卻不是用我此處描述的方法去了解其在科學上的分類。狙擊手對視覺過程的理解，讓隱身的行為得以成真。

偽裝專家和營銷者（後者希望他們推銷的公司標誌可以顯而易見，最好能一眼認出）會從中認識到，偽裝史是對多種相互抵觸的理論進行實驗，而不是常識。

是2D？不是2D？

人眼看到的世界是２Ｄ圖像，有點像是相片。眼睛把收集到的所有視覺資訊經由視神經傳導到大腦，再由大腦裡十二個獨立層組成的部位處理資訊，讓這個世界以３Ｄ呈現。

大腦採用多種方法，把我們看見的世界縫合成３Ｄ模型，而立體視覺——有能力從兩種稍微不同的角度（亦即從左眼和右眼）看見同一個２Ｄ影像——便是其中一種方法。

此外，還會運用明暗和輪廓、倒影、動作線索、距離、深度與３Ｄ形狀線索、大小、遮蔽、紋理、質地、直線透視等方法。在前述要素當中，有越多要素遭到干擾，大腦就越難看到、辨識物體。偽裝技術可分成兩大類：第一類是隱藏物體，讓物體融入周遭環境；第二類是對物體在視覺上透露的資訊進行干擾，誤導觀者，讓觀者錯誤處理資訊。

一戰期間英國海軍部發現，要在開放海域隱藏船艦，在許多情況下是不可能的。後來，海軍部採納了英國動物學者約翰．葛雷漢．克爾（John Graham Kerr）提出的建言。克爾從大自然汲取靈感，建議採用黑白條紋的對比迷彩，有點像是斑馬或長頸鹿身上的條紋。

克爾寫信向海軍部長邱吉爾解釋這種日後被稱為「眩目迷彩」的偽裝技術，他在信中寫道，以此法弄亂船艦的輪廓，敵軍就辨別不出船艦的形狀、大小、方向，難以精確瞄準。在同一封信中，克爾以多少有些引人困惑的說法，概略說明雜色理論。所謂雜色理論就是運用濃淡不一的灰色和白色，以漸層交替的方式油漆船艦，讓船艦融入背景當中，使用瞄準鏡也很難看到。

克爾是科學家，他在說明雜色和消影時，列舉許多詳細的例子支持他的說法。另一方面，眩目手法以海洋畫家暨皇家海軍志願軍後備隊隊員諾曼・威金森（Norman Wilkinson）為第一把交椅，也廣受諸如畢卡索等藝術家的支持，畢卡索還主張眩目手法是像他這樣的立體派藝術家所發明。

關係很好的威金森堅持己見、動用人情，說服英國海軍部放棄消影技術，改採眩目手法，沒有任何科學證據，也未經任何試驗。不久，美國海軍跟進。英國海軍部在應該講科學的地方，卻採用不科學的做法，再加上未遵循任何規章就把眩目迷彩漆在船艦上，情況可謂雪上加霜。迷彩塗裝的圖案幾經更迭，名稱是塗法編號加上設計編號，有如現代軟體版本的命名方式。一九四五年之前，向來是使用眩目迷彩，一直編到三十三號之多。

然而，海軍使用眩目迷彩後獲得經驗，並且產生自然演進，在多年後總算把公道還給當年提議漸層色與消影的克爾，也更了解迷彩是如何對觀者的感知系統造成干擾、妨礙、攪亂。說來諷刺，英國海軍幾經波折才在迷彩成效上學到教訓，可是早在一八九九年南非

圖 2.3　美國海軍的薩拉托加號（CV-3）航空母艦，航速十二節，攝於華盛頓普吉特海灣，一九四四年九月七日。薩拉托加號的迷彩塗裝是塗法 32 設計 11A。

圖 2.4　奧林匹克號，鐵達尼號的姊妹艦，眩目迷彩塗裝，一戰受徵召作為運兵船，一九一五年九月起服役。

第二次波耳戰爭期間，英軍就已學到教訓。此時也是狙擊手的吉利服（ghillie suit）首度正式登場。

在兩次的波耳戰爭以前，吉利服是一種攜帶式狩獵用隱蔽篷，由蘇格蘭的獵場看守人所研發。ghillie 一字的來源是蘇格蘭民間傳說的精靈 Ghillie Dhu，其又源於蘇格蘭蓋爾語的 gille，意思是「僕人」或「小伙子」。在舊時的蘇格蘭高地，勳爵或鄉紳在僕役協助下狩獵圍捕鹿隻或飛蠅釣，並非罕見之事。

第二次波耳戰爭期間，英軍成立蘇格蘭高地軍團，名為拉沃特偵察團，這是英軍第一個狙擊部隊，也是史上首度有軍隊使用吉利服。在現代，吉利服已成為狙擊手偽裝配備的一部分。吉利服是由五六個部分所構成的工作服，通常使用網子或粗麻布縫製而成，上頭遍佈散亂的布條，藏身在大自然時，也能把當地的葉

圖 2.5 英軍蘇格蘭第五營（5 SCOTS）的一名狙擊手（中央）和法國海軍陸戰隊第八傘兵團的狙擊手一起參加野豬頭演習，攝於英格蘭諾森伯蘭郡奧特本訓練場。野豬頭演習是層級為連的現場射擊演習，地點在奧特本訓練場，參與者為蘇格蘭第五營的英國陸軍步兵連（隸屬於英國陸軍第十六空中突擊旅），還有法國海軍陸戰隊第八傘兵團（隸屬於法軍第十一傘兵旅）的其中一連。最左側狙擊手所持的高檔望遠鏡是 Sagem Sword Sniper 三合一瞄準具。

子或小樹枝插進去。

吉利服的偽裝價值在於具備3D能力，能融入背景當中，人體有稜有角的形狀將變得模糊難辨。人腦能看出型態，藉此辨識人形或物體，而吉利服能去除景象跟大腦視覺庫裡，關於人形型態的資訊，這樣就沒有東西能讓眼睛對焦。當眼睛傳達給大腦的視覺資訊不足，沒有任何可用來辨識人形的輪廓，大腦就辨識不出來。如此一來，吉利服似乎能讓著裝者變得肉眼看不到（紅外線光譜還是能捕捉到體溫特徵）。我之所以用「似乎」二字，是因為並非真的看不到。

包潤石（Richard Boucher）曾經擔任特種部隊小隊長兼狙擊手長達十年，現在雖已退休，卻仍在練習場和課堂上指導新進狙擊手。他教導的技能有射擊術、野外偽裝術、彈道學、攝影、報告等等。他撰寫的《偽裝與隱藏》手冊中，有兩張相片立刻抓住讀者的注意力。

偽裝術包含了躲藏、喬裝、融入。躲藏是指在物體或濃密植物的裡頭或後方躺臥或移動，完全隱藏身體不讓人察覺。然而，狙擊手就攻擊位置，便不能採取躲藏的方式，因為敵方看不到狙擊手，就表示狙擊手也看不到敵方。同樣的，一旦狙擊手看得到敵方，敵方也看得到狙擊手。

狙擊手必須時時謹記在心，朝目標移動時，可採用躲藏的方式。狙擊手希望自己和敵方之間盡量沒有東西阻礙。吉利服不是用來隱藏，而是藉由喬裝進行矇騙。

運用矇騙的技巧，可讓敵人誤判狙擊手的位置或身分。在部分戰區，或長時間在陸地上移動時，矇騙技巧可包含喬裝在內，例如穿上當地服裝，並在能見度低時移動，騙過觀者。

若想讓策略變得更周密詳盡，就必須進行更多次的練習並熟悉當地的狀況，比方說，走路、坐姿、穿著、行為都要跟當地民眾一樣。狙擊手必須明白，喬裝是非常困難的技巧，努力往往不見得有成果。吉利服不是用來喬裝！

如果吉利服不是用來喬裝，也不是用來隱藏，那麼到底有何作用？我們必須花點時間思考，答案才會變得明顯。吉利服有如海軍戰艦的斑馬黑白條紋及其日後採用的漸層色調，都是一種工具。它會攪亂或干擾那些從眼睛流向大腦的資訊流。

吉利服創造出2D影像，進而讓這世界的3D圖像成形。只要狙擊手懂得自己做的事，了解自己的技術，也擁有玩弄資訊所需的技能，便能在看向狙擊手卻看不到的那些人的心智裡，創造出3D圖像。

狙擊手和厲害的商人都是魔術師。與其說狙擊手是特別的人，倒不如說他們特別有耐心，能勤奮地運用一套務實步驟因應情勢。狙擊手是方法學大師，而我們所有人都能學會應用方法學。

細究準則

打個比方說，除非我們能把狙擊手的技能裝瓶送到別處，否則這些技能對我們來說幾乎毫無用處。這是當然，狙擊手那看似完美的心智，其中蘊含富有禪意的冷靜，要是我們無法徹底理解的話，便無法憑意志重現那樣的冷靜，那麼研究狙擊手就沒有多大用處。

幸好，狙擊手的技能和冷靜都是我們有可能做到的，而認知神經學（此學術領域是對認知底下的生物程序進行科學研究），正在幫我們解決這個問題。

我們擁有的大腦，在能力、可塑性，或是發展潛力上都很類似。站在神經學的角度來看，我們全都是發展中的作品，容易訓練，適應力強。

儘管大眾媒體有許多文章批評我們的專注時間短暫，但是我們天生就能一心多用，可以同時間處理多件事情。我們不擅長的，其實是未先經過心理訓練就一心多用。

背後的原因在於資源，說的更準確點，就是大腦應要求同時執行多項任務，到底是怎麼分配資源的。《牛津認知科學手冊》（*The Oxford Handbook of Cognitive Science*）提及該問題的內容如下：

一心多用是複雜的認知過程，同時進行的多件任務當中，至少有一件任務會比只執行一件任務時表現得還要差。要做到高效率的一心多用，就必須有兩種複雜的認知過程適度共存，而且兩者至少有一部分的基礎結構相同。關於共存的本質，在科學上可提出這樣的問題：「當兩種思維過程爭用相同資源，該如何解決？」

人腦或許極為出色，但也需要指引與經驗，才能懂得如何處理資源分配問題。原本就能一心多用的人，接受訓練經過一段時間後，也會表現得更好。負責支撐我們執行認知任務的，是大腦的機能，是腦袋裡的內部結構，是隱喻中的管子、皮帶、口哨。由此可見，大腦有如肌肉，只要鍛鍊就會表現得更好。

狙擊手在高壓下看似超級冷靜，能掌控焦慮和恐懼，好讓心跳和呼吸不會干擾他瞄準目標。狙擊手的眼睛專注於任務，大腦完全投入在多件任務之中，使得那些近乎同步發生的任務看似一連串的步驟，需要依序處理才行。在這種模式下，狙擊手化為訓練精良的認知機器，將神經機能打磨成一把利刃。

卡內基美隆大學心理學系的腦造影認知中心有研究顯示，人們在一心多用時大腦會如何運作。該中心使用 fMRI（Functional Magnetic Resonance Imaging，功能性磁振造影）技術，拍攝一心多用的大腦的運作狀態。

受試者必須在壓力下保持高效率表現、同時應付多件任務、面對多變的變數和突發事件，卻仍能次次達到高效率表現。例如遊戲玩家，他們指揮第一人稱視角戰場上的虛擬角色時，必須同時處理多條視覺資訊通路，還要跟隊員或敵手對話。

> 玩這類遊戲，必須對多條視覺空間資訊通路快速進行高階處理，最終達到快速又精準的運動反應和進階的視覺處理能力。對資深玩家所做的研究顯示，他們會培養出進階的視覺專注力。

根據研究顯示，即使受試者的年齡、性別、電玩習慣不同，優秀的玩家都具備六項特性。這六項特性可大略整理為以下三大要點，而且能應用在商業工作者上：

1. 大腦如網路般運作：大腦裡沒有特定的中樞專門處理一心多用，而是把大腦裡的許多部位連結起來。這表示人必須同時應用許多技能並動用經驗與知識，這樣才能做到一心多用。狙擊手在應用戰技時，便運用了豐富的知識與資訊。

2. 在認知過程中，感知與移動相互統合：沒有真正的分隔線可區分身與心，身心其實是一體的。狙擊手花時間鍛鍊身體，把身體變成額外的資訊來源，融入周遭環境裡。

3. 越是艱鉅的任務，從大腦分配到的資源越多：狙擊手會運用自己擁有的每樣東西。每次射擊、每項任務都獨一無二，卻也是從上一次的射擊、上一項任務累積而來。狙擊手的超能力或許是觀察技能與耐性，但是他們幾近超乎常人之處，其實是學習和記憶的能力。

從前述三大要點得知，我們可以深入討論狙擊手思維，找出狙擊手在高壓下運用的準則，探究他們是用哪種心法才能全神貫注，在近乎精神崩潰時不致於崩潰、在競爭過程壓垮心神時不致於失心、在專注處理所有急迫事項時不致於失焦，或是在高風險時刻引發焦慮時不致於讓意志瓦解。

狙擊手的訓練程序把他們面對的任務劃分成以下三大階段，而且每個階段各有具體的步驟。

- 觀察。

- 情境評估。
- 成果計算。

這三大階段是行動架構，無論是在戰場上，還是在董事會議裡，無論是工作還是生活都很適用。狙擊手把這三大階段轉化成較日常的用語：

- 觀察。
- 隱形。
- 掌控。

觀察需要耐心，仔細蒐集情報並進行查證，藉以蒐集所有變數並加以分類。就連那些多變、可能出乎意料的變數也包括在內。觀察需要超然，考量每一項注意到的要素並仔細衡量，即使必須快速匆忙進行衡量，也要超然以對。

觀察之所以會引發超然感，是因為不需要立即行動。在觀察的當下，狙擊手有如牆上的蒼蠅，觀察著自己的活動。觀察雖然耗時，但有助於揭露每種情境下的動態模式，因此在擬定行動計畫時，觀察可謂關鍵環節。

在觀察的做法當中，有許多可學習之處。以商業生活來說，擁有觀察能力通常不是一大優勢。大家都認為觀察與等待會耽誤時機，果斷才能迅速採取行動。然而這些都是陷阱，會使我們尚未正確評估情況，就陷入可行的步驟當中。若經過觀察，便能以細膩又有條理的方法蒐集資料，掌握細部狀況，就能更清楚了解狀況，了解有哪些選擇可真正投入其中。

這裡所指的隱形，顯然不是真正的隱形。我們已經了解狙擊手可細膩察覺到支配感知的過程，以及騙過感知的方式。至於能融入周遭環境又不吸引他人的注意力，重點與其說是隱形，倒不如說是變得不引人注目，兩者的差別雖然細微卻很關鍵。那是用明察秋毫的眼睛和思慮周全的心智，來觀察這個世界。

商業案例

現在來面對現實吧，很少人能夠從頭到尾地把方法學應用在生活的每一件事上。我們的工作和私人生活似乎陷入了永恆單調的作業裡，我們所學之事進入半衰期，比預期還要短暫。經過一段時日以後，我們就忘了該知道的事情，不得不重新學一遍。

我們的學習似乎不完全，這點有別於狙擊手。我們必須在辦公室及臥室的牆上掛名言佳句鼓勵自己，或是掛上激勵人心的海報，好找出我們內心應有的深度。大部分情況下，最後我們還是在不同的背景脈絡中學著同樣的教訓，一而再，再而三。這是為什麼？

狙擊手雖然擁有非凡的表現，卻仍是血肉之軀。狙擊手也跟我們一樣，隨著時間過去，專注力降低，技能與知識漸漸退化。狙擊手的心理歷程所利用的神經路徑，是我們人人都有的。為了能長時間始終維持高度專注力和忘我精神，狙擊手必須能運用多數人都無法運用的東西。他們必須有某種結構化的支援，才得以無視迫使一般人失神的壓力。

這裡的答案顯然是紀律，但其實不然。守紀律本身很費心力。在軍隊裡，是被迫在集體壓力下守紀律。士兵是部隊的一員，部隊是軍隊的一部分。軍隊依循訓練和傳統，藉由指揮鏈、清楚的方針、指揮者與服從者之間的明確關係，鞏固軍中的一切。結構穩固又細膩，一切都各就其位，去除模稜兩可的狀況。

狙擊手雖是軍隊裡的一分子，卻保持著一段距離。士兵無論接到何種任務，都極不可能獨自完成。相反的，狙擊手卻是獨自行動。即使是以兩人一組的小隊進行部署，但跟軍中其他單位一比，狙擊手仍然算是相當孤獨。

然而，沒有人是一座孤島。長時間獨自作業的話，行為會開始失常。人類經營的運作體制很容易累積錯誤，無法高效率運作。某個人在特定情境下體驗到的心理壓力增加，緊張程度也會隨之上升。人一緊張，身心能力都會失去正常水準。

在一般人忍受不了的情境中，狙擊手特別善於維持成效。至於他們是怎麼辦到的，說是守紀律，這原因並不充分，因為紀律通常需要額外耗費心力才能維持，而落實紀律的過程也過度複雜。那麼，是什麼因素有助狙擊手維持專注力？又是什麼因素使得狙擊手能夠脫穎而出、獨一無二？為了找出答案，我聯絡狙擊手，問問他們的傳奇事蹟。

認同感是建構而成的。我們對自身本質的想法，是我們的教養、記憶、技能、知識、經驗、個人信念系統所致。像洋蔥般一層層堆疊出我們的本質，而我們的信念系統讓核心有了力量，造就出人類的基本精神，還讓每個人都有可能超越限制，打破預期，化不可能為可能。

一九九八年史蒂芬．史匹柏（Steven Spielberg）執導的電影《搶救雷恩大兵》（*Saving Private Ryan*）中，狙擊手傑克森二等兵在射擊之前，引用《聖經》（詩篇 144:1-2）的詩句：「耶和華我的磐石，是應當稱頌的。你教導我的手爭戰，教導我的指頭打仗：他是我慈愛的主、我的山寨、我的高臺、我的救主、我的盾牌、是我所投靠的主，使我的百姓服在我以下。」

宗教是許多人預設的核心信念系統，對於在戰區服役的軍人尤是如此。已故的克里斯．凱爾（Chris Kyle）曾在美國海軍的海豹部隊服役，是電影《美國狙擊手》的主角。他運用對上帝的信念，培養出深切的正義感，幫助他在伊拉克多次服役期間，順利度過精神和心理上的地雷區。

「你要知道自己每天早上醒來是為了什麼，日復一日呼吸是為了什麼。」這段話出自於巴比（Bobby B）。對於成為狙擊手的技術細節部分，我提出一堆問題，他全都回答了：「你創造出自己的紀錄管理系統。每一次射擊、每一項變數、每一種狀況、每一回任務，你都一而再、再而三反覆檢討。你不斷思考著，萬一這樣該怎麼辦，萬一那樣該怎麼辦，想到自己都快瘋了。然後如果可以改變一些參數，再射擊幾次，那麼一切就會變得合情合理。你看到自己怎麼增量得利、超越局限，只可能發生在紙上的，卻在現實中成真。」

巴比解釋他採取的增量得利策略，表示射擊不是取決於單一或是一組變數。射擊的重點從來不在對你有利或不利的事物上，總有一些因素是對你有利卻又對你不利的。因此，務必要知道哪些因素對你行得通並改善那些因素，如此一來，你能掌控的所有事物都會獲得改善，例如：海拔高度、彈藥溫度、環境（考量上升氣流和下降氣流）、位置、所處區域的進出路線等，這些因素都會造成影響。

巴比的策略可以幫助經營艱難的新創公司獲得公關資源，協助新公司對抗既有的競爭對手，協助上軌道的企業排除造成停滯的因素。巴比說的話，我可以理解當中的道理。如何在瞬間讓一切變得簡單？那就是擬定計畫，著手進行。

當然，箇中訣竅就是確定你擁有的計畫是你需要的。至於宗教立場，我沒有從巴比那裡套出實情。每次我提問，他要麼徹底忽視問題，要麼就談訓練是怎麼教人順利通過心理檢核表。各個步驟劃分成幾項可行的行動，然後專心執行。中途碰到的障礙必須移除或繞行。

包潤石撰寫的偽裝手冊，完美摘述狙擊手在訓練時面對的任務難度。狙擊手要長時間躲藏，要盯著目標卻不能被發現，還要做到以下事情：

……移到距離受過訓的觀察者兩百公尺內，開兩槍，其中一槍要落在步行者的三公尺內，然後撤出該區，不被發現。這樣就可證明狙擊手有能力移到距離觀察站兩百公尺內，觀察站的設置地點距離邊界一百五十至兩百公尺。實際的目標物會在邊界以內，因此射程會在四百至六百公尺。這些要求是為了測試狙擊手的潛行能力，及其在偽裝的技藝與科學方面的技能高低。記住，狙擊手的任務不是自殺，射擊後必須撤離該區不被發現，此時敵人已變得十分警覺又有態度問題。

如果這是狙擊手取得資格前必須達到的基本標準，那麼他們的專注力簡直超乎常人。為達目標，狙擊手會角色扮演，也就是扮演自己所確立的身分。巴比早上醒來時很清楚自己是誰，對此，他篤定得能把多數人面臨的疑慮烏雲全都燒光。

狙擊手在學習藏身時，也弄懂我們的觀察方式。狙擊手的偽裝技能，堪稱為朦騙對手感知的終極測試。如果長時間躲藏是如此必要，那麼挑選戰場的能力肯定也很重要。因為不是所有區域、每一處行動場地的偽裝難度都一樣。大衛・李德（David Reed）曾經擔任遊騎兵狙擊手和教官，現在負責《狙擊手國度》（*Sniper Country*）網站的編輯，該網站專門協助狙擊手與未來的狙擊手，深入了解並精通狙擊技術。

對於戰場的挑選，李德表示：「挑選的區域應具備很高的成功率。」李德的教學內容是根據本寧堡狙擊學校的美軍狙擊手訓練課程，以及布拉格堡特殊行動目標攔截課程。李德提出建議，為的是幫人一把。狙擊手以有限能力執行任務，即使成功率不高，也能依循李德的建議，把局勢扭轉成有利於自己。

為了撰寫本書，我從事背景調查，試圖了解狙擊手是如何達到如此非凡成就，於是漸漸明白那些接受狙擊手訓練的男女所經歷的轉變過程，也就是哈里森在敘述自己成為狙擊手的經歷時，所提及的「重新打造」。

一片片的拼圖開始拼湊成圖案，我要做的就是找到拼圖的邊緣，理解我正在揭露的圖案背後的邏輯，然後應用在商業活動上。對此，賽門・曼諾的攝影計畫正是關鍵所在。

狙擊手並不是躲藏在他們所處的環境當中，而是觀察環境者的心智中。狙擊手覺察到世界運作的方式，並且了解得很透徹。環境裡的不同元素如何組合成一幅畫面，光線與陰影如何共同作用，不同的質地如何相互作用，產生不變性，使我們得以辨識物體。如果我們事先不知道有狙擊手躲著，那麼我們也許永遠都看不到周遭躲著人。人腦需要事先的視覺線索，需要背景環境的知識，需要先前的經驗，就好比要先看到地上有一枚硬幣，才能找到另一枚硬幣一般。然而，這些並不是全部，根本還差得遠了。

蒙提（Monty B.）是一名四十三歲下士的暱稱，他曾經參與英國緊急應變計畫，跟冷溪衛隊一起在阿富汗服役。蒙提的狙擊手單發子彈擊斃人數是近期最多的。他使用的武器跟哈里森一樣，他在八百五十公尺外，擊中塔利班戰士的自殺炸彈背心觸發炸彈爆炸，自殺炸彈客和同行的五名武裝分子當場死亡。

「狙擊的重點不在每天射擊，這一點再怎麼強調也不夠。狙擊的重點在於一小時又一小時的觀察。」蒙提在報紙訪談中提及狙擊訓練時表示：「你要在不同的區域藏或偽裝東西，然後趴著觀察人們察看或者走過那些東西。有些東西人們看得到，有些看不到，你必須了解背後的原因。」

我覺得狙擊手就像是漫畫《守護者》（*Watchmen*）裡，那些個性冷漠、隨時保持警戒的超級英雄。《守護者》是平行世界的漫畫系列，沉默冷淡又有人性的守護者觀察著形勢，看著同僚做出別人看不到的決策。

狙擊手的任務不只是採取行動而已，還必須向上級提出行動背後的正當理由。每次的致命狙擊都受到規管監察，因此狙擊手必須對自己做出的選擇非常有把握。由此可見，狙擊手真正的超能力其實是能觀察他們看到的事物，並且進行思考，所以狙擊手才會像是獨行俠。一旦觀察旁人成了習慣就改不掉了，由於人性不斷變動，使得演員與作家永遠都處於工作狀態，狙擊手也是一樣，心智一直忙於觀察、分項、編目，這種習慣讓狙擊手跟旁人之間產生距離感。

如果企業有相當於狙擊小組的團隊效勞，不時觀察、分項、編目，那麼就會頓時擁有驚人的競爭優勢。他們看待自己有如旁人一般，能夠辨識出擋在自己跟聽眾之間的障礙物，找出潛在客戶，傳達行銷訊息，在問題尚未出現前就先排除掉。他們能夠想像競爭對手在看著自己，行為模式也能騙過競爭對手；他們能確切知道客戶在看著他們時會看到什麼，並且開創出不起爭執的生意之道。

要培養這般強大的心態可不容易。大多數時候，狙擊手忙於手邊的任務，連自己有這樣的能力都不曉得。在回應我的狙擊手當中，有一位以匿名為條件，向我展示武器的力量有多麼強大。對此，他含糊地表示：「我都是所有條件都符合了才射擊。」

他以前用的名字是T先生，是一名法國人。他曾在德國菲林根第二裝甲師第十九戰鬥機大隊服役，然後調動到法國侏羅區雷魯斯第二十三步兵團突擊隊訓練中心。他以狙擊手的身分參戰多次，身陷險境的次數也多過於他願意透露的，有時並不怎麼願意敞開心胸談這些事情。

「一年前，我跟一位很棒的夥伴開創新的事業。」他在我保證不會透露他的名字後，終於用 Google Hangout 跟我視訊通話。「我在修理智慧型手機、平板電腦、連線物件的新創公司擔任總經理，該公司是由合作夥伴、加盟店、區域加盟店組成。」他表示，公司的目標是拓展國際市場。

他最大的資產就是他的狙擊手思維。「我實施商業智慧，找出市場中互補的概念，擬定別人料想不到的策略，沒人料到我們會跟那些急著進入新興市場的公司競爭。結果我看到他們，他們還看不到我。或許有一天他們會問：『這些人到底是怎麼辦到的？』」

我跟他交談後發現一點，那就是狙擊手不一定能挑選自己要打的仗，不一定能挑選戰場，可是他們所做出的其他選擇，每一項都會對現實、經驗、成果造成影響。這樣看來，其實戰場一直是狙擊手挑選的，因為狙擊手先前的準備作業可以塑造戰場的樣態。如同T先生所說：「我看到他們，他們還看不到我。」

在商場上，缺乏觀察技能就表示你一直處於反應模式，永遠沒辦法停下來計畫，也就表示局勢不在你的掌控中。那麼，在商界要有所轉變，運用狙擊手技能，好讓局勢對我們有利，該怎麼做？

- **做好功課：**了解哪些因素可以推動你的事業。你事業的命脈是什麼？哪樣東西可以錦上添花？了解哪項因素能讓你的市場利基行得通。除了大家都需要的金錢以外，推動你事業的主要動力是什麼？是可靠、是名聲、是知名度高、是購買前需要先體驗你的產品嗎？是工程、是設計，還是高階的概念嗎？前述都是你需要區隔出來的事項。只要做得到這點，就能看到真正的競爭對手是誰，還能看清競爭對手做的事情。如此一來，你就得以量化資料，把要採取的行動規劃得更好。

- **掌握一席之地：**如果知道哪些變動因素會影響到你的事業，那麼對於你之前看不到情勢發展而受到的干擾，你會更能做好準備，擋住那些干擾。例如擾亂全球計程車產業的Uber，或擾亂兩百一十億美元健身房產業的 CrossFit 和 SoulCycle，又或者是能夠抓住銀行巨獸的 Simple。如果目光只放在自己做的事情，就會發生這類的事。說到商業做法與商業決策，**所謂的隱形，就是指那些帶動基本差異卻多半沒人留意到的行動**。
- **擬定明確的目標：**商業生活裡的範疇蔓延是出了名的，所謂範疇蔓延是指目標和任務內容逐漸擴展，導致失焦，目標設立的時候也涵蓋在內。如果沒有清楚可行的目標，能明確納入更宏大的整體策略，那麼就會落得事倍功半的下場，結果很容易變得士氣低落。做法清楚的話，想法也會跟著變得清晰；思緒清晰的話，整體上會更有信心。

對商業領袖和策略思考者來說，前述三大步驟可用於賦予掌控感。當你為了抓住客戶而進行簡報，或是銷售日受到不少關注、可拓展市佔率的產品上市、公司宣布推升品牌資產，像以上這些有「衝突」之時，掌控成果的能力高低端賴之前所做的選擇。

此外，還有可能迷失在細節裡。為了做出決策而收集資料，往往會引發焦慮，有時會難以判定到底收集到何種程度才算是足夠。碰到這種情況，最好的幫手是吉卜林的另一首詩〈我有六個誠實的僕人……〉（I Keep Six Honest Serving Men ...）。

吉卜林在詩中說這六個僕人是內容（what）、地點（where）、時間（when）、原因（why）、對象（who）、方法（how）。許多調查記者都運用它們來判定資訊是否足夠，以此法寫出的報導具有真正的價值。

第三章將說明狙擊手思維在做出困難決策，或執行重要任務時所透露出的若干訣竅，我們應該從中學習，使思維模式變得更像狙擊手才行。同時，如果需要執行的任務變得太多件，那麼就要排定優先順序，運用以下六項步驟評估任務：

- 列出所有需要執行的任務。
- 把任務分成「緊急」和「重要」。
- 每件任務用數字一到三表示重要性的高低，一是最重要，三是最不重要。
- 判定每件任務的完成需要多少心力，就緊急度或重要度進行評估。

- 懂得靈活做事又善於適應，畢竟有些任務可能會有變化，或比預期來得困難。
- 懂得何時該割捨，不是每件事都要列在任務清單裡。

這種做法可以產生具體的確定感，成功是一種心態，信心不是說生就能產生。只要心態正確，信心就是副產品。一切其實都在我們的心智當中，畢竟我們想不到的，我們便成就不了。

狙擊手技能養成清單

本章學習內容：

- □只要相信自己，成功機率就會逐漸增加。
- □運用心理訣竅，例如站在第三人立場談論自己，可以產生充分的距離，進而放下自尊，讓看法更開闊。
- □在觀察、情境評估、成果計算上的狙擊手技能，適用於各行各業。
- □了解你的事業從外頭看是何樣貌，有助於了解你的事業在市場上的位置，以及你的品牌真正的影響力。
- □行事果斷的訣竅在於，懂得資料收集到何種程度是夠了。

第三章

合適的作業工具

練習思考，分析最佳化方法的準則，
學會因時因地使用心理和生理工具

只要心之所欲，任誰都能雕塑自己的大腦。
——西班牙病理學家拉蒙．卡哈（Santiago Ramón y Cajal）
給年輕調查員的建議。

二〇〇四年巴格達南方的三角地區，對士兵來說是危機四伏之處。救世軍「什葉派激進分子」的勢力逐漸興起，伊拉克叛亂分子開始攻擊美國與盟國駐守在當地的軍隊。海軍陸戰隊F連的十四名軍人從事例行的掃蕩任務，正通過拉提非亞（日後有死亡三角之稱），情勢隨即引發關注。

那一天是四月九日，在巴格達當地，私人包商哈利伯頓（Halliburton）和KBR（Kellogg, Brown & Root）聘用的民間燃油護衛隊，在前往巴格達國際機場的路上遭到救世軍突襲，造成幾名美軍士兵死亡。

按照當時的慣例，海軍陸戰隊派出幾個連外出巡邏，都會有一名狙擊手負責掩護。該次任務的狙擊手是當時年僅二十五歲的史帝夫．賴克特（Steve Reichert）中士，觀測手是溫斯頓．塔克（Winston Tucker）上等兵。當天的巡邏任務是找出該區的叛亂分子，保護參加阿巴因節的朝聖者通過該區。賴克特和塔克守在市區外的儲油槽頂端，兩人都知道其實這裡前一天才剛遭受輕兵器攻擊。

「這件事我們沒什麼選擇。」幾年後，賴克特在歷史頻道的訪談中回憶該起事件，他表示：「那裡不是全世界最好的位置，可是我們必須守在那裡。」不久，兩人在場的必要性就變得顯而易見。賴克特和塔克發現路旁的動物屍體裡似乎塞著簡易爆炸裝置（即土製炸彈），於是向海陸巡邏隊發出警示，四周的市區隨即爆發突襲戰。

接下來這場交戰成了長達十三小時的交火，導致幾位海陸隊員戰死。交戰到一半，敵軍直接朝賴克特和塔克的方向射擊，此時塔克發現一組三人配備帶彈鏈的機關槍，在屋頂上跑著，然後那三人在磚牆後方低下身子，消失在視線之外。

賴克特心裡明白，那三人佔據了有利的位置，只要啟動機關槍就能重挫下方的海陸巡邏隊，他知道自己必須立刻採取行動。賴克特所處位置看不到磚牆後方的三人，可是他沒有猶豫的時間。他當天使用的槍枝是 M82A3，亦稱巴雷特 M82（Barrett M82），應該可以算是世上火力最強大的狙擊步槍。有特製鎢芯的 .50 口徑子彈，再加上爆炸型和燃燒型零件，因此該款步槍名稱才會含有「反器材」（antimaterial）的字眼。正確使用的話可以打下直昇機或輕航機，阻擋卡車或擊退輕裝甲車。

賴克特以冷靜的語氣描述當時的情況：「拿下那組人是第一要務。我們開出的第一發偏了好幾公里。塔克上等兵看到子彈噴濺的位置，把修正的數字告訴我。第二發也偏了，但是比第一發近多了。第三發落在階梯牆壁上，他們就躲在後方。那道牆的後方變成紅色，之後那裡就沒有動靜了。」

賴克特從一千六百公尺外射擊，這段距離相當於十七個半

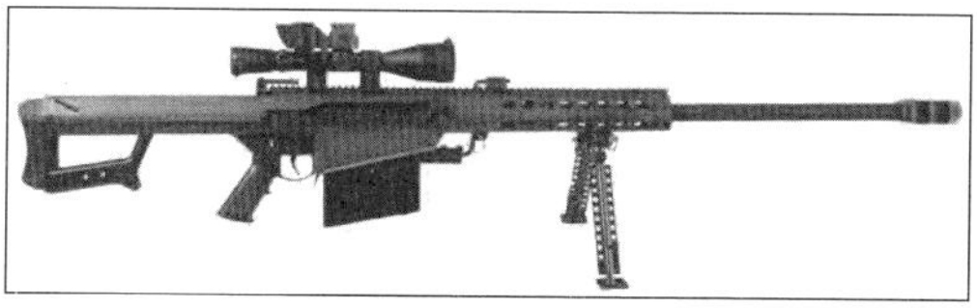

圖 3.1　巴雷特 M82，美軍標準名稱是 M107，是反衝式、半自動、反器材的步槍，美國巴雷特軍火製造公司研發。世界各地有許多單位和軍隊都使用這款步槍。

的足球場，一發子彈擊斃三人，打破紀錄。也因此，他後來基於健康因素從美軍退役，還能找到一份訓練未來狙擊手的工作。賴克特自己也承認，擁有合適的作業工具至關重要。雖然他也帶著 M40 狙擊步槍，準備在 M82 彈藥耗盡時使用，但是當天幫他拯救弟兄性命的，是重型武器。

知識：從神經生物學的角度探討人類顛峰表現，就能發現完美的形式和驚人的產出向來歸結於兩大因素：一，大腦是依何種優先順序運用其在行動時所需的不同中樞；二，自尊要壓抑到何種程度才能表現得受人矚目。

望進人們的腦袋裡

在紐約市，喬丹．穆拉斯金（Jordan Muraskin）正盯著筆記型電腦，螢幕上是棒球選手的大腦狀態，顯示在看到時速將近一百一十三公里的曲球飛來時，選手決定要不要揮棒。電腦將資料細心地整理成圖表、資料表、熱圖。電極從一般肉眼看不到的東西取得讀數，以形象化的方式在面板上呈現抽象的概念。棒球選手決定揮棒時的心智狀況，以這種區隔化、片段化、多半抽象的方式顯示。當有看不到的想法浮現在腦海時，就會被儀器捕捉下來。

穆拉斯金正在研究的棒球選手，是先前就同意參與實驗的選手。研究員使用發球機，讓棒球以一百一十三公里的時速飛向選手。投手丘的後端到選手持棒等待的本壘，距離是十八點四公尺，假如棒球的時速將近一百一十三公里，只要一秒就能飛過三十一點三公尺。也就是說，這比眨眼的速度還要快九百四十八倍左右，只要零點五八秒就能抵達本壘。

速度快到連眼睛都看不到，遑論大腦。可是，即使棒球以將近一百一十三公里的時速飛來，選手擊出全壘打可說是家常便飯，有些選手甚至能擊中一百五十二公里或一百六十公里的快速球。穆拉斯金無法理解，這是怎麼辦到的？

穆拉斯金的筆電上，數據經過細心分類並標上名稱，例如神經辨別度、決策位置對照表、神經解碼效能等等。穆拉斯金認為，藏在數字或波浪形圖表線條裡的資訊，可以用來回答更深層的問題。是什麼讓棒球選手表現如此出色？有些選手過了全盛時期，職涯一蹶不振，球團想回收一些投資金額，但平均擊球率低到只能快速出清；也有選手變成全壘打機器，對手想擋也擋不了，背後究竟有何種隱而不顯的力量，有什麼看不見的訣竅？

場景切換到美國西岸加州的卡爾斯巴德，尖端腦波描記（Advanced Brain Monitoring，簡稱ＡＢＭ）公司執行長克里斯．伯卡（Chris Berka），也正盯著類似的圖表和對照圖。根據 Google 地圖顯示，卡爾斯巴德距離紐約市約四千五百七十公里，沿著八十號州際公路開車要開四十一小時。在伯卡的電腦上，雖然標籤不同，但圖表和面板也呈現類似的情形。那些數據、圖表、數字，顯示出頂尖的狙擊手在即將做出困難射擊時的大腦狀況，伯卡認為這當中包含了關鍵決策過程的重要層面。其中有張圖片是大腦正準備進入顛峰運作的狀態。

穆拉斯金和伯卡基於非常類似的理由，看著非常類似的圖片，但他們並不知道這點，雙方都在追逐大腦解析學的聖杯。他們使用 fMRI，觀看快照中的大腦如何運用自身構造進行思考，希望從中領悟神奇公式，只要能揭露箇中訣竅，就能幫助普通人的大腦表現得更好。

概念是舊有的，只不過是應用在新的背景脈絡。一九一一年美國工程師腓德烈．溫斯羅．泰勒（Frederick Winslow Taylor）堪稱時間與動作研究概念的先驅，將這類研究用在工業工廠生產的最佳化與標準化，主張任務效能的最佳化方法就只有幾種，如果能全數研究那些方法，就能進行分析找出當中的準則，個別應用在不同的工廠。

該項原理也能應用在心理任務上，因為大腦的生理機能是依循物理定律。血液以特定的速度流動，電子脈衝以電子的速度在突觸之間跳躍，而在背後推動這一切的血糖就只有這麼多而已。由此可見，在想法和思維的背後肯定有個機制。

只要懂得大腦是如何做出關鍵決策，就可以了解心智狀態是如何重建，讓人人都有機會做出模範表現。於是，關鍵決策能夠大眾化，決策過程也能劃分成一組又一組的心理歷程，經過適當的訓練，不論是誰都能觸發該過程。訣竅開放給一般大眾運用，不再保留給少數菁英。

二〇一二年春季，穆拉斯金及研究夥伴傑森・薛溫（Jason Sherwin）在哥倫比亞大學率先結合兩人的技能和興趣，使用ＥＥＧ（Electroencephalography，腦波圖）分析棒球選手的大腦。當時，只有幾項實驗內容跟棒球的實際神經資料有關。然而，哥倫比亞大學的兩位研究員隨機測試六名沒有資深棒球經驗的受試者，發現一個獨特的現象。每次打擊手對投出的球做出不正確的判定，大腦裡的布羅德曼區第十區（Brodmann Area 10，簡稱ＢＡ10）就會產生大量的神經元電流，彷彿泉水冒出泡泡一樣。該區位於前額葉皮質，前額正後方。

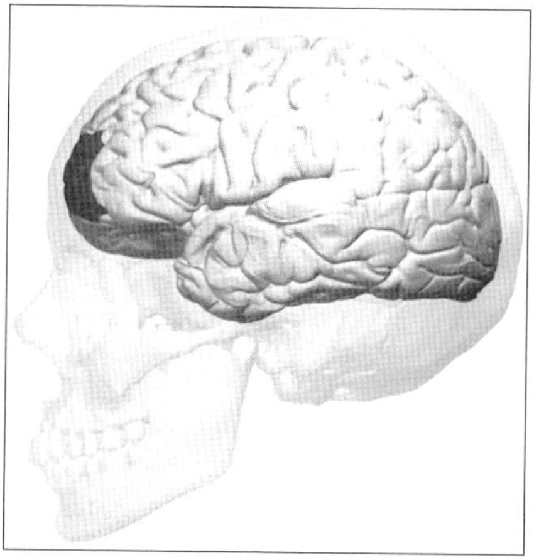

圖 3.2　布羅德曼區第十區位於前額正後方，主要負責視覺與語言處理。

這次，穆拉斯金和研究夥伴用 fMRI 觀看大腦狀況，對流經大腦的血流變化進行量測，研究神經活動狀況。這台昂貴的大型機器宛如他們的「大腦護目鏡」。

克里斯・伯卡與狙擊手共同合作，只不過狙擊手無論男女都是手持金屬，金屬和磁振掃描儀可不能擺在一起，由於無法使用大型 fMRI 掃描儀來檢驗狙擊手，所以「大腦護目鏡」必須更小巧方便攜帶才行。一開始，伯卡的團隊是跟負責發展軍方新興技術的美國國防部先進研發計畫署部門共同合作，使用的設備必須不引人注目，才方便高級軍官、商業領袖，或是肩負艱鉅擊殺任務的頂尖狙擊手穿戴。

如果腦部時間與動作的研究言之有理，肯定有方法能檢驗那些具有特定知識或技能的受試者大腦，也能檢驗想要自行學會那些技能的人們的大腦。

先進研發計畫署對該項研究專案很感興趣，軍隊領袖要具備極高的適應力、彈性、創意、倫理、道德，還要因應各種環境，這些議題向來是商學院數十年來的研究主題。一想到或許有準則可以推銷給軍方領袖和商業人士，令人不由得激動起來。有了準則，尋找合適人選加入軍隊或商界，就再也不會失手；實施標準化的訓練計畫，保證會有高品質的結果。再也不用爭論，偉大的領袖究竟是先天本性還是後天教養所致了。

找得到準則就能打勝仗，商業公司只要把準則應用在領導力訓練上，賺進的美元將數以百萬計。沒有什麼比這更利益重大了。

百萬美元的大腦

人類的想法是由化學物質與電流組成。追溯想法的根源，希望了解想法的形式，有點像是望著一大片森林，努力判定森林最先的起源在哪裡，是根部？還是最先照射在幼苗上的陽光？可能的源頭太多，難以確信；變數太多，不能指望精準。然而，這不是在否定森林，也不是在否定森林的作用。森林的形狀和形式，十分顯而易見，森林本身的存在具有顯著又可分析的作用。

同樣的，在大腦內部，從想法的開端一直到想法表達，對想法的作用進行的衡量與檢驗，或許是我們永遠無法追溯的，但所有共同運作、化想法為真實的區域，卻是我們可以看得到的。其實，正是那些區域訴說著我們需要了解的故事。最樂於接納故事的聽眾，分別出現在三處特定的人類活動競技場，分別是商界、軍方、棒球界，每一處競技場都充分運用了戰鬥力增倍器的概念。

舉凡商業領袖、狙擊手或頂尖棒球選手，無論個人狀況如何，無論要在何種環境下工作，大家都期望他們在強大壓力下仍能達到高標準的表現，不但要次次都達標，還要把價值觀傳達給各自所屬的團體。他們打造出的環境，可以將周遭的機制切換到高速檔並做好工作，他們所屬的領域也因此締造了更高的「價值」。

把棒球比賽或產品上市的情形套用在狙擊子彈相互射擊的戰場上，似乎是要思考好一會兒才能懂的延伸概念，其實前述情況背後的動力都出奇類似，只是個別環境的細節不一樣罷了。

商業領袖、狙擊手、棒球選手向來是問題的關鍵，為什麼他們能有出色的表現？是什麼因素讓他們與眾不同？他們是如何把自己提升為獨特的角色？為了判定與眾不同的人是出自於基因（即先天本性），還是出自於訓練（即後天教養），必須長時間付出大量的努力、理性思考、深切自省、推動、試驗、細心分析。

然而，在進入先天本性對上後天教養的激烈爭辯之前，如果能明白這三種獨特又不同的人類活動領域，是怎麼看待理想中的一流應徵者，也是頗有意思，畢竟這點就是三者重疊之處。凡是成功的商業領袖、狙擊手、頂尖棒球選手，都具備核心認同感，也就是說他們很清楚自己是誰，為何會成為今日的自己。他們的人格猶如一層層的洋蔥片，藏在深處的核心讓他們擁有內在的平衡感。

羅馬人以「莊重」（gravitas）稱之，並依此特質評價領袖。羅馬人認為，若有莊重，對自己的本質便能擁有堅若磐石的基礎，也就是說，能夠仰賴這基礎做出更佳的決策，不太會受到外在事件的動搖。羅馬人努力在私人生活和公共生活培養這項特質，並把莊重列為應當追尋的美德。

假如說管理人生中任何事物的能力，取決於管理自身的能力，這種說法並不公平。如果我們自身的中樞「撐不住」，那麼我們就會覺得要怪罪這世界，覺得事情失去控制，覺得沒什麼值得爭取。大腦對於手邊工作處理方式的見解，若能引致傑出的表現，那麼當中肯定有個紮實的邏輯是我們能依循思考的。

過去，商界、軍隊、球團不得不四處尋找有潛力的應徵者加入行列；現在，我們能探討這些表現一流的人在工作時的思考模式，繪製成圖，然後運用特定技巧，把他們的思考模式教給別人。

改編自真人真事的迪士尼電影《百萬金臂》中，一名物色新秀的球探採用非正統方法，用電視播送比賽，努力找出哪些有抱負的棒球選手可投出時速一百四十五公里的快速球。若能複製頂尖表現人士的大腦運作方式，就可以瓦解傳統的匱乏經濟學，創造出達到一流結果、價值百萬美元的心智。

如果企業雇用一堆表現出色的人員，想想這世界會變得如何不同？軍隊可招募超級士兵，球團可雇用明星打者。卓越不是人們與生俱來的特質，必須添加十幾種成分才製造得出來，當中的關鍵就是古希臘德爾菲神諭說的「了解自己」，創造你的核心。

試想這個可怕的情境：

我躲在薄薄一層的沙包後面，都快哭出來了，二十個男人戴著面具、大聲叫喊，全速朝我衝過來，他們身上綁著自殺炸彈背心，手裡握著步槍。我每擊斃一個人，就有另外三個不知從哪裡蹦了出來。我射擊的速度顯然不夠快，我驚慌又無能，步槍老是卡彈。

假如用「桌子」取代「沙包」，用「商業決策」取代「自殺炸彈客」，就是平常在辦公室的狀況。當工作堆積成山，危機接連發生，員工反抗，同事合謀，電子郵件收件匣擠滿一堆標註「緊急」的事項，這時電話響了，是妻子或女朋友，她覺得你再也不愛她了。

幸好前述的戰役情境只出現在電視上，這個模擬情境是用來訓練美國部隊學會使用步槍，每個環節都經過設計，讓人覺得自己遭受難以對抗的攻擊，使得感覺刺激和認知分析任務導致大腦過度負荷。

該情境創造出混亂的場景，專門用在處理自我懷疑的情況。該情境對體驗者造成的第一個效應，就是強烈的心理關機感，讓人只想停下手邊動作，趕快走開。訓練有素的狙擊手也會在戰場上經歷類似的情境，我們很容易能夠設想當時的壓力有多大。

要在高壓情況下照常執行任務，必須先經歷一萬小時的練習，鍛鍊大腦裡的髓磷脂路徑，讓菜鳥新兵變成經驗豐富的老兵才行。可是你知道嗎？大部分的人都不曾投入一萬小時的練習，即使是狙擊手在職涯初期作戰時也肯定沒有。狙擊手跟我們之間的共通點就是動機、動力，還有必須完成工作。這就是頗有意思的地方，畢竟在高壓情況下要做好工作，就必須達到「心流」的心理狀態。所謂心流，就是毫不費力的專注感，各種出色的技能都具備心流的特徵。

狙擊手看似能隨意開啟心流，他們的思維習慣能迅速因應複雜難題，也懂得運用心流的力量。出類拔萃的商業人士懂得如何達到心流狀態，以便在高壓下仍能有出色表現；當棒球選手需要心流時，就能毫不費力地進入心流狀態。例如費城人球隊外野手約翰・克魯克（John Kruk），他的例子尤其有名，儘管他不是個苗條的棒球選手，卻在一九九三年達到打擊率 .316，三度獲選為美國國家聯盟明星球員，一生平均打擊率是 .300。

根據正向心理學，心流（亦稱「化境」）是工作時的心理狀態，執行特定工作的人徹底沉浸在工作當中，察覺不到干擾因素的存在，因此無從阻止他們達到巔峰效能。

亞洲地區有傳統的靜觀與禪思文化，因此有大量的文學作品描述這種近乎神祕的心理狀態。在佛教與道教的教義中，也都提及「無為而治」的心智狀態，很類似心流的概念。印度教經文講述的不二一元論（例如《王者啟明之歌》），和瑜珈知識（例如《博伽梵歌》）指的都是類似的狀態。

然而，心流的感覺其實不神祕。匈牙利的米哈里・齊克森米哈里（Mihaly Csikszentmihalyi）是心流心理學的先驅，目前是克萊蒙研究大學的心理學管理教授，他曾在芝加哥大學心理學系與森林湖學院社會人類學系擔任系主任，研究重心是在職場上協助使用心流。

齊克森米哈里長期研究那些看似神祕的現象，訪談對象有音樂家、舞者、作曲家、武術家、畫家、作家、企業家與商業領袖。這些人在高壓下工作時，大腦的運作達到相當驚人的同步化，還能在多種不同的優先事項之間切換。

齊克森米哈里想要了解箇中原因，於是他與同事合作，訪談世界各地八千多人，再把這些人的經驗彙總起來。受訪者形形色色，有多明尼加的僧侶、盲眼修女、印第安納瓦霍族的牧羊人、矽谷的高階主管等等。

為了解釋心流發生時所依循的機制，他發展出一套以「人類頻寬」為中心的理論。在一個由資料組成的世界裡，每件事都是資訊。生物學施加的位元傳輸率限制，塑造出終極閘道。大腦處理資訊的能力高低，左右了我們理解的程度。

我們是由一堆感測器組成的複雜網路所構成，大腦和身體組成不可分割的網路，並沿著這網路捕捉資訊、傳輸資訊。至於人腦處理資訊的方式有各種解讀，同時也是神經學領域激烈爭論的主題。在這場爭論的另一端，則是那些認為大腦像電腦那樣運作的人。那些人的主張為：

大腦有如大規模平行處理器，以重疊型的神經元連結模式存放資訊。單一神經元能參與多種不同的記憶與過程。所以人腦才會如此善於辨識樣態，才會因為一個想法或記憶，就能讓人想到另一個想法或記憶；才會一個氣味就能觸發記憶如洪水般湧來。

另一方面，有少數人認為大腦是感測器網路密不可分的一部分，造就出今日的我們：

以下是我們天生沒有的東西：資訊、資料、規則、軟體、知識、語彙、表述、演算法、程式、模型、記憶、影像、處理器、子程式、編碼器、解碼器、符號、緩衝區。這些設計元素可讓數位電腦的行為變得智慧些。但我們不僅天生沒有這類東西，也不會發展出這些東西，永遠不可能。

兩大陣營之間的爭論最後結果如何，或許取決於長生不死的訣竅，又或者是取決於以下問題的答案：「人類應不應該創造出終有一天會超越人類的超級智慧機器？」「人類能不能學會把意識下載到某種儲存裝置裡並永遠活著？」

儘管雙方針對大腦運作方式所提出的理論相互扞格，卻在一件事上面產生共識——大腦在處理資訊流時，隨機存取記憶體（Random Access Memory，簡稱ＲＡＭ）及其受到的生理限制。二〇〇四年齊克森米哈里在ＴＥＤ發表演講，說大腦能處理的資訊上限是每秒一百一十位元。看起來雖然很多，可是分配給一天當中任何一刻必須要做的各種事情，就顯得不夠用了。

舉例來說，對話是複雜的多層次程式碼，每秒要耗掉六十位元，才能跟上對話的速度，所以我們跟別人講話時，才會無法全神貫注在別的事情上。在大部分的情況下，我們能決定注意力要放在哪些事情上，通常也能一心多用，將大腦的頻寬容量分配給多件事情。

然而處於心流狀態時，大腦全神貫注在一件事情上面，而且不是有意識地決定要做。於是個體察覺不到其他的事情，例如時間、人、干擾因素，甚至忽略基本生理需求。這種現象之所以發生，是因為處於心流狀態的人，把注意力全都放在手邊的事情上，沒辦法分心再做別的事情。

由此可見，就思維能力而言，狙擊手的思維不一定比別人優越，只是在受過訓練的事情上較為優越。換句話說，為了達到最理想的表現狀態，因此可以忽略其他事情，只專注處理手邊的工作。很顯然地，狙擊手思維與其說是天生擁有，不如說是後天造就。如果是後天造就，就表示我們也全都能運用類似的心理優化技巧，學會更好的思維模式。

狙擊手的決策樹

前任海軍海豹部隊狙擊手布蘭登・韋伯（Brandon Webb）在 Newsmax 的電視訪談中表示，他身為狙擊手，在決定要不要攻擊特定目標的時候，面臨極大的壓力。

在某些情況下，狙擊手要依循大型的決策樹，但是特別行動不是這樣運作的。雖然上級必須對狙擊手指出正確的方向並劃下界限，但是狙擊手還是可自主做出這類決策，畢竟狙擊手對抗的敵人也能做出那樣的決策。

海豹部隊狙擊手訓練課程的戰場手冊第九頁，「指揮及控制」一節，有段文字說明了狙擊手應該採取的行動方式：

當指揮官做出部署狙擊手的決策，該場行動的指揮和控制就應該全權移交給狙擊小組。狙擊手從來不用等人下令才開槍射擊。上級負責許可狙擊手開槍，但確切的開槍時機則交由狙擊手決定。

以小型的狙擊小組（通常是一名狙擊手搭配一名觀測手）行動、做出主觀的判斷、把大腦的所有能力都投入在主要任務上，要做到這些，必須具備重要的先決條件，也就是技能必須切合難題。

雖然這項先決條件向來不言自明，但是我們現在必須明確表達出來，因為這裡就是訓練發揮作用之處。狙擊手經過訓練，生理的強健與心理的堅毅都達到極高水準，無論即將面臨的挑戰有多麼艱難，都有能力應付。

與此類似，棒球選手花費大量時間練習擊球投球、傳球接球，棒球技能在球場上化為自動的動作。或是MBA課程的商業人士受訓經歷一連串實際或實習的經驗，有機會直接親眼目睹商業模式的運作。技能的必要條件是人格。若要懂得運用所學，成為想成為的人，那麼人的特質就是關鍵所在。

紐約的喬丹．穆拉斯金和加州卡爾斯巴德的克里斯．伯卡，兩人在自己的筆電上面檢視的圖表，是大腦處於心流狀態的影像，是人的特性正在運作中的情況。

伯卡和穆拉斯金都有機器可讀取成功的心理秘訣，也都有自信能找出方法幫助每個人解開大腦裡的祕密，不只是幫助表現一流者而已。當你碰上困難的認知過程，總會冒出這個問題：「你有沒有合適的作業工具？」答案是：「有，一直都有。」然而，不是人人都能伸手拿到工具。沒獲得一些幫助的話，是拿不到的。

說到全神貫注於手邊工作，狙擊手或許有一項感知的優勢，而且唯有等到事後，這項優勢才會變得明顯。狙擊手自覺的直觀存在，會跟周遭世界分開來，經由望遠鏡投射出去：

> 我受訓的時候，學習進行準備程序，判斷情況、找出我的目標、規劃我的行動，觀察地面，記住布局，做好準備，吸氣，呼氣。拿穩武器，判定誰是威脅，然後攻擊。對我而言，世界就在望遠鏡裡。其他事情都消失不見。我化為槍。

這名海軍狙擊手說的話，就像是

- 有獵人或樵夫經驗。
- 有優異的射擊經驗。
- 對武器感興趣。
- 能做出快速又精準的評估和心理計算。
- 能保持私人生活情緒穩定。
- 能在高壓下有效工作。
- 具有耐心、注意細節、毅力、生理耐力等人格特徵。
- 能全神貫注。
- 能忍受孤獨。
- 能跳出自身角度，客觀評估情況。
- 能在高壓下及狹小空間裡，跟別人密切合作。
- 不受某些有害的個人習慣之影響，例如菸品與酒精。（除非應徵者十分符合資格，否則菸酒算是不利條件。然而，菸酒不應該是唯一的不合格條件。）
- 美國陸軍體能測驗獲得一等成績，耐力高，最好有強壯的運動員身材。

圖 3.3　戰場手冊 FM 3-05.222《特種部隊狙擊手之訓練與雇用》詳細列出，狙擊手要達到標準必須具備哪些特徵。

我們熟知的俄羅斯方塊，我因而明白狙擊手只要經由望遠鏡看出去，就得以將自身幾近脫離現實般的存在給投射出去，就像是人們處於虛擬實境，眼睛和心智沉浸在虛擬世界裡，在有著矮人、海怪、小精靈的數位幻想國境裡，忘了自己的身體。

根據靜觀專家的建議，要達到意識的超感知狀態，就要制定複雜的個人儀式，讓當事者、環境、周圍事物都做好準備，甚至必須在一天之中的固定時間進行，才能提高感知。然而，心理和精神的準備程序如此複雜，挑選一天之中最理想的心理專注時間，對狙擊手來說很不切實際。戰場上可沒有時間讓人「淨化」自己，也沒有時間點香氛蠟燭、放柔和音樂來改變心情。

可是，戰役文獻又到處暗示著，心理堅強的戰士會運用準備程序，達到準確又專心的狀態。例如古希臘時期的特種部隊斯巴達人很留意頭髮，這點是出了名的，他們在打仗前會仔細梳髮編髮，波斯間諜在溫泉關戰役前發現李奧尼達國王及其追隨者的行為，因而在歷史上留下記錄。

準備程序是達到心流的關鍵環節。如果心流是成功的關鍵，那麼想要達到心流狀態，不透過神祕恩典的狀態，也不像斯巴達士兵那樣相互梳理頭髮，要怎麼做才辦得到？假如沒時間像靜觀大師所建議的讓自己平靜下來，那麼狙擊手究竟是怎麼做才能達到心流？答案取決於以下基本條件，心流倡導者認為這三項是達到所需心理狀態的關鍵環節：

- 人參與的活動必須設有明確的目標和進度，這樣任務便具有方向和結構。
- 手邊的工作必須明確，還要立即提供意見，如此才有助於因應多變的要求，並調整表現，藉以保持在心流狀態。
- 手邊工作帶來的**感知難題**以及自身具備的**感知技能**，兩者必須達到良好平衡。必須要相信自己能完成手邊的工作。

前述每一項要求，狙擊手都能達到。狙擊手的部署是依循最嚴格的方針，收到的意見既明確又立即，那些參數裡多變的變數，是不得不處理的難題。從定義上來看，那些變數等同於狙擊手的任務。知識會超越立即的經驗，修正我們對自身的若干直覺。

狙擊手都很清楚自己是再造而成，他們的大腦經歷生理上的艱苦，制約成習慣變成了士兵。沒有心智，身體就無法運作。雖然距離解開這個等式當中的謎團還很遠，但我們只需要知道這個等式行得通，就得以充分運用。

我們此時此刻走的道路，其根基是一段時間前別人打下來的。神經學者大衛．伊格曼（David Eagleman）在暢銷著作《隱姓埋名》（*Incognito*）一書中表示，我們做的大部分事情（因而使我們成為怎樣的人）是由大腦的潛意識區域掌控，而我們對於那裡的運作狀況多半毫無所覺。

伊格曼說，我們有如繫在線上的傀儡，對著看不到、更遑論理解的刺激因子做出反應。該書出版後幾年，神經科學有了驚人進展，狀況多少有所變化。過去的神經學者認為人們是無助的傀儡，如今再也沒有人以這樣的眼光看待。

在虛構作品《星艦迷航記》（*Star Trek*）的宇宙當中，醫用三度儀是一種多功能手持式裝置，作用很像是功能性磁振造影掃描儀。醫用三度儀專門用來作為感測器掃描、資料分析、資料記錄使用，背後的原理是假定擷取特定的身體機能資料，就能精準診斷人的健康狀態，並且視需要建議療法。

醫用三度儀其實相當有效又容易使用，很適合拿來探究人們的心理狀態，只是《星艦迷航記》的角色從沒這樣用過。醫用三度儀還能建立資料圖，不是繪製人們的本質，而是繪製人們的思維方式。不過你知道嗎？這種出現在《星艦迷航記》的裝置再也不是虛構了。

二〇〇二年，原為外野手、後來轉任棒球球隊總經理的比利・比恩（Billy Beane），也嘗試要看清無形的事物。比恩是奧克蘭運動家的球隊經理，在棒球界，有錢，說話就大聲。比恩的預算跟強勁的對手相比，不到對手的三分之一，卻肩負成功的重擔。別的經理人多半會放棄，或是覺得沒錢就簽不了強手，根本不可能帶領奧克蘭運動家打季後賽，可是比恩卻利用機會，把自己對細節的著迷應用在工作上。

比恩認為，棒球經理一直以來都使用對照表，到了現代其實無法呈現出選手的表現狀況。傳統做法會參考盜壘、打點、打擊率等統計數據，卻沒辦法作為挑選手的基準。於是比恩運用資料，針對賽事內的活動量測到的棒球數據，憑經驗進行分析，挑出選手。

之後比恩帶領奧克蘭運動家一路打進季後賽，他的訣竅就是留意那些隱而不顯的資料，此法更在麥可．路易士（Michael Lewis）的《魔球：逆境中致勝的智慧》（*Moneyball: The Art of Winning an Unfair Game*）一書中留名。

大家通常會認為資料就是資訊，不過實際情況並非全然如此。資料有如基石，作為建築原料，在取得的當下尚未經過塑造、處理、解讀。另一方面，資訊需要意義和脈絡才有用處。在比利．比恩所提出的資料導向棒球解析法普及前，大家普遍採用十九世紀的比賽分析見解，來挑選優秀的選手。想組成一支優秀的棒球隊，猶如尋水術，大家都認為當中涉及某種占卜術，需要「第六感」。棒球經理應該要像是經驗老道的戰馬，在球賽上花費大量時間，具備特殊的第六感，才能挑出未經雕琢的天生好手。

比利．比恩打破傳統主流，卻不是提出新的見解。他挑選棒球選手加入球隊，是採取嚴密的資料導向方式。這種方法來自於一九九〇年代棒球撰稿人兼統計員比爾．詹姆斯（Bill James）。詹姆斯發明「賽伯計量學」（*Sabermetrics*）一詞，該詞跟美國棒球研究協會（Society for American Baseball Research，簡稱ＳＡＢＲ）有關。

詹姆斯運用統計數據，以科學方式進行棒球的分析與研究，藉此判斷球隊輸贏的原因。

其實詹姆斯的做法是利用統計數據來打造鏡頭，用來觀察棒球選手並預測選手的未來狀況，畢竟此法最能揭露選手的現況。

這就是比利．比恩獲得的，資料帶來資訊，資訊帶來知識。擁有更完善的資料，就能獲得更精準的資訊，變得更有知識，還能做出更佳的決策、更準的預測。這裡少了個躍進的動作，我們希望能從知識躍向智慧，智慧不僅可讓我們知道該挑選誰去做事，也讓我們知道是什麼因素讓他們一開始就適合做那件事。有了智慧，資料鏡頭不僅會變得更清楚，還能獲得有如X光的透視能力。

若是我們能夠看見隱而不顯的所需事物，那就太好了；棒球選手的心智為何能促成出色的表現，要是懂得箇中訣竅就好了；甲企業家面臨極高的失敗率卻獲得成功，乙企業家面臨的難題較小卻失敗了，要是懂得箇中原因就好了；哪種心態比較有可能獲得成功，哪種心理綜合分析可立刻做出理想決策，要是能查明就好了；狙擊手即將射擊時，會在多項易變的變數以及驚人的機率之間取得平衡，要是能看得見狙擊手此時的想法就好了。前述情形都辦得到的話，我們是否就能訓練自己把事情做得更好、更有效率？

這種思維模式的邏輯是以簡單的技術能力為中心，也就是擁有相當於《星艦迷航記》醫用三度儀的工具，使我們得以看見心智的運作狀況。大家往往認為資料是一種實質的東西，是一種無可否認之物，牢牢紮根在底下的現實，而那深處正是成功開採過的地方。英文的

Data（資料）是複數名詞，單數名詞是 Datum，實際上是指「給予的東西」。雖然在現代的世界，我們認為 Datum（單數的資料）是跟一筆個別的資訊有關，但是 Data（複數的資料）其實是一組東西，現在還可以用來描述其存在狀態。

Data 比 Datum 更為重要，集體的價值總是大於個體，畢竟集體擁有個體顯然缺乏的東西──聯想價值。聯想價值可揭露背景脈絡與關聯，背景脈絡與關聯可賦予重要性，重要性是相對的。前述全都會成為認同感的一部分。

使用 Data，就會明白所想即所見。反之，Datum 有如一條鍊子的環，無論鍊子有多堅硬、多脆弱，鍊子是不是壞了，鍊子是不是剛好很長，是不是自由飄動，還是繫在很遠的某一處，我們全都不知道。對我們而言Datum 沒有用處，畢竟無法量化，遑論辨清其本質。

Data 是由一堆關係組成的抽象層，關係使我們得以看清意義。舊北教堂（Old North Church）裡兩盞點亮的提燈，在一般人的眼裡毫無價值，只有祕密組織「自由之子」的間諜才曉得箇中含意。若再進一步連結到一群等待行動的愛國人士，這兩盞燈的含意就完全不同了。那一刻若是縮減成 Datum，那麼唯有連結到先前發生的事件才會產生價值，唯有連結到隨後發生的事件才會產生意義。

Data 也會從更深的關係浮現出來。我們所見、所知、所做、所經驗，都會引發想法形成 Data，箇中含意超乎發生的當下。Data 還有其他的特質，例如可傳輸，或是一出現後就不受出現的當下所支配。

棒球選手壓制那顆朝他飛來、時速一百六十多公里的直球，和狙擊手躲在制高點，細心調整瞄準具，以便射中一千六百公尺外的目標物，兩者之間似乎沒什麼共通點。然而，這僅限於表面上而已。無論棒球選手還是狙擊手，都只不過是嚴酷現實的一個點，只不過是Datum。往深處探究，把他們從所在的個別環境抽離出來研究，把他們連結到決定揮棒、決定射擊之前發生的事情，那麼突然間就會有所斬獲。

兩者的決策過程都受到一點四公斤的囚徒支配，那囚徒被裝在黑暗的箱子裡，箱子由人體最堅硬的骨骼組成，感覺刺激受到限制又有點落後。大腦如何運作，為何能在那些可即時影響外在世界的情況下做出決策，我們現在才剛開始了解、開始看清。這次，我們的眼睛與其說是血肉製成，不如說是玻璃透鏡。我們的眼睛是由銅和塑膠製成，具有的電磁特質跟想法本身是一樣的。

在二十一世紀我們改良了《星艦迷航記》的醫用三度儀，用來窺看深層心智在決策時的狀態。要是能學會觸發顛峰效能的思維，就能掌握自己的命運，掌控自己的生活，指引命運的方向。

那些只不過是我們努力要贏得的獎賞，其實我們已經看到渴望獲得的掌控感在運作。狙擊手有一堆掌控感，出類拔萃的商業人士和頂尖的棒球選手也都有。有能力掌控自己，就表示能呈現出吉卜林詩中的人格特質：「倘若你能昂首面對周遭失序的一切……」

如果別人做得到，我們也能理解別人如何做到，那麼我們肯定就能重現。我們居處的是嶄新的世界，我們正在培養更複雜精密的技巧，進行資料的擷取與分析。資料是我們所見、所感知的每件事的基石。資料也是認知的基石，連結了想法與概念的無形領域以及我們日常存在的有形曠野。

在歷史上，狙擊手向來是一報到就能上場的人員，通常是在家族農場上射兔子長大的農場男孩，他們的狙擊手大腦是由難以預測、活生生的目標物塑造而成，即便手邊擁有的武器品質相當差，而且是真的需要靠打獵獲取食物。

那些獵人一輩子站在下風處射殺獵物，他們仔細藏好自己，思考哪些變數會對目標的命中造成影響。越戰的傳奇狙擊手卡羅斯．諾曼．海斯卡克二世（Carlos Norman Hathcock II），這位自學射擊的原版「美國狙擊手」，從小就學習使用單發步槍狩獵食物；史達林格勒戰役英雄瓦西里．柴契夫（Vasily Zaytsev），從小就在烏拉山脈獵鹿和狼；芬蘭的超級狙擊手席摩．海赫（Simo Häyhä）原本是農夫和獵人，後來參戰成為傳奇人物。

這些人沒受過狙擊訓練，卻早就是未來的狙擊手，早已磨練好技能，入伍後軍隊發配更好的槍，提供一些額外的訓練，然後就送他們踏上征途。然而造就他們的，並不是軍隊。就像棒球選手是有待球探發掘的人才，不是有待造就的技能型人員。球探在國內各地觀察球員，運用常識以某種方式「挑出」贏家。

卓越的商業人士則是例外，門外漢不知怎的就成功脫穎而出，在商界爬到高位。如果不了解優秀人才何以是優秀人才，如果無從望進人才的大腦裡並查看那些運作中的資料，那麼就只能採用奉承、仿效這種含糊又過時的手段，換句話說，就是以文化型態逼迫出來的不完美抄襲。

因此，我們過去才會需要以英雄當榜樣。英雄扮演著堅強的心理社會原型角色，為的是創造出可引領周遭人們的行為模式。古希臘神話的海克力士是美德和正義的代表；超人為「真理、正義、美國風格」而戰；綠光戰警每次替能量戒指充電時都會警告「所有崇拜惡魔力量的人」；蝙蝠俠讓宇宙秩序獲得平衡。

良善的英雄運用轉變的力量，不僅是為了讓他們自己變得更好，也是為了讓他們居處的世界有所改變。在經典的英雄征途上，剛轉變的英雄最後會以重要又正向的方式帶領社會轉變。英雄有所改變，英雄一路上碰到的人、這些人再接觸的人也都會有所改變。英雄是社會針對「我們如何變得更好？」所得出的答案。由於沒有其他方式可以查看資料，因此英雄的存在成了經過編碼又便利的重要資訊傳輸模式。英雄引領決策樹形成，進而帶領普通男女做出正確的事。有需要時，就挺身而出；當時勢所趨，就拋下自私心態。

社會之所以在英雄傳奇上投入許多，是因為沒有其他方法可讓個體的心智更為專注，個體的反應總是如同阿米巴原蟲，想離開不適之處，移向舒適的地方。我們需要英雄才能重新校準自己的道德指南針，讓指針一直指向那個由真理和正義構成的真北。

現在我們再也不需要英雄了，有英雄的確很不錯，有英雄的話，就可以再次確認別人的價值觀跟我們相似，而且放諸四海皆是如此。有英雄的話，就表示仍然值得為「真理和正義」而戰。

然而，不需要有人向我們不精準地展現思考方式，我們就能思考得更完善清楚，也懂得做出更佳的決策。只要我們能理解資料，那麼引領我們的決策樹就會變得更容易了解，更容易付諸實行。

商業案例

撰寫本書期間，我跟許多企業界高階主管談過，那些主管都是來自我曾經發表演講或簡報的公司。有些年輕的高階主管私下匿名吐露以下的想法：

> 我做的每件事都是圍繞著自己的事業打轉。我花費大量時間培養技能與知識，擠進這份工作的大門。我有學貸要還，有夢想要實踐。我努力工作，好出人

頭地。於是我在職場上做決策，總是會想：「那對我有什麼好處？」

大家都知道，在無情商界要獲得領先，團隊精神、領導力、熱情是必要條件，因此採用狙擊手思維塑造技巧的成功與否，就要看能不能找到方法搭建橋樑，連結起人命緊要關頭的戰場以及背後捅刀的職場。

狙擊手面臨多變的局勢，經常落入命懸一線的狀況，在那個當下，到底是怎麼落實他們的決策？由雷利．史考特（Ridley Scott）執導、改編自真人實事的暢銷大片《黑鷹計畫》，裡頭有個深刻的例子或許是最適切的答案。

有諸多因素會影響決策過程，執行期間也會採用兩個對立的認知系統。結果至關重要，有助我們了解哪些有效的優先事項能讓人在高壓下清晰思考，值得我們更細膩地沉浸其中。

黑鷹的真相時刻

目前有一部大片和幾本書描繪摩加迪休戰役（即《黑鷹計畫》描繪的事件）。原本是在索馬利亞境內進行抓了就跑的一小時行動，卻演變成美軍和聯合國支援部隊對抗索馬利民兵，激烈交戰三十小時。

兩架黑鷹直昇機墜落，為了拯救同袍，美軍與援軍共同奮戰，而索馬利人則是想要活捉美國軍事人員。摩加迪休戰役是美軍自越戰以來最血腥的戰役，直到二〇〇四年才由第二次法魯加戰役取而代之。

該場戰爭之殘暴，從數字上即可得知：美軍有十八人戰死，七十三人受傷；負責支援美軍的聯合國部隊，有一位馬來西亞人和一位巴基斯坦人戰死，七位馬來西亞人和兩位巴基斯坦人受傷；索馬利人有一千五百至三千人的民兵和平民傷亡，最初的新聞報導表示有三百二十一人死亡，八百一十五人受傷。美國死者當中的蓋瑞・戈登（Gary Gordon）一等士官長和藍迪・舒哈特（Randy Shughart）上士，他們的故事值得我們關注。

戈登與舒哈特是三角洲部隊的精英狙擊手，一開始被派去參與行動，是負責精準的空對地火力支援。兩人在直昇機裡，目睹名為「超級六四」的第二架黑鷹直昇機墜落，眼見該架直昇機的同袍情況惡化，卡在直昇機裡出不來，成了數百名民兵關注的焦點。那些民兵穿越摩加迪休市的街道，朝墜機美軍的方向跑去。

戈登很清楚，墜落的直昇機很快就會遭受攻擊，那位仍然困在機內、用MP5衝鋒槍一發發擊射的駕駛員很快就會戰死。於是戈登要求駕駛員把他放到地面上，這樣他和舒哈特就能架設防禦圈，保護那架墜落的直昇機和同袍，等待救援的時機。

雖然前述文字聽來客觀又枯燥，但是他們要處理的情況並非如此。那架墜落的黑鷹直昇機所在的廣場，從旁邊的棚屋和荒廢建物就能俯瞰，在即將來襲的敵軍眼中，那些棚屋和廢屋就是完美的開槍位置。聰明人在進行情境評估後，就會知道這種情況下的倖存機率極低。駕駛員受傷，同袍無法逃脫，在城裡其他地方的敵軍又壓制了後援，對洶湧而來的敵軍採取行動，無異於自殺之舉。然而，這兩位狙擊手卻毫不遲疑。

一開始提出的要求太危險，遭到拒絕。稍後再提出要求，指揮部還是不讓步。然而，敵軍逼近，直昇機內的同袍大難臨頭，三角洲部隊狙擊手急迫地再三提出要求。後來指揮部把處理權交給狙擊小組的組長，組長才勉為其難核准。

圖 3.4　「超級六四」黑鷹直昇機墜毀地點，攝於索馬利亞摩加迪休。

戈登和舒哈特從直昇機上快速繩降，降落位置距離那架墜落的黑鷹直昇機和負傷的同袍是一百公尺以內。兩人一邊朝同袍的方向前進，一邊開火，清空通往直昇機的道路。該架直昇機的負傷駕駛員准尉麥可·杜倫（Mike Durant）多年後如此表示：

我沒看到他們從哪裡過來，但一定是從後方過來，不然我絕對會看到他們接近。那是一種超現實的感覺。我的意思是，你發現自己處於很可怕的情況，而那情況竟然在突然間就結束了。

兩位三角洲部隊狙擊手立刻衡量情況，把喪失活動能力的同袍和負傷的駕駛員移到有掩蔽的位置，開始穩固防禦圈，射出一陣精準得可怕的致命火力。杜倫記得的情況如下：

他們的行動很專業又從容，看起來好像是在規劃停車場。對於我們所處的情況，他們似乎一點都不慌。

他們只是專注在任務上，做著需要做的事，好改善我們的情況，挺過去，讓我們獲救。不管他們需要做的是什麼，他們都會去做。

他們的專業水準無法讓他們防彈，當兩位狙擊手的彈藥不夠了，逐漸逼近的索馬利民兵便火力全開。舒哈特被一槍擊斃，戈登取得舒哈特的武器，拿給麥可·杜倫，然後走出來，把墜落的直昇機當成掩蔽物，一個人努力對抗一大群洶湧而來的武裝分子。據說他撐了十分鐘左右，所在位置才遭到擊破，而他也在一陣火力下戰死。麥可·杜倫遭到俘虜，同袍立刻被殺死。約十一天之後，敵軍釋放杜倫。

杜倫談及當日情況，把該起事件講得很清楚，說話方式平穩，語氣毫不動搖，就像是在描述狩獵之旅或野餐的回憶。

不用懷疑，我的命是這兩位勇敢的人給的。

他們明知道這場仗會輸，卻還是來了。

沒別的人可以支援他們。

他們沒有來的話，我就活不了了。

戈登和舒哈特因為該次行動獲頒榮譽勳章，在參與當天行動的所有士兵當中，唯有他們兩人獲得此項殊榮。

兩人的英勇之舉簡直令人難以置信，就連查問箇中邏輯何在，也覺得像是叛國。然而我們必須去探問，才能了解真正重要的事情。為什麼他們會採取這樣的行動？在艱困的情勢下，他們決定承擔極高的失敗率，試圖救出註定活不了的同袍，究竟是為什麼？

麥可．杜倫描述的情況透露出必要的線索。想像一下當天混亂的場景，細心規劃的行動出了岔子，破敗的城市再次活了起來，亂成一片，危機四伏。兩架直昇機意外墜落，毀壞的摩加迪休城成了惡意活動的溫床，到處都有輕武器火力和火箭推進榴彈（RPG）留下的痕跡。

蓋瑞．戈登和藍迪．舒哈特搭乘的直昇機承受強大火力攻擊，負責操控機關槍的機艙門火砲手和同機的同袍都身受重傷。摩加迪休城湧入一堆訓練不佳卻全副武裝的索馬利民兵。眼看負傷同袍的性命懸於一線，生命的燭火即將熄滅。兩人明知這是可能赴死的局面，卻還是以沉著專業的態度採取行動，就連身經百戰的直昇機駕駛員也留下深刻的印象，到底是什麼因素觸發了他的決策樹？

答案不是職責或愛國心，也不是任務帶來的光榮感或正義感，不是喜愛戰鬥、更不是喜愛國家。黑鷹的真相時刻可歸結為簡單的一件事——發揮同理心。他們的任務是拯救同袍性命，自然無法別過頭去，放任事態惡化。

圖 3.5　三角洲部隊狙擊手蓋瑞．戈登二等士官長（左）和藍迪．舒哈特上士（右）。

同理心和分析式思維是互斥的。根據俄亥俄州克里夫蘭凱斯西儲大學的研究顯示，進入某一種思維模式，就表示負責執行另一種模式的神經網路會受到抑制。因此，企業執行長付出大量人力成本，以便實施成本縮減措施，卻能在資產負債表獲益，甚至不用考量他們的行動所帶來的公關夢魘。

假使戈登和舒哈特是以冷血又算計過的態度行事，那麼在書面上，他們的行動看起來就像是浪費昂貴的資源，不可能產生正面的成果。假如他們留在自己的直昇機上，盡量從空中提供掩護火力，並期望地面部隊能即時抵達墜落的駕駛員那裡，還比較合情合理。

然而，出現同理心的時候，大腦並不是那樣運作的。同理心是足以改變局勢的要素，可重新設立人的道德準則，行正當之事，而不是權宜之計。戈登和舒哈特的思考模式有如英雄，他們的行動有著明確的意義，那意義來自於他們對任務細節抱有凌駕一切的重要信念。他們要求駕駛員讓他們降至人間地獄，無疑就是認為那是正當之舉。

雖然他們不是傳統神話中了不起的英雄，但是他們的行動絕對是英勇之舉。今日，美國到處都有社區中心的名稱改成兩人的名字，badassoftheweek.com 網站也刊載他們扣人心弦的事蹟，講述他們的態度。更有數以百計的網站（包括 snipercentral.com 和 realcleardefense.com）提及兩人的英勇行為，遊騎兵和三角洲部隊的退役軍人更是倍感光榮，把他們的姓名牢記在心中。

他們的任務就是保護同袍的性命，因此全神貫注在訓練重點，成為敵人眼中的高效率殺人機器，直到彈藥和運氣用光為止。甚至可以說，在他們的行動界限內，他們的冷靜來自於幸福感。不是那種常見的普通喜悅，而是當人腦全神貫注於任務，充分發揮潛能，所感受到的那種平靜又近乎形而上的幸福。

這兩位三角洲部隊狙擊手是否處於心流狀態？從麥可．杜倫描述的兩人舉止看來，他們確實是處於心流狀態。幸福感有一項神經特徵，而且根據芬蘭阿爾托大學神經科學與生物醫學工程系進行的 fMRI 研究顯示，該項神經特徵呈現大腦特定區域處於投入模式，有點像是心流狀態的經驗。

該項芬蘭研究報告所採用的語彙有點像是正向心理學者，斷定情緒是由神經狀態而起，而且不同個體的情緒都有一項共通的神經特徵。該項研究發現，情緒不是大腦裡特定區域的編碼，而是以獨特的觸發模式顯現，並運用大腦裡一堆相互連結的區域。該項研究的結論如下：

短暫的主觀情緒狀態是同步觸發多個皮質—皮質下系統所致，這類系統包括了那些處理體覺、運動、自我相關資訊的區域，還有感知、語言、記憶、執行控制等機能。這類子電路的觸發內建於中線額葉和頂葉區域，把情緒導向的神經和生理變化連結到自我覺察。

美國國家衛生研究院的國家醫學圖書館網站，有一篇名為《從神經科學看幸福與愉悅》的論文，研究員在文中表示，幸福時的神經生物狀態是「不受欲望干擾的愉悅狀態，是滿足的狀態」。幸福的訣竅在於投入我們做的事情當中，沒有留給其他東西的餘裕，只有可凌駕一切的意義感。穆拉斯金和伯卡各自看著眼前的圖表，看見了負責思考的大腦區域在運作時的 fMRI 影像，那是大腦專注當下，處於滿足的狀態的影像，禪宗或許會稱為「活在當下」。

十五世紀的日本禪宗深受澤庵宗彭（Takuan Sōhō）的影響，其學說兼顧古代與現代、內在與外在、趣聞與科學、理論與實務、軍隊與商業環境。澤庵宗彭是位影響力深遠、與眾不同的人物，他跟日本知名武士與領袖往來交流，並在這些人的發展中佔有一席之地。澤庵宗彭形容心智狀態的用語，有點像是神經學者形容幸福與滿足感的狀態，也像是神經學者繪製的心流狀態神經生物特徵圖表：

武士對抗對手時，不會想到對手，不會想到自己，也不會想到敵人的武士刀動作。他就是持刀站在那裡，忘記所有技巧，只聽從潛意識的命令。他忘了自己是持刀者。他出刀時，出刀的不是他，是他的潛意識之手出的刀。

澤庵宗彭的話語弭平四百多年的隔閡，杜倫描述戈登和舒哈特在致命危險下的表現，也因此添了背景脈絡：「行動很專業又從容，看起來好像是在規劃停車場。對於我們所處的情況，他們似乎一點都不慌，只是專注在任務上……。」

找到你的中心所在

那麼，要達到那種境界，該怎麼做才行？怎麼做才能不用放棄工作、加入軍隊接受狙擊手訓練，也不用放棄所有人間樂事出家受戒，就能達到渴望的平靜感？

揮棒的棒球選手和射擊的頂尖狙擊手，兩者的大腦若有內在相似處，那麼究竟是哪些？執行長做出關鍵決策；組長選出最能激勵小組成員的方法；丈夫想著要不要接下另一個城市的工作；男友思考自己跟女友的關係能不能挽回；你和我試著決定最佳的居住城市，決定那個足以界定大半人生軌跡的下一步，這些究竟是出自於哪些思路？

為了讓思維更清晰，要怎麼才能學會觸發這些思路？其中一種方法，就是落實以下四個步驟的基本過程，以便篩選每項重大決策：

- 個人化。

- 真實化。
- 可信化。
- 現實化。

每項步驟都有一系列的活動，活動內容視情況及參與者而定。這類活動可完全客製化，因此可切合事件細節、參與者的經驗與投入程度。將此做法轉化成真正的決策條件，就會變得非常細膩又快速：

個人化：抽象會導致過度簡化，各項決策都必須個人化。應了解哪項因素是你的動力，哪項因素會影響你即將做出的決策，你和周遭的人會受到何種影響。做出的決策應符合你的個性和原則。

真實化：有同理心，因為同理心是足

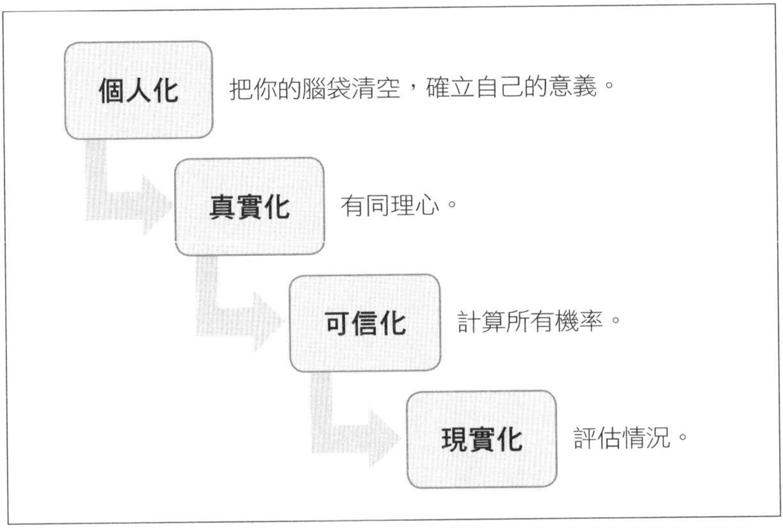
個人化
把你的腦袋清空，確立自己的意義。
真實化
有同理心。
可信化
計算所有機率。
現實化
評估情況。

圖 3.6　各步驟的內容取決於個人，也取決於同一個人面臨的不同情況。

以改變局勢的要素。同理心會重組大腦，促進角色扮演，把感知到的「他們」改造成「我們」。於是角色就能突破障礙，摧毀區塊化的儲倉，開啟心智的大門。你身邊的每個人都會立刻受到影響。

可信化：用心衡量每件事。無心的行動，若是再加上不真正了解後果，只會導致重大失算或浪費一堆時間。為避免發生這種情況，請善用判斷力，憑藉知識和經驗進行篩選。運用常識和邏輯來抵銷情緒的作用。

現實化：情況各有不同，沒有兩個決策是類似的。不僅要運用原有知識，還要利用技能仔細衡量每一項變數。此時就是你知道的每件事，和你學到的每件事上場發揮作用的時候。

採用前述四個步驟，肯定能創造出必要的內在存在感，進而獲得穩固的認同感和意義感。這樣就夠了嗎？不夠，還要更多才行。

狙擊手很有同理心，同理心的作用如同狙擊手的道德準則，可讓他們相信自己的決策是正確的。戈登和舒哈特自願犧牲性命拯救同袍，是同理心使然。然而一旦下了決策，就是心智的分析作用上場、同理心退場的時候。戈登和舒哈特一降落到地面，就變得冷酷沉著、善於分析，只剩下手邊的工作和執行工作的能力，佔用所有的神經資源。

如果想要擁有自己能信任的道德準則，可用一些步驟來培養同理心。職業心理學者通常建議採用以下八項步驟，協助人員在職場上培養同理心：

1. 留意他人的福祉、利益、需求：發自內心關懷，不要假惺惺。每個人都有重要的經歷，請多加留意並理解。

2. 理解人類共通的價值觀：同理心就是針對多樣化的人際關係脈絡與文化，理解其中共同的價值觀。要了解共同的價值觀有哪些，對人造成什麼影響，還要評估自己受到的影響及背後的理由。

3. 不要評斷：按捺住愛批評的本性，無論另一位個體是誰，都能夠跟對方產生情感連結。

4. 站在對方的立場：除非你願意站在對方的角度看事情，否則無法真正了解對方的主張和動機底下的邏輯。

5. 經常自省：思考自己的動機，思考什麼對你很重要，什麼不重要。找出哪些事情是你不會讓步的。換句話說，就是找出自己是誰並堅守住。如果某件事對你很重要，那麼那件事就不會受他人左右，即使承受周遭壓力也不會改變。那件事是你的核心，是真正的你。

6. 學習真誠傾聽：不要只停留在話語的表面，應留神傾聽脈絡和言下之意。

7. 坦率：視情況自我揭露，可消除敵意，有助克服許多感知上的障礙，還能創造人性化的切入點，幫助你跟別人建立關係。

8. 公平：客觀評估他人的觀點與角度。即使不同意對方的想法，也願意尊重對待。

雖然同理心可讓你變得人性化，但若是要保持沉著的態度，並且達到可讓你處於心流的專注境界，是需要過程的。要達到該目標，公認有以下七大步驟：

- 知道要做什麼。
- 知道要怎麼做。
- 知道自己做得多好。
- 知道要去哪裡。
- 高感知難題。
- 高感知技能。
- 免於干擾的自由。

至於前述事項如何付諸實行，我所能找到的最佳建議來自於沒人料到的來源。在「環境與心理遊戲」的題目，受試者對我說：

快速做出好的決策並不容易，尤其是戰況正激烈的時候。剛才說過，環境與心理狀態是兩大要素。人往往是想也不想就做出最佳決策。先處理當下的視覺資訊和聽覺資訊，再衡量成功機率，做出決策。這個過程有點像是潛意識，不一定會在腦內即時通過決策樹，因為等到你在腦子裡排練的時候，敵人有可能早就倒在你身上了。

你是不是分神在看手機？你是不是想著今天工作壓力很大？說真的，你是不是得去洗手間？是不是餓了？渴了？想睡了？前述因素全都會拖慢認知處理速度，在你扮演角色的時候，大腦會努力排定多件事情的先後次序，不是只對遊戲裡的要素排序。

那麼，要怎麼樣才能避免這種情況發生？首先，你或許會想聽聽看運動心理學者史蒂夫在熔爐廣播（Crucible Radio）的說法，他針對心理遊戲提出很好的建議，其中有兩個最重要的建議如下：

一，深呼吸。戰役前、戰役後要深呼吸，剛開戰時更要常做深呼吸。吸一大口氣到肺裡，憋住一兩秒，再呼出來。

二，讓自己的重心向下紮根。我的做法是把注意力集中在自己所在房間裡的其他東西上面，然後以大聲說出的方式，或心裡默唸的方式，列舉眼前看到的三樣東西（窗戶、枕頭、水瓶），聽到的三樣東西（消防車、電腦風扇、外頭的腳步聲），感覺到的三樣東西（保暖襪、我的沙發、我的眼鏡）。這類練習有利鎮定神經、重新專注，非常建議採用。

這個建議很明智，Reddit 還有討論串公開討論哪些戰略對守護者最有利。守護者是第一人稱線上射擊遊戲《天命》的一群主要角色，《天命》由 Bungie 公司開發，Activision 公司發行，在全球各地有五百多萬玩家，其策略與戰略獲得大量討論與關注。網路上有許多論壇都在討論《天命》的世界觀，研究哪些戰略有效。

從認知的角度來看，模擬跟真實事物是一樣的，這點頗有意思。大腦投入像素世界的專注程度，跟類比世界是一樣的。需要處理的資訊也是同樣複雜，從生理角度和神經生物學角度來看，反應也都一模一樣。雖然《天命》玩家在客廳裡不是躲開真正的子彈，但說也奇怪，玩家的心智和身體呼應了歐森・史考特・卡德（Orson Scott Card）的《戰爭遊戲》（*Ender's Game*）小說情節，還是每分每秒都進入打仗的狀態。在《戰爭遊戲》一書中，同理心也是一種重要又足以改變局勢的情緒，不僅改變了成果，也改變了主角。

最後，從狙擊手在戰場上的行動推斷，就能知道務實的步驟是依何種順序施行，那些步驟促使大腦裡的分析區域開始運作，實用又善於分析的決策樹過程就會冷靜接管：

- **放鬆**：這是關鍵環節，表現焦慮會造成心理混亂，有礙巔峰表現。必須抑制焦慮和生理激動，才能處於心流狀態達到巔峰表現，還必須控制呼吸和心跳率。對於所有類型的焦慮，運動是基本療法。健身和靜觀可降低靜止心率，增加大腦的可塑性。
- **想像**：利用想像力就能運用感知的力量（尤其是視覺化），可在心理上描繪出巔峰表現應有的樣子。狙擊手會對自己說自己多有能力，所接受的訓練讓自己變得有多特殊。

  心理上的排練之所以有成效，是因為鏡像神經元會經由周邊神經系統觸發各種肌群，而且方式跟生理上的練習相同，跟前文提及的模擬是一樣的道理。狙擊手思考著可能發生的情境有哪些，在腦子裡執行想像中的任務，然後運用自己的直接經歷和新鮮的參數，打造出新的情境。
- **目標**：設立目標並達到目標，是一種激勵型的手段，用於引導努力的方向，邁向最佳表現。目標的設立可落實在具體的日常工作，有助維持技能。設立目標後，也會開始習慣把目標劃分成幾項可行的步驟。
- **自我鼓勵**：身與心之間的精神關係，自我鼓勵正是關鍵所在，有助在高壓下仍能正面看待前景，使心理變得堅毅。根據研究顯示，正面的想法和感覺有利創意思考，負面情緒會刺激思辨能力，會造成自我意識並有損信心。

- **專注力：**無法專注在難題上，就無法處理難題。如果能集中心力，無論內在和外在都不會分心，才有可能落實專注力、技能、心理紀律、創意思考。擁有專注力，就能完全沉浸在當下，投入任務。回想摩加迪休戰役的例子，那兩位三角洲部隊狙擊手的非凡表現，正是專注力使得兩人面對失敗率極高的局勢，仍能有出色的表現。在射擊範圍內，仍能冷靜以對，度過萬難。

- **表現前的準備程序：**要進入心流狀態，就必須調整心態。要找出哪種心態可促成最佳表現，關鍵的做法就是呼吸和專注。深呼吸能讓內心平靜下來，讓身體充滿氧氣。確立準備程序，就能擁有深切的確信感，進而消除緊張、集中心力。

把前述的努力全都彙總起來，還必須採取最後一項步驟——相信自己的本質，相信自己做的事情。人對某件事的信念，會對成果造成何等深刻又徹底的影響，我們已經看到研究報告的例證了。

科羅拉多學院的研究人員更往前邁進一步，利用安慰劑效應實驗，針對大腦認為有正面事情發生，而大腦表現得比預期好的情況，來研究大腦反應的方式。正如所料的，根據證據顯示，當受試者以為自己的睡眠品質比實際上要好的時候，認知任務的執行表現就會像是實際上真的睡得很好的樣子。還有一點更令人訝異，根據研究結果，安慰劑效應實驗中的貓、狗、倉鼠，若大腦已制約成習慣，以為服用的藥劑能讓自己比較沉著，那麼牠們的大腦也會表現得更好。

人類顯然是比較容易意識到藥物，對於涉及安慰劑的研究，也比較容易想太多。然而，動物對於藥物和安慰劑效應，可說是一無所知。那麼，動物之所以有反應，就表示動物和人類的心智之間有共通的起源——制約。

因此，從中也可了解到，我們必須先進行準備程序，才能讓心智做好準備，以最佳速率執行工作。制約可以讓大腦像身體那樣轉換成武器，隨時能應用，在壓力下執行工作，提供真正的優勢。

狙擊手技能養成清單

本章學習內容：

- □擁有同理心，就擁有心理優勢。可以透過一系列的步驟和方法，來培養同理心。
- □要在高壓下呈現最佳表現並保持沉著，就必須達到心流狀態。
- □合適的作業工具有些是心理上的，有些是生理上的，必須練習兩種工具都使用。
- □思緒清晰，行動隨之清晰。必須經常練習思考與行動。
- □清楚確立界限可產生確信感，從而生出信心。
- □信心可帶來強大的認同感。

第四章

聰智

充分覺察，永遠抱持正念，
大腦就是你的終極武器。

終極武器是大腦，其餘皆為輔助。
——美國作家約翰．史坦貝克（John Steinbeck）的《亞瑟王與騎士行傳》（*The Acts of King Arthur and His Noble Knights*）

二〇〇三年伊拉克戰爭期間，威爾斯皇家海軍陸戰隊狙擊手麥特．休斯（Matt Hughes）中士跟海軍陸戰隊巡邏旅共同參與一場行動，途中遭受敵軍狙擊手的攻擊。火力之強，足以有效阻擋部隊行進，甚至屈居劣勢。

狙擊手的火力除了出奇精準外，還會對心理造成很深的影響，每個人都覺得自己容易遭到射擊。士兵的大腦都想像得出狙擊手試圖瞄準自己的畫面。要擊退對方，就得摸清對方的思路。於是上級下令休斯前去處理危機。然而，狙擊手射擊即將到達的敵人是一回事，狙擊手試圖找出另一名狙擊手並加以擊斃，完全是另一回事。

《大敵當前》（*Enemy at the Gates*）一片即呈現出，狙擊手在提高部隊士氣上所扮演的重要角色，還強調狙擊手獵殺狙擊手時所使用的心理棋賽。兩位完美的專家都熟知棋賽規則，具備幾近同等的能力，可說是勢均力敵。這場賽局與其說是生理遊戲，不如說是心理遊戲。其中一位狙擊手在機智上必須勝過另一位，才能取得優勢。

休斯接下任務後面臨一些艱鉅的難題，風即是其一，那裡的風很強。在電影裡狙擊看似很容易，只要透過望遠鏡的準星觀看目標，仔細瞄準，按下扳機就行了。可是現實生活中並非如此，透過望遠鏡看到的目標所在位置，跟子彈命中目標時的位置並不相同。從瞄準到射擊的這段時間，地球移動了，重力起作用了，風吹了。在狙擊手的眼裡，擊中目標猶如一場預測遊戲，必須預知未來，而要預知未來，就必須充分利用過去。

狙擊手要記錄每一回的射擊，要記得距離、風、溫度，以及海拔高度在先前哪些交戰中扮演關鍵角色。澤庵宗彭提出的合一訓誡，狙擊手正是鮮活的化身，狙擊手化為手中的槍。

麥特．休斯的狙擊觀測手山姆．休斯（Sam Hughes）上校——兩人雖姓氏相同，卻無血緣關係——發現敵軍的狙擊手。對方躲在八百五十公尺外一處增強防禦的制高點，他只露出腦袋與胸膛，強風吹過他的瞄準具，他很清楚，這種條件下要進行長距離射擊有多難，必須覺得夠安全，反擊不足懼。

麥特．休斯使用的步槍是 L96A1，這是英國軍隊選用的狙擊步槍。一九八〇年代中期，L96 勝過帕克黑爾 85 步槍，成為英國軍隊的標準狙擊步槍，取代了過時的李－恩菲爾 L42A1 系列。

工程製程將輕合金、塑膠、金屬納入設計當中。系統本身經專門設計，只要具備必要的工具（三件式內六角扳手和一把螺絲起子），單一使用者就幾乎能自行在戰場上進行所有的重要維修作業。該款步槍的缺點在於「第一發射擊的精準度」只有六百公尺，此外，其設計成「擾亂射擊」專用，射程最遠達一千一百公尺。

說得婉轉些，麥特．休斯指望第一發射擊命中目標，但目標又很熟知狙擊的訣竅，不在有效射程內，還躲在一處增強防禦的位置，可掩護百分之八十五的身體，休斯必須在強側風下完成任務，要預測子彈的彈道幾近不可能。

假使陣風維持同樣速度，其他要素又都一樣的話，那麼休斯要命中目標，就必須利用風速和射擊角度彌補有效射程的缺陷，對準目標物的十七公尺外發射子彈，讓子彈呈曲線行進。這種技巧是利用物理學來延長射程並加強槍枝火力，像是騎單車利用小斜坡加速，這樣加速度會比踩踏板還要快，等到了斜坡的另一面往上騎，就可作為彌補。

把所有變數加總起來，考量所有參數和犯錯餘地，卻馬上得出「不可能」的結論。此時，普通人會說辦不到，舉出設備不足的技術證據（因目標所在位置超過第一發射擊有效射程至少兩百公尺），情況艱鉅，根本不可能成功。

當然了，休斯可不是普通人。他是海軍陸戰隊的狙擊手，接受過極其嚴酷、昂貴的專注力訓練。無論是心理，還是生理，皆十足能勝任這項任務。在數個月後的報紙訪談中，休斯講述當時的情況：

> 然後我就依照受過的訓練，迅速沉著地進入完美的狙擊姿勢。
>
> 我們遵照標準規定，將身體部位完全依序擺

圖 4.1　英國狙擊手受訓中，手持 L96A1 狙擊步槍。

放在理想的位置，一開始是左手，隨後是手肘、雙腿、右手、臉頰。

最後，我們受過的訓練是要放鬆，開始控制呼吸，全神貫注在目標上。

他這麼一說，不可能成功的射擊竟然聽起來很容易。為了證明受過一流訓練就能克服極高的失敗率，數秒後他旁邊的觀測手兼狙擊夥伴上校山姆．休斯，也在極高的失敗率下，同樣命中目標。

這種「不可能成功」卻一發命中的情況，或許可歸因於僥倖。也許反常的情況全都湊在一起了，又或者麥特．休斯真的是特別有天分的狙擊手。無論如何都是罕見的現象，兩位狙擊手分別命中目標，相隔不過短短幾秒，這可不尋常。重點就在於他們受的訓練可塑造自身思維，達到超高水準的表現。

至於心態所扮演的角色有多麼關鍵，可從現役海軍陸戰隊狙擊手湯瑪斯（Thomas M.）為我舉的例子中了解：

我們來玩個遊戲吧。你一個人在建築物裡，帶著你選的武器，你覺得哪種武器的優勢最大就選哪種。建築物裡有另外兩個人，他們奉命殺掉你，卻也必須活下去才行。要剷除威脅，你只需要殺掉其中一個人。至於要對付哪一個人，你可以自行選擇。

一號對手配備自選的 .40 或 .45 半自動短槍，那把槍完全按照他的需求量身打造（他不計成本，用錢買到最厲害的手槍）。他的短槍有夜視鏡、軌道式手電筒、雷射瞄準具，裝填的是破壞性最強、最能撕碎肌肉、最能阻擋人類的空尖彈。一號對手還盡量帶了一堆備用彈匣。此外，還有最高級的彈簧折刀，自選的備用手槍。

二號對手帶了一九七〇年代的兩英吋型 .38 口徑五發式左輪手槍，卻只裝填三發 .38＋P＋空尖子彈。他不帶額外的彈藥和其他武器。

你會選擇面對哪位對手？

一般人想也不想就會選擇二號對手，但湯瑪斯向我解釋，經驗老道的狙擊手總是會先問：「拿槍的人是誰？」

一號對手是業餘射手，週末才練習射擊。雖然他有看起來很厲害的槍枝和彈藥，什麼裝備都有。可是他可能一週才射擊一次，射出一百發子彈。二號對手是退役戰鬥人員，帶著自選的武器。現在，你會選擇面對哪一位？

從故事中可得知，造就一個人的並不是武器，是人的心態，造就了武器。而那種心態向來是做好心理準備與訓練所獲得的結果。

知識：大腦有如肌肉，要運作良好，就必須做好準備。做好準備就能預先載入心理捷思法，讓大腦辨識潛在的威脅和機會，更快速反應。這個原理適用於所有認知負荷沉重的情況。

打造心態

約翰・狄恩・庫伯（John Dean Cooper）在一九二〇年出生於加州的富裕家庭，家庭背景和教育背景十分良好，他跟生死關頭採用的代碼發明，似乎不太可能會扯上關係。

一九四一年庫伯獲得史丹佛大學政治學學位，同年稍晚，更獲得美國海軍陸戰隊榮譽畢業生軍銜，朋友都叫他「傑夫」，那時正值日本攻擊珍珠港的幾個月前。

二戰期間，他前往血腥殘忍的太平洋戰區打仗，在那裡看見了採用小型槍枝的近身武裝作戰，因而得以有系統地闡述自己提出的一些理論。後來他前往韓國服役，最後晉升到中校的軍階。他熱情宣導高成效手槍訓練，戰後將大部分的心力都投入於手槍操作使用規範的正式化和改進，今日美國的海軍陸戰隊訓練和多數執法機構的執業守則，都把該項規範奉為圭臬。

其實，庫伯在二〇〇六年去世時，已是廣受世人公認的現代短槍射擊之父。那時他已創立射擊學院，改革世界各地的持槍法和射擊法，因為他付出努力，還演講寫作，討論手槍的人士也受到他的影響。

他促進現代手槍持握（與姿勢）的發展與普及，讓短槍的射擊更為精準。他協助五步驟拔槍法的發展與正式化，使拔槍射擊變得簡單、安全又快速。他還宣導推廣槍枝安全四大基本規定，至今美國各地的軍隊和執法單位仍然教授著這些規定。

庫伯提出的手槍、步槍、射擊技術實例，對過程與標準帶來莫大影響，卻也注重人類的終極武器——大腦。庫伯在《個人防禦準則》（*Principles of Personal Defense*）一書中，具體說明人的心態為何是危險情境下存活的關鍵環節。除了投入逐步反應準則的編纂與正式化，還發明四色碼，稱為「庫伯色碼」，藉以培養出可因應情境的最佳心智狀態，確保人能存活下來。

二〇〇五年他進一步簡化庫伯色碼，變得更簡單易懂：

白色：尚未準備就緒，無法採取致命行動。若你處於白色狀態下遭受到攻擊，除非敵手無能得要命，否則你可能會死。

黃色：意識到自己的生命可能有危險，可能必須採取行動應對。

橘色：你已決定特定的敵手，準備好採取行動，行動可能會導致敵手死亡，但你並不是處於致命模式。

紅色：你處於致命模式，情勢所需就會射擊。

後來，庫伯在評論時承認，雖然庫伯色碼在世界各地的軍隊和任務報告都很成功，但是應用的簡易度卻不如他的預期。他的做法太依賴腦，也強調心智的重要，他說人腦裡的無形事物會對最後成果造成莫大差異，這種說法就連美國政府也覺得太過困難，無法理解。

然而，美國政府覺得庫伯色碼很實用，於是便採用其中一種色碼，只是無法理解功能與形式的分別（換句話說，在典型的官僚作風下，美國政府也未能領會兩者的關係）。美國政府使用庫伯色碼，針對有威脅存在的特定情況進行威脅度的判定，即使威脅並未顯著到可量測的程度，也還是可用來判定威脅度高低。

庫柏表示：「我們不能說政府對色彩的見解是不對的，只能說政府的見解跟我們所受到的訓練並不一樣。」曾經效忠軍隊的他，對此寬容以待。問題在於，戰鬥心態不是取決於當時遭遇的危險程度，而是取決於該情況適合的心智狀態。

當初沒人認為心智很重要，庫伯卻早早開始投入心智的訓練。他利用自己身為真正戰場老兵努力獲得的經驗，連結腦內警戒程度與致命情況的存活機率間的關係。曾是倡導者的他說：「不管國防部對你是怎麼說的，你可能隨時處於致命危機。對你造成影響的色碼，並不是取決於你越過精神障礙、採取最終行動的意願有多高。」

這裡有若干微妙之處，值得拆解一番。有一處很明顯，大家以為東西從大腦或假想的平面移到現實裡，必須是可用工具與心態都要有才行。如果我們的心態不足以勝任表達的工作，如果我們不具備化為現實所需的工具，那麼腦袋裡的東西就永遠不能成真。

以下的例子可應用在無數的情況：尼古拉．特斯拉（Nikola Tesla）發明了電，可是把電燈泡帶給世人的卻是愛迪生；數位設備公司（Digital Equipment Corporation，簡稱ＤＥＣ）在互動式運算領域堪稱先驅，可是贏得勝仗和市場佔有率的公司卻是ＩＢＭ；ＤＥＣ公司的心態尤可追溯到創辦人兼總裁肯．歐森（Ken Olsen），他在一九七七年時說了一句丟臉的話：「誰在家會需要用電腦，簡直沒道理。」

想法是資訊帶來的結果。大腦會處理資料，即使我們並未充分意識到，大腦還是會處理資料。我們使用電腦相關詞彙來形容大腦的運作，例如**資料**、**處理**、**輸入頻道**，可是這並不是大腦的運作方式。我們不是那種容易起反應的機器，不是資料一進入意識界定的頻道就開始運作。腦袋裡的現實世界畫面，是由資料與神經感覺建構而成，那些資料與神經感覺早在我們還沒察覺到就已經開始運作。庫伯有系統地闡述四色碼時，對於伊格曼在《隱姓埋名》一書中強調的大腦潛意識部位，可說是毫無所知，但是庫伯有充分的經驗，可以辨識出行為模式。

庫伯從自己和別人的行為中做出推斷，藉此了解為何同一種情況下，有些持槍者存活下來，有些無法存活，造成生死之別的並不是槍枝。大腦裡發生的某件事，使人得以享有戰略優勢，當時的庫伯正在試著了解那件事是什麼並加以編纂。

庫伯能運用的，就只有自身的才智、觀察、直覺、大量的常識。他採用科學家的標準化做法，發揮技藝高超者對精確度懷有的熱情，不斷鑽研思考，最後終於找到了，不僅適合自己，也隨時隨地適合每個人。

當然，庫伯缺少的是數據佐證，這是必須跨越時空才找得到的證據。庫伯所處時空的將近七十五年後，喬丹·穆拉斯金和實驗室夥伴傑森·薛溫正在看著資料，庫伯肯定樂於用自己的右手臂換來那些資料，拿回一九四〇年代使用。

穆拉斯金和薛溫的合作機緣很不可思議，兩人是在哥倫比亞大學生物工程系巧遇。當時，穆拉斯金正在研究失智症和老化，分析磁振造影（Magnetic Resonance Imaging，簡稱MRI）的效率；薛溫正在研究大提琴家的神經結構。兩人只是一次午餐的交談，就確信彼此分別握有拼圖的一部分，大腦解析學裡頭肯定有他們尋找的答案。

於是，兩人望著棒球選手即將揮棒擊球時的大腦狀態。《魔球》作者麥可．路易士很了解心智在球賽中扮演何等關鍵角色。路易士在這本暢銷大作評估打擊手的行為：「快速球的時速將近一百一十三公里，瞄準的位置距離腦袋也不遠，只有怪胎才會信心滿滿，靠得那麼近。」**怪胎**一詞用以形容超乎我們個人經驗的人物，我們甚至無法揣摩一個人究竟是經歷何種過程才到達那裡。

穆拉斯金和薛溫開始進行一連串的實驗，從中體會怪胎經歷的過程要如何追溯。現在回想起來，其實非常簡單。棒球選手戴著看似冷光泳帽、上面接著電線的東西，依照要求盯著空白畫面看。穆拉斯金向每位選手如此解釋：「幾秒後，畫面就會倒數計時，然後顯示接下來是投哪一種球，可能是快速球、滑球或曲球。投出的球只是一個綠色的點，可能會直衝過來，也可能會轉彎。如果投出的球是畫面上提示的球，按下按鈕就可以揮棒。很簡單。」

若不了解當中的動力，這樣的模擬情境或許看似粗糙。畢竟選手又不是在本壘板上坐著不動，盯著螢幕，按下按鈕。選手會動來動去，讓腿部手臂動一動，就定位，深呼吸。不過，這些都沒那麼重要。那有點像是庫伯看見那麼多人的手中握著的槍，也像是湯瑪斯要我玩的心理遊戲。重要的是我們看不見的事物，重要的是握著球棒、握著槍，是引導人採取必要行動的那個心智。

心智看待這世界，反應的方式，心智所處的狀態，實際上把心智帶到該狀態所經過的過程，這些才是真正左右局勢的因素。站在心智的角度來看，模擬跟真實事物幾乎是一樣的。大家往往不假思索地認為，在類似戰鬥機駕駛員或電玩選手的模擬情境中，要是少了干擾因素，心智就能表現得更好，而且知道自己不會真的死，於是在現實世界不會冒的險，也就因此承擔得起了。

然而，大腦的運作並非如此。模擬情境就跟真實事物一樣，會觸發同一個命令，並且控制那些負責指揮決策過程的中樞。穆拉斯金和薛溫看著七種不同的資料種類（資料種類名稱有神經解碼效能、決策位置對照表、神經辨別度等），他們看到的是意識層次實際採取行動時，大腦的運作情況。

大腦會依照先備知識，及其對技能、效率、情況的評估結果，判定要觸發大腦裡的哪些部位。像這樣描述棒球決策樹，使得決策樹聽來異常類似狙擊手用望遠鏡俯瞰時所面對的情況，必須評估情況並認清事實，迅速做出決策。

視力好之所以重要，是因為視覺資訊可提供明確即時的資料傳送給大腦的決策機制。視力越是銳利，提供給大腦的資訊品質就越好越快。那些原本在後續階段會變得明顯的視覺信號，也會提早變得明顯起來。

一九九二年，亞利桑那紅雀隊眼科醫師路易斯・羅森邦（Louis J. Rosenbaum）抵達佛羅里達州的維羅海灘，洛杉磯道奇隊的春訓場所。羅森邦對選手進行一些視力檢測，好讓他能夠有系統地闡述自己的理論。

此時，他立刻碰到一些問題。他測試的是選手的傳統視力、動態視力（有能力看見移動中的物體的細節）、立體視力（有能力察覺物體在深度上的微小差異）、對比敏感度（有能力區分細微的明暗層次變化），採用市面上買得到的藍道爾氏C字視力表進行視力檢測。

藍道爾氏C字視力表亦稱日本式檢測，視力表列出一堆方向各異的C字，越下面的C字越小，受測者必須指出C字的方向。俄羅斯普遍使用西里爾字母的視力表，名為「葛羅文－斯夫哲夫表」（Golovin-Sivtsev table）。

藍道爾氏C字視力表的問題，在於商用款最高只能檢測到視力一點三。也就是說，視力一點三的人在六公尺看得清楚的東西，那東西要放在四點五公尺處，視力一點零的人才看得清楚。而道奇隊選手表現出色，測試結果好到破表。

不屈不撓的羅森邦擴大測試對象，涵蓋小聯盟和職棒選手，他收集資料，完成所有的視力檢測，隔天帶回量身打造的全新視力表，最多可檢測到二點五，此為理論上的人類視力上限。最後檢測結果出乎他所料。

洛杉磯道奇隊全體選手的視力是二點零。大聯盟選手的視力勝過小聯盟選手，小聯盟選手的視力勝過大學籃球運動員（他也測試了大學運動員作為參考），然後大學籃球運動員的視力又勝過非運動員。

此外，運動表現以及確鑿的視力檢測結果——視力、深度感知、對比視力、能否看見移動中的物體的細節——之間有密切的關聯，所以他只憑著視力檢測結果，便能預測哪些小聯盟候選球員會成為優秀的大聯盟選手。

若要體會前述的視力檢測結果有多優異，看看中國和印度迄今的視力研究就能明白了，在接受測試的一萬三千八百四十九隻眼睛當中，只有一隻眼睛的視力達到二點零，只有二十二隻眼睛達一點二以上，可是洛杉磯道奇隊有百分之二的選手的視力達到二點二以上，接近理論上的人類生理限制。

專業棒球選手看來也會是優異的戰鬥機駕駛員，早在別人看到目標前就先發現目標。在美國棒球名人堂，鶴立雞群的球員少之又少，畢竟名人堂裡的球員都有如棒球世界裡的星星。

即使如此，泰德．威廉斯（Ted Williams）仍是最亮的一顆星。一九三九年威廉斯加入大聯盟，整整十九年的大聯盟棒球職涯，都是波士頓紅襪隊的左外野手。在全壘打三百零二支以上的大聯盟選手當中，威廉斯的生涯打擊率 .344 是目前最高，而且仍然是以超過 .400

的打擊率結束球季的最後一位選手（他一九四一年的打擊率高達.406）。威廉斯十七次獲選明星球員，兩度榮獲美國聯盟最有價值球員獎，六次拿到美國聯盟打擊王，兩度贏得三冠王。二戰期間，威廉斯報名戰鬥機駕駛員時接受了視力檢測，結果不出所料，他的視力也達到二點零，這一刻教人沒了指望。

假如說優異的視力是卓越成就的要件，就像加那利大型望遠鏡（Gron Telescopio Canarias，簡稱GTC）這類優異的望遠鏡，是因尺寸而成為世上最大的光學望遠鏡，那麼終歸到底就是構造使然，也就是基因所致。加那利大型望遠鏡的有效光圈約十點四公尺，跟亞利桑那州羅威爾天文台的探索頻道望遠鏡相比，體積是後者的兩倍半，敏銳度達六倍。

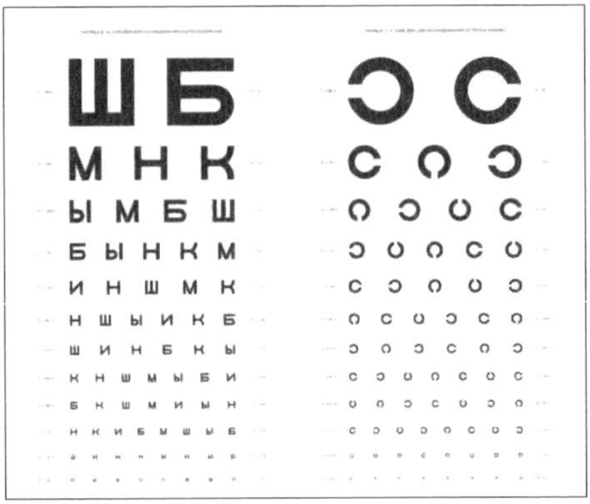

圖 4.2 葛羅文-斯夫哲夫表是視力檢測的標準表格，一九二三年由蘇聯眼科醫師葛羅文（Sergei Golovin）和斯夫哲夫（D. A. Sivtsev）共同研發，在蘇聯是最常用的視力表。該表右側是藍道爾氏 C 字表。

人類的眼睛平均約有四百六十萬個視錐，是主要的光受體。有些人的眼睛有六百萬個視錐，眼睛對光的敏感度比別人要強，視覺的銳利度也因此更佳。視力的高低取決於黃斑部的視錐數量多寡，黃斑部是眼睛視網膜裡的蛋形位置。視錐密度（亦即一平方公釐黃斑部表面面積的視錐數量）以及視覺品質之間有直接的關聯。

羅森邦去除其他資料，利用棒球選手的視力檢測結果，在新招募的選手當中挑出可能的贏家。假如視力真如羅森邦所言，完全取決於基因，那麼只要等到神經機械視覺改善，我們全都能享有那種視覺在體育、戰區、日常生活中帶來的競爭優勢，畢竟我們經訓練後就會變得更有警覺心，而大腦也能處理更龐大的資料流。

然而，優異的視力有兩大要素。第一，確實是預先由基因決定。就這點而言，我們什麼也不能做，總不能回到過去，重新篩選出具有優良視力DNA的父母。

第二是心理。大腦對這世界所產生的畫面，關鍵就在於大腦處理資料的方式。說得更直接些，加那利大型望遠鏡儘管非常巨大，但優異的程度只不過如同那些針對望遠鏡擷取的資料進行解讀的科學家。如果是更優秀的科學家拿到相同資料，或

圖 4.3　加那利大型望遠鏡，位於加那利群島拉帕爾馬島的穆查丘斯羅克天文台。光圈 10.4 公尺，是我們這個時代朝向天空的最精密光學儀器。最初，主鏡片是由十二塊鏡片組成，德國首德公司（Schott AG）採用玻璃陶瓷製成。後來，主鏡裡的鏡片數量增加到總共三十六塊六角形鏡片，這一大面的反射元件完全由主動式光學控制系統控制。

許實際上能「看見」的東西會更多。

我們也是同樣的道理。我們的大腦跟眼睛不同之處，在於大腦會受神經可塑性的影響。人腦受到適當種類的刺激，無論是哪個年紀，人腦都會進行改造，重新設計成有能力做新的事情。跟其他身體部位相比之下，人腦簡直就是適應力超強的極品機器。

也就是說，大腦對於視覺資料和任一種資訊的處理方式，是我們有力量能改變的。我們能讓大腦反應更快速、評估更精準。我們能教導大腦早在察覺到反應前就預先載入反應，原因在於大腦能學會了解其看見的東西的背景脈絡，早在意識到需求前，就先做好準備，根據資訊採取行動。

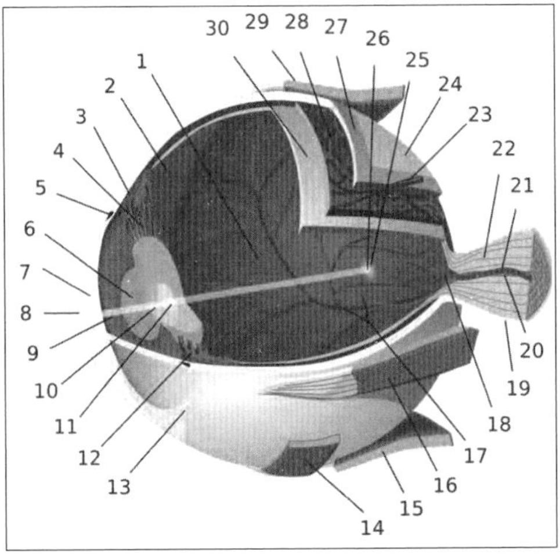

圖 4.4 人眼結構：1: 眼球後部；2: 鋸齒緣；3: 睫狀肌；4: 睫帶；5: 鞏膜靜脈竇；6: 瞳孔；7: 前房；8: 角膜；9: 虹膜；10: 皮質層；11: 晶體核；12: 睫狀突；13: 結膜；14: 下斜肌；15: 下直肌；16: 內直肌；17: 視動脈與靜脈；18: 視神經盤；19: 硬膜；20: 中心視網膜動脈；21: 中心視網膜靜脈；22: 視神經；23: 渦狀靜脈；24: 眼球筋膜；25: 黃斑部；26: 中央窩；27: 鞏膜；28: 脈絡膜；29: 上直肌；30: 視網膜。

庫伯汲取自身的直接經驗，從而明白箇中

道理。狙擊手和專業棒球選手，特種部隊士兵和戰鬥機駕駛員，則是憑直覺得知。在任何一種情況下，心智深處的自信與信心，造就了成敗之別。要讓內在超乎常人的能力甦醒過來，關鍵就在於懂得激發自信與信心，又不致淪為自我欺騙。

你必須想要相信

在一九九〇年代大受歡迎的電視劇《X檔案》（X-File）的劇迷，或許都很熟悉某句反覆出現的座右銘。在穆德探員的辦公室裡，牆上貼著的海報，巧妙寫著這句聽來毫無顧忌的座右銘：「I want to believe.」（我想要相信）。座右銘的上方有幽浮盤旋，海報和座右銘完美呈現出態度中的情緒矛盾。

不知怎的，「想要相信」四字帶有自欺意味。能夠移山的熱切信念，點頭表示認同的盲目希望，有時很難認清這兩者之間的差異。幸好科學有一些確實的資料，可說明前者是如何讓我們的表現像針一般，穿過我們的感知限制。

艾倫．蘭格（Ellen Langer）是首位獲得哈佛大學心理系終身職位的女性，但她的卓越之處並不在此。蘭格進行一系列的研究，證明信念擁有直接又顯著的生理效應。她的實驗顯示，只要大腦做好適當準備，就能對老化與決策帶來正面影響，而我們對某情況的掌控感，往往只不過是一種錯覺。

蘭格把正念稱為「可能性的心理學」，她的實驗呈現出心態會對身體的表現方式造成何種影響。蘭格經常說：「有一堆事情我們自以為做不到，其實是心態所致，並不在於我們有沒有能力做到。」要證明這點，最好就是去測試我們的想法會不會影響那種看似不可改變、由基因決定的現象，例如視力。

蘭格及研究員進行的其中一項實驗，是利用「駕駛員視力好」的信念，他們讓儲備軍官訓練團（Reserve Officer's Training Corp，簡稱ROTC，大專院校的軍官訓練學程，專門培訓美軍軍官）裡的大學生進入飛行模擬機。研究員會發綠色軍服給大學生穿，藉此提升角色扮演的效果。還請大學生駕駛模擬機，受試者進行飛行演習時，是使用實際駕駛艙裡的油門、羅盤、其他裝飾。

然後受試者接受視力檢測，檢測方法是讀出前方飛機機翼上的標誌，那些標誌其實是視力表的線條。控制組的儲備軍官訓練團學生也是處於同一種情境，只不過研究員跟他們說，模擬機壞了，他們假裝駕駛飛機就可以了。相較於假裝駕駛的控制組，那些表現得像駕駛員的人在視力上高出百分之四十。

蘭格重新進行該次實驗，在其中一例跟控制組說，只要自我鼓勵，視力就會變得更好；在另一例，讓他們實際做眼睛運動。然而，就算沒有在任何一刻向駕駛員提及視力，駕駛員的表現還是勝過控制組。換句話說，光是認為駕駛員視力好，就足以讓志願駕駛員的視力變好。

心理學勝過生物學，由此可知，軍隊何以大量投注於儀式化的訓練，特意讓新兵處於高壓下，然後把新兵改造成新的人，只要憑藉專注、決心、團隊合作，就能克服自身的局限。

不同學科的資料開始彙總起來，指向同一件事。庫伯深信他發明的色碼雖然簡單，卻能加快反應速度，縮短決策過程，進而拯救性命。羅森邦斷言他提出的視力檢測，可以預測那些未接受測試的棒球選手能否成功。穆拉斯金和薛溫望著眼前詳盡的圖表，就能領會成功的棒球選手和頂尖狙擊手早在身體移動前就先有心理反應，然後再打擊或射擊。蘭格提出的研究成果，則是把顛峰表現和信念綁在一起。

超級棒球明星泰德．威廉斯（Ted Williams）曾說：「擊中球有五成是靠肩膀上面的東西。」在此扮演關鍵角色的大腦，必須接受訓練並做好準備（或暖身）。庫伯色碼會提醒大腦有情況發生，讓大腦預先載入那些存好的反應，所以顯然可讓大腦準備好採取特定行動。

雖然保持正念聽來像是耗費大量能量的心理和精神警覺狀態，但是在認出觸發因子的當下，那些存好的反應會隨即運作，因而使得保持正念成為因應特定情況的節能方法。在心理學和認知科學，存好的反應稱為「基模」，用來描述那些編排好的想法模式或行為模式，可進一步編排資訊的種類以及整理資訊之間的關係。

由此可見，基模是複雜的制約反應，也是認知的捷徑。這種心理捷思法是從我們預先決定的世界觀當中，確定資料的重要性，這樣我們在處理一堆資料時，仍能流暢運作。在心理資訊的處理上，基模可說是能量最佳化的奇蹟。可惜基模也是個陷阱，若資訊不符合基模，最常見的反應就是忽略或忘記，甚至會完全沒看到資訊。狙擊手若仰賴基模，就無法在偽裝下變成隱形人。

未經訓練（或準備），再怎麼警覺也無法獲得實際的改善。知名的珍妮．芬奇（Jennie Finch）就是個典型的例子。二〇〇四年芬奇是美國隊的壘球投手。在艾伯特．普霍斯（Albert Pujols）、麥可．皮耶薩（Mike Piazza）等大聯盟棒球明星出席的百事壘球明星賽中，芬奇站在距離本壘板只有十三公尺的位置低手投球，逐一淘汰明星球員。

這裡的問題並不是出在速度上，以她投球位置的距離來看，她的球速相當於時速將近一百五十三英里的快速球，快是快，但那些明星球員沒有什麼是應付不了的。其實，是芬奇低手投球的角度令頂尖打擊手苦惱，那是他們未曾面對過的投法。他們多年練習獲得的知識資料庫，竟然變得毫無用處。他們沒有特別的能力可以判定她低手投出的球會怎麼行進。

這種個人的知識資料庫是重要的環節。雖然你能如蘭格所示，讓生理反應變得敏銳，並且憑藉自信來克服局限，但是若未具備某種先備訓練或知識，便會處於劣勢。狙擊手會把自己每一回的射擊情況都記錄在狙擊紀錄簿裡。一九一六年英國少校赫斯基斯普李察

（Hesketh HeskethPrichard）在法國率先記錄射擊情況，此後這種做法就成了每位狙擊手的基本技能。

倚賴這種「資料庫」的不只是狙擊手而已，一九七一年泰德・威廉斯出版《擊球的科學》（*The Science of Hitting*），他在這本講述棒球的書中寫道，他記得自己擊出的頭三百個全壘打的每個細節，他記得投手、比數、投出的球、球落地的位置。站在本壘板上的他是個「猜測型」打者，他根據比數和場上局勢，推測投手會朝哪裡投出哪種球。他之所以能推論出來，是因為他知道投手的癖性。

許多不同來源的零星技術，就像是讓我們有了可組成令人生畏大腦的元件：

- 生理上與心理上的視力，可收集大量資訊。
- 心理警覺，即狀況警覺與評估的結果，可讓我們做好行動的準備（庫伯色碼是此處的關鍵）。
- 對自己受到的訓練及具備的能力擁有自信，疑慮造成的心理失調便可就此停止。
- 對於情勢具有先備知識或先備經驗，還有一套可能的反應可快速採用（訓練）。
- 含有過去事件的個人資料庫，當中有類似的處境有利迅速做出決策。

從前文即可得知，狙擊手在概念上與實務上的技能，是藉由何種方法遷移到商業界。

商業案例

以下將說明如何採用狙擊手心態的五大要素，打造出專注、團結、博學、機敏、前瞻的企業文化。

- **視力：**企業不只是員工的眼睛，更是員工的心智。企業組織若能讓內部每個人都關注市場、關注競爭情況、考量眼前的資訊，那麼組織的眼界就會比競爭對手還要遠多了。不但能更快認出機會與威脅，還能更快就定位，進而善用機會與威脅。
- **心理警覺：**企業組織若能對營運所在環境進行精準的評估，就能做出更完善的準備，認清自己要前往的方向。無論是快速成長期、停滯期，還是衰退期，都必須採取一套具體的行動，而且越早採取行動越好。有警覺心的企業，不會困在那些無警覺心的競爭對手所處的反應週期裡。
- **自信：**組織若不相信自己的使命宣言，不相信自己的經商緣由，不相信自己能處理所有難題，那麼就要費盡心力找出必需能量，才能處理那些突發的逆境，或是成功處理那些預期會出現的難題。同樣的道理也適用組織內的個體，如果他們必須達到顛峰表現才能處理現代商業難題，那麼就必須具備宏大的使命感和淵博的知識。

• **先備知識或先備經驗：**組織若無法向過去學習，就註定一再犯錯，最後一敗塗地。擁有知識（與經驗）就表示組織已構思出方法可保留知識（與經驗），即使是直接跟事件、活動、危機有關的人員都已繼續往前走也無礙。成功的組織跟個人一樣，都投注不少心力在自己的認知發展上。成功的組織有內在的知識庫，有些還有大專院校可作為員工來源並用來擴充目前的認知技能。

成功的組織會經營情境，玩「遊戲」，挑戰他們對於自己做的事情所抱持的見解，以及背後的原因。成功的組織會進行活動來挑戰自身的認同感，及其對自身商界地位的了解。同樣的，企業家和高階主管付出時間心力汲取過去的知識與經驗，藉此更了解當今的局勢。

• **個人知識庫：**聰明的組織會投資在歸檔和檔管人員上。公司的歷史、公司的成敗、勝利的時刻、危機的時刻，都是記錄在檔案裡。因此，這些檔案都應該含有最新資料並進行鑽研分析，深入了解公司過去是如何存活下來以及日後要如何再度存活下來。心有警惕的企業高階主管可運用自己對過去事件的知識作為跳板，每次碰到新問題，就能利用敏銳的覺察和鉅細靡遺的知識。比方說，知道過去是怎麼成功的，確切的變數有哪些，哪些變數一樣，哪些變數現在已有變化。

狙擊手的思維

到目前為止，我們身為企業高階主管、公司執行長、企業家、新創公司負責人、職場工作者，從狙擊手那裡學到哪些直接的教訓？狙擊手思維有科學上的直接證據支持，戰場上有五個教訓可供我們運用，商業人士與企業只要懂得應用，就會變得有影響力。

- **狙擊手唯有完成任務才會停手**：目標可用來確立狙擊行動的參數，不是狙擊手有多疲累、有何感受。如果老想著手邊可用的溫和替代方案，潛意識就會渴望睡眠、娛樂、在外玩樂一晚、假日、暫時避開工作壓力。設立目標，把達到目標所需的各項步驟全都列出來，就能一步步往前走。重點在於落實各項步驟，不在於任務的宏大，也不在於還須進行多少項步驟。我們都知道自己得像狙擊手一樣，唯有達到目標、清單上再也沒有任務需要完成，我們才能停手。因此，任務內容務必明確，要具備詳細又清楚的小目標，還有為達小目標而採取的可行又合理的途徑。
- **成敗之別，不在於工具，在於工具的使用方式**：雖然狙擊手擁有火力強大的步槍和厲害的望遠鏡，但他們的成效如此之高，終究是思維所致。企業要取得競爭優勢，憑藉的是專門知識和技能，並非設備。出任務的狙擊手不只是手持步槍的人員而已，他在認知層面很積極，計算成功率，算出角度，考量變數，仔細挑選目標。那種自動駕駛系統上面的東西，他可不在意。企業若是仰賴技術，很容易遭到仿冒或超越。即使企業擁有重要知識也不安全，畢竟知識唯有應用了才稱得上好。企業唯有充分運用自己的認知剩餘（cognitive surplus），才能在商界裡開始變得有影響力。

- **狙擊手抉擇後再射擊，獲取最大的成效：**狙擊手有耐心又精準，因此效率很高。企業若使用戰場上「亂槍打鳥」的戰術，不但浪費資源，成效也低。以聰明精準的方式充分運用資源，建立內部流程與行銷策略。學習辨識你的「目標」，評估益處與付出的心力，然後以專注聰明的方式採取行動。浪費心力的典型例如：某樣產品需要宣傳，我們必須把產品推銷出去，所以就利用多年未整理的資料庫，從事電子郵件宣傳活動，雜亂無章地進行廣告與行銷活動，概要或（給記者的）文宣就無差別寄送給所有人，沒考慮到目標受眾，也沒考慮到對方適不適合收到這些東西。
- **狙擊手是在能力範圍內做到最佳射擊，不是自己想要的完美射擊：**形勢向來是人無法掌控的變數。等待所有條件都完美，往往會錯過大好良機。你有全部技能、有耐心、講精準、懂分析、決心忍耐，但採取行動前等待太久的話，只會鬆懈下來，好比努力準備卻遲遲未行動的組織，士氣一落千丈，也起了疑慮，使整個組織的支柱動搖，各種問題開始浮上檯面。所謂執行計畫，到了某一刻就是要停止分析，採取行動。

- **狙擊手只要開幾槍，就能改變戰役走向**：狙擊手猶如戰鬥力增倍器，有清楚的方向與專注的心智，努力去做他們受訓要做的事。企業若有專注力、動力，方向感清楚，也明確知道自己在這世上的定位，就真的無懈可擊。你清楚知道自己每一個行動造成的影響，遠大於競爭對手推出一堆浪費的行銷活動。

如果不應用這些教訓，會怎麼樣呢？組織和個人容易受到危機的影響，經常遲疑動搖。斯德哥爾摩大學政治學系花了兩年時間，針對一九八六年車諾比輻射落塵危機的嚴重時期所下的關鍵決策進行檢驗，並且闡述所謂「危機」，就是出現三種獨特變數的時機：

- 危及基本價值。
- 緊急。
- 難以預料。

在企業環境，危及基本價值，就會危及組織核心。緊急之所以是其中一項變數，就是因為局勢多變，事情進展快速，威脅的強度和行動的成果難以預料。

若養成的做法呈現狙擊手思維，那麼危機只不過是另一道需要處理的難題。然而，如果沒有這樣的思維，那麼危機就會成為危險動盪的事件，危及企業組織、個人、國家的存在，如車諾比危機的案例一般。

如何確定自己時時刻刻都準備就緒？畢竟在企業環境，工作沒辦法停下來，也不是人人都能去新兵營訓練十二週。從個人的角度來看，大家都忙得分身乏術，沒辦法每天騰出額外時間學習新技巧並練習。當然，實際上是有解決辦法的。

根據行為心理學，塑造是「一種制約的範例，主要用於行為的實驗分析。採用的方法是針對逐步逼近法進行區別增強。」此法的先驅自然是史金納（B. F. Skinner），史金納還提出具有賞罰二元結構的操作制約理論。

至於塑造的準則，就是與其設立需要的工作成果（例如變得更有警覺心），不如將工作劃分成幾個階段，找出立即獲得意見的方法作為階段評估之用，逐次增加工作，這樣還比較容易。

只關注自身又完全忽略周遭情況的組織，不會在一夜之間就擁有商業智慧單位、兩位分析師、一群未來學家，反而會擬定較小的任務並進行評估，比方說找出有多少競爭對手、競爭對手做了哪些事等等。首先，要了解每位競爭對手獨一無二的產品特色並確認屬實。其次，找出每位對手的行銷策略並確認屬實。再者，找出每位對手的強項和弱點並確認屬實。前述步驟每一項都需要耗時數個月，但是完成前述步驟後，組織對於市場、自身、周遭旁人，便能擁有完全實用的詳盡知識。

用狙擊手的說法，前述步驟可整理成簡單的方針：「**行動，練習，實踐！**」付出許多心力去培養及獲得一項永遠不會使用的技能，可以說是毫無價值。組織安排的每件事，都必須完全融入到事業的經營。

即使做到這種程度，還是不夠。還有更多務實的步驟可以應用，其中一項步驟直接取自專業狙擊手訓練的發源地——第一次世界大戰法國境內的壕溝。英國少校赫斯基斯普李察就在該處率先使用步槍上的望遠鏡，教導步槍手操作步槍，教導訓練有素的狙擊手如何兩人一組工作，還引進金姆遊戲（Kim's Game，此遊戲源於吉卜林一九〇一年的小說《金姆》），有利觀察技能的訓練。

就這方面來說，金姆遊戲確實很有成效，遊戲好玩就更不用說了，在本書卷末附錄一有詳盡的說明。金姆遊戲能用在各類商業訓練環境，有助改善認知回憶與分析，並協助遊戲玩家培養觀察能力。

此外，線上電腦遊戲也很有幫助，由 Naughty Dog 開發、現在由 Sony 發行的《最後生還者》即是其中一例。該遊戲本身需要牢靠的團隊動態，有利培養批判性、戰略性的思維，以及情境分析能力。該款遊戲是線上遊戲，因此很適合公司團隊下班後一起玩，針對出錯的地方和有效的地方（以及原因）進行後續分析，然後拿到職場上討論。

前述做法都有助培養專業技能與心態，讓企業獲得獨特的競爭優勢。

意識以稍微正式的方式跟覺知有所連結。擁有充分意識與覺知的大腦，不僅在乎自己知道的事情，也在乎自己是怎麼知道的，進而揭露出更多關於自己的資訊及其所居處的世界。由此可見，意識是一種現象，需要覺知才能完整。我們是誰，我們會成為誰，都是大腦對自身存在所提出的推測。擁有充分的意識，就能獲得益處。

狙擊手技能養成清單

本章學習內容：

- □在你的軍火庫裡，大腦是最強大的武器。你一開始採取的心態，確實能造成莫大的差異。唯有充分覺察又有正念的大腦，才能達到心流狀態。
- □只要大腦為即將發生的情況做好準備，便能突破大腦的正常限度運作。
- □觀察技能是關鍵所在。注意細節就能找到資料，透過回憶還能找出更多資料。如此一來，就能更快速了解現狀，做出更快速更適當的反應。
- □在成功之路上，自信扮演著關鍵角色。獲取技能並變得善於使用技能，就能擁有必要的自信水準，達到顛峰表現。

第五章

科學

運用格鬥科學知識，
更聰明工作，不是更努力工作

切勿對抗力量，請運用力量。
——美國建築師富勒（R. Buckminster Fuller）

訓練期間每天清晨四點醒來，此時腦袋還不太清楚，卻得努力振作起來。不到三十分鐘，我們全都出門了，要跑個十或十一公里。我們一整排帶著一個十八公斤的重物，大家輪流傳遞，忙著跑也能充分休息。每個人都要負責持續傳遞重物，不要在教官後方落後太遠，同時還要互相負責。我們回到基地，那裡有個障礙訓練場必須通過，然後還要游五百公尺。

接著，有三十分鐘左右的時間梳洗，再去上課，學習導航、戰略、策略、數學、基礎物理學和幾何學。到了下午，我們就去射擊，兩人一組就像在戰場上一樣，只不過現在必須達到八才行，也就是說，精準度分數要拿到八十分，否則就會不及格慘遭退學。

射擊考試一點也不輕鬆，教官把我們弄得緊張不安，讓我們處於高壓狀態。即使我們的射擊結果標上「未擊中」，也不能跟教官爭論。目標設置的方式跟之前不太一樣。教官提供的範圍或許會偏差一公尺以上。我們持有的每顆子彈都會計算進去，學習及彌補的時間也很少。

有時教官會在半夜叫醒我們，要我們扛木頭，或背著重達二十七到三十四公斤的帆布背包跑步。我們還是得在清晨四點起床，準備進行體能訓練。每天，壓力日益上升。教官設法把我們逼到崩潰，此時是個難關。我們對彼此說：「最輕鬆的日子是昨天。」

你好累，你的身體好痛，你的心情糟透了。你沒有時間吃飽，卻必須專注執行每一次的射擊，在永遠不會完美的情況下，達到完美的精準度。

無論現在或之前發生什麼事，你有什麼感覺，都無關緊要。教官要把你打造成戰鬥機器。在戰場上可沒有休息的時間，如果你撐不過去，教官希望你失敗認輸，成為訓練班當中百分之八十撐不過去的傢伙。你必須要做什麼才能存活下來呢？答案十分簡單易懂，適應、克服。

現役狙擊手哈里森向我描述的訓練內容，是加入海軍陸戰隊偵察狙擊手必須接受的訓練。此為非常特殊的軍事單位，成員通常必須在孤立的位置獨自行動，而且往往遠離援軍、靠近敵軍。只有百分之二十的軍事人員通過訓練，哈里森即是其一。

通過訓練後，便繼續去狙擊學校受訓，學習多項技巧，例如偽裝、盯梢、觀察、氣泡隔絕法。所謂的氣泡隔絕法，是把一切隔絕在外，只專注於特定事物的視覺技能與觀察技能。狙擊學校的訓練是為了讓你變得堅韌，使戰場的艱苦沒那麼容易擊潰你，這些訓練有個具體的名稱為「壓力免疫」。

哈里森接受的訓練也反應出某位特種部隊特務的訓練，該位特務描述的訓練內容更是叫人大開眼界：「他們把你的雙手牢牢綁在背後，雙腳也緊緊綁在一起，將潛水面鏡的帶子塞到你的牙齒之間，然後就把你丟到游泳池裡頭。那時，你知道自己沒有多少空氣可以呼吸。你有幾秒鐘的時間要弄清怎麼充分把握時機，想出活下來的方法。」這段描述是其中一位受訪者提供給我的，我姑且稱他為班・薛曼（Ben Sherman）。北卡羅萊納州東南部的布拉格堡迄今仍進行這項祕密訓練課程。

課程十分嚴苛，報名課程的新兵預定要加入軍隊裡的精英空降單位和特種部隊單位。淘汰率為八成，有時甚至更高。你沉到泳池底部，無法游泳，缺氧再加上四周都是水，身體的自然反應就是努力掙扎，使你恐懼得想要尖叫。當這一切發生的時候，你的內在發生了一些變化。

有些變化純粹是生理上的，例如心跳率往上狂飆，用掉的氧氣多過於血流裡必須備用的氧氣，導致血液裡的含氧量開始下降，皮質醇（壓力荷爾蒙）的濃度開始上升。更多的神經化學變化開始作用，有些新兵在體內的神經胜肽Y濃度

圖 5.1　加州海軍陸戰隊基地彭德爾頓營。海軍陸戰隊第一師第一偵察營 F 連正在行軍，體能訓練期間，每個人要背負將近二十三公斤的行李，全連要搬運一個裝滿沙、重達二十七公斤的容器，攝於二〇一四年十一月七日。體能訓練還納入一些有利精通射擊術和記憶法的活動。

開始上升時，會出現一些特殊的行為。

神經胜肽Y是人體內大量的胺基酸，下一章會再深入探討，並說明掌控的方法。這裡只要先知道神經胜肽Y有助於血壓、胃口、學習、記憶的調節，這樣就好了。神經胜肽Y有如天然鎮靜劑，可抑制焦慮感，對於正腎上腺素等壓力荷爾蒙造成的影響也有緩衝作用。正腎上腺素是多數人稱為腎上腺素的其中一種化學物質。

不過，前述各種變化都量測得出來，也開始有科學證據證明這些都能控制。布拉格堡的訓練設施儘管淘汰率高，其實是專門為了協助新兵在心理、精神上都變得更加強悍，這就是「壓力免疫」名稱的來由。

所有經過縝密安排的混亂情境、俘虜模擬場景、仿造的拷打狀況、生理剝奪等等，報名參加的新兵都必須挺過去才行。目標相當簡單，就是讓新兵逐漸發展出個人的抵抗策略，如此一來，即使處於最極端的生理壓力和精神壓力，還是能保持頭腦冷靜、思緒清晰。問題在於這種做法是達爾文主義。選拔過程的基本前提為：營造一些艱苦到難以置信、可逼迫參與者身心的環境，例如體能訓練、精神壓力、缺乏睡眠，什麼都有。找來一堆新兵加以篩選，挑出有潛力的候選人員，把通過篩選的人丟到那樣的環境裡，順其自然。

這樣的前提儘管原始，卻是基於充分的理由。這理由布蘭登．韋伯（Brandon Webb）解釋得最為清楚，他是經驗豐富的美國戰士，也是海豹部隊狙擊教官，曾親身經歷過整個過程。

雖然進行這類觀察需要運用大量科學，但是當中的技巧是把觀察到的現象彙總起來，極為精準地描繪出整體情境。你身為射手，你的所在位置天氣如何？俯瞰自己到目標間的中間射程，那個位置的狀況如何？山谷的地形如何影響風勢？七百公尺外的狀況如何？從那裡一直到目標所在位置的狀況如何？那裡的風很平靜嗎？還是正在吹？若有風的話，是什麼方向？風有多強？

考量前述所有因素，然後彙總起來，預估出你認為的現況，思考武器要怎麼調整，然後射出完美的一擊……這複雜得要命，而且沒有犯錯的餘地。

在戰場上，狙擊手必須在不夠理想的情況下，做出生死關頭的決定，衡量韋伯寫的所有變數，而且還是處於高壓下，沒有足夠的時間深思熟慮。韋伯就此主題寫了一本書叫做《紅圈》（*The Red Circle*），內容反覆提及狙擊手訓練期間的心理和精神壓力，為的是把新兵逼到極限，看看他們願意撐到何種程度。只要找到方法打造出腦子裡的內在路徑，發揮格外剛毅的精神，往往就能度過這段殘酷的過程。這種做法很有用，卻是個緩慢又混亂的過程，還會把人翻攪得心神不寧。

此外，還有別的缺點，這種作法並不是絕對可靠。當情況不理想、個性衝突、某天不走運，都有可能會錯過有天分的人。在軍事環境以外的地方，也難以重現這種做法。要鍛鍊出特種部隊所需的技能高超的戰士，過程的艱苦是無法靠週末在家中加強鍛鍊自己而成。光憑自己無法施加足夠的壓力，因此無法徹底探究你在毫無其他選擇時能取用的資源之深厚。

大衛．博姆（David Bohm）在一篇演說中表示：「現實就是我們認為是真的那些事物。」這位物理學先驅讓人類對量子力學的一些想法有了進展，演說內容請見二〇〇一年出版的《量子與蓮花》（*The Quantum and the Lotus*）一書。他說：「我們眼中的真實，就是我們相信的。我們相信的，奠基於我們的感知。我們感知的，取決於我們尋找的。我們尋找的，取決於我們思索的。我們思索的，取決於我們感知的。我們感知的，就決定了我們相信的。我們相信的，就決定了我們眼中的真實。我們眼中的真實，就是我們的現實。」

狙擊手訓練經由心智的門戶，改變狙擊手對現實的感知。哈里森透過「氣泡隔絕」現實，可讓人員在脅迫下培養出更高遠的思維，訓練心智在心流下運作，所以比較不會曲解現實，會更真實，更易掌控，更為自主。

從細節當中，可獲取更大的價值。從微不足道的事物之間，可找出彼此的關係。心智不假思索就運作，把各個點連起來，有如搜尋語意的搜尋引擎。在視野範圍內，每一件事物靠著錯綜複雜、彼此互動的關係網連結起來。

建築物上方的氣流是不是比較快？吹亂路邊草地葉片的風是不是不一樣了？某個地方是不是不該有光閃著？陰影的長度是不是比預期的還要長？狙擊手訓練開啟真實世界的大門，進入多種層次裡，每種層次都含有豐富的資訊。接受過狙擊手訓練，再觀察這世界，看見的畫面會比非狙擊手所想像的還要更加豐富。

這類心理技能很有效，不該僅限於少數人學習。科學一直以來講究的都是聰明工作，而不光是努力工作。就狙擊手思維而言，其留心要做的事情正是科學向來做的事情，也就是要尋找可行的機制，隨意模擬那些機制，避開物競天擇產生結果，找到幾乎人人都能應用的標準常規。我們稱之為「格鬥科學」。

知識：高壓下的關鍵決策是依照有限度的理性準則運作，面對時間、資源、資訊皆有限的情況，運用了「滿足解」的演算法與決策效益模式，預先篩選一些選項，得出更佳的決策，如此決策品質就能獲得大幅改善。

決策機器

我們全都做過不好的決策，而且總是這樣。換個角度來說，就是**我們全都做不出好的決策，而且總是這樣**。這兩句話有個細微卻十分重要的差異，是當今神經科學研究的核心所在。

第一句話是指有意走向不好的決策，而且是奠基於選擇，也就是說，必須在決策A與決策B之間做出選擇時，我們只是選擇了其中一個，並抱持樂觀態度。第二句話則是更精準表達出，我們的決策過程需要改善。

晚上出門跟朋友聚會或是獨自在超市購物時，大腦使用兩種獨特的系統協助我們做出決定。其中一種系統是評價獎賞系統，其任務是針對每個可用選項所具備的益處進行檢驗。一個人走路回家前，要不要在酒吧裡再多喝四小杯烈酒？要不要放棄萵苣核桃沙拉，改買超大盒的甜甜圈？每件事都經過「那對我有什麼好處？」的透鏡進行篩選。

然而，大腦也有個認知網跟決策有關。認知網可讓人站在更寬廣的觀點，因此那些選項經過大腦內部評估後而獲得的重要性也會隨之改變。晚上出門玩樂多喝四小杯烈酒，或許是享受樂趣的絕佳之道，還能釋放一週累積的壓力，卻也可能喝醉。但星期五晚上一個人走路回家，還喝醉了，在個人安全上就要舉紅旗了，無論四小杯烈酒再怎麼誘人，也該拒絕。

同樣的，甜甜圈很好吃，價格也便宜，可是一想到腰圍、生活方式、渴望達到的目標，甚至社會地位受到的影響，最後只好選擇萵苣核桃沙拉。

所以即使我們用勸告自己的方式，勸小孩吃紅蘿蔔，不要吃餅乾，當餅乾一出現，小孩還是會選餅乾。小孩的腦部足以了解大人說的話以及話裡的重要性，只是負責評估選項的認知網尚未具備數量充足的連接線，效用不及大人，因此無法像大人一樣進行篩選及抑制。

在平衡的心智裡，每一個價值取向的決定都是經過大腦認知網的篩選，認知網會把自私的選擇所帶來的好壞成果，跟更廣大的複雜事物給聯想在一起。由此可見，每個決定都是在自私以及更廣大的社會責任之間做出選擇。接受過訓練的狙擊手都很清楚，教官向自己逼來、開始壓力免疫過程時，會經歷痛苦、不適、失去自我感。通過訓練的人在心理上、精神上都變得更強悍。其實，那樣的強悍從認知網的複雜度就可得知，這些聽起來夠簡單了，卻不只是如此。在高壓下做決定，可沒有美國時間去打造複雜的決策樹，無法考量所有可用的資訊，也無法仔細衡量每件事來找出盡可能最好的結果，必須快速做出決定。

有個小孩跑向狙擊手保護的士兵，狙擊手瞄準小孩，在射擊前只有極短暫的時間能判定小孩是否為威脅，《美國狙擊手》一片中，凱爾首次派駐伊拉克時就遇到這種情況。

無止境等待商業智慧單位做好自己的工作，等待他們寫好一份一百頁的報告，等報告寫好很有可能已經錯過時機，這種情況，帶領公司邁向未來的執行長可承擔不起。為了決定事業或私人生活的事情，在一張紙上整齊列出所有可能選項的所有優缺點，不一定每次都行得通。

那麼該怎麼做呢？該怎麼確保自己能夠做出最佳決策？要回答這個問題，就要了解神志正常的個體何以選擇留下來，撐過艱苦萬分的壓力免疫訓練，為何沒有做出看似更為理性的決定，例如：「嗯，我目前的單位，工作比較輕鬆。這種缺乏睡眠、身心痛苦的訓練，我真的沒有必要經歷。」為了解這種看似不合邏輯的現象，我們必須先認同一點，那就是我們未經訓練的話，多半無法做出好的決策。

這都是演化的錯。如果人類天生會做的決定真有那麼不好，總是於己不利，那麼我們就可以說，經過歷史的淘選，只有少數人會活到現在讀這段文字，而撰寫本書沒什麼意義可言。然而，實際情況並非如此。人類存活下來並茁壯起來，原因就在於人類天生就懂得因應威脅、隨時做出決定。

大腦運用的資源是身體總可用資源的五分之一，大腦複雜至極，要全數描繪還有一大段路要走。其實，有一群大腦研究員運用了為期五年、投入數百萬美元的「人腦連接體計畫」研究的新近資料，該項研究在人腦裡發現將近一百個新的區域，用途不明。儘管大腦十分複雜，還有一堆難解的奧秘，但是整體上可簡單分成三大區域：前腦、中腦、後腦，每一區各有獨特的功能。

這三大區域分別對應到新皮質（亦稱新哺乳類腦）、腦部邊緣（亦稱古哺乳類腦）、爬蟲類腦。我們很容易就不假思索地認為三大區域間是完全隔離的，而且是依序運作，從手持削尖的木棍敲打皮質盾牌的原始生物，變成能欣賞音樂詩詞和特色料理微妙滋味的高等生物。然而，大腦的運作方式不盡如此。

某些特殊活動的主要處理區域，可能是大腦裡的某個特定區域，例如中腦或後腦。然而，各區域要成功執行自己的工作，就要徵用大腦各處的區域。根據整合模式，大腦是以全面合作的方式運作，使得我們最基本的欲望或最難堪的恐懼得以呈現出我們的本質，至高的抽象思維。也就是說，我們同等具備了蛇、猴子、太空人的特質。

此處是推斷新皮質，也就是大多數的理性思維所在的大腦部位，當中較高等的腦部機能有能力影響大腦裡負責掌控情緒（如恐懼）和非自主反應（如心跳率與呼吸）的部位。如果人處於戰區，受到攻擊必須還擊，害怕受傷、害怕被殺，有能力傷害或殺害他人，那麼大腦會發生以下的情況：體內的毛細管和小靜脈出現血流大幅減慢的狀況。醫生把這種現象稱為「血管收縮」，即血管的肌肉壁收縮，導致血管變窄細，血壓上升，流到毛細管的血流受到阻礙，還讓主動脈和身體核心保有的血液量是以前流經的兩倍之多。血管收縮可讓身體準備好承受四肢末端的損害並盡量降低出血量，流到前腦的血流也會受到限制。

發生這種情況時，複雜的理性思維差不多都關機了。中腦接手處理，制約和訓練隨即運作。布蘭登．韋伯在書中談及自己的訓練時特別強調這個現象：「我就好像站在極小的紅圈裡面，以純粹的心理專注力，把子彈射到目的地。在場上的片刻，其他的東西都消失了，我的世界收縮了，像是把黑洞裡的物質給無限壓縮成那個紅圈。」同樣的，如果我們回想摩加迪休戰役期間，那兩位狙擊手在黑鷹直昇機發生意外時所採取的行動，就會發現兩人面對著肯定會有人死亡的局勢，仍能有完美無瑕的沉著表現，呈現出受過訓練的腦如何在高壓下運作，才不會在壓力和恐懼下崩潰。

法蘭克．赫伯特（Frank Herbert）撰寫的獲獎科幻小說《沙丘魔堡》（*Dune*），有一段文字寫著：「在高壓下，心智有兩個方向可走，要麼走向正面，要麼走向負面，也就是說，要麼開啟，要麼關閉。就把它想成是光譜，負面那一端是潛意識，正面那一端是超意識。心智在高壓下會仰賴的方向，深受訓練的影響。」

超意識就是腦部經過訓練的士兵，在惡劣的戰鬥環境中體驗到的狀態。然而，為了達到這種狀態，必須先在訓練環境中逼迫士兵去體驗高壓。可不能直接把新兵丟到戰鬥模擬機，甚至是近似實戰的環境，然後指望他們突然就學會開啟思維大門，眨眼間做出極理性的決策，存活下來。不能這麼做。

必須在新兵面前有條不紊地示範，使用怎樣的思維方式才能存活下來。此外，還要逐漸增加新兵必須要處理的工作量，以便順利通過訓練，並且逐漸提高工作狀況的困難度。由此可見，狙擊手按照慣例經歷的嚴苛體能訓練，其實是一門格鬥科學，會隨著時間的流逝和經驗的增長而精益求精。

特種部隊士兵和狙擊手接受訓練期間，關鍵決策評價獎賞系統會如何運作？為了解這個現象，必須討論有限度的理性的概念，該評價系統可以在我們手邊資料不足或太多時，協助我們做出日常決定。雖然我們想要認為自己向來是徹頭徹尾理性，但我們其實只是有時有些理性而已。我們的時間、心力、資源、可用的資訊，都面臨著務實又現實的限制。

因此為了做出決策，大腦要考量所有限制，才能立刻下判斷。若另外施加時間限制，這種情況會變得更為顯而易見。往結帳櫃臺的路上，是要去拿萵苣沙拉還是甜甜圈？看到小孩跑向你保護的部隊，你到底要不要開槍？此處的大腦會尋找心理捷徑。有限度的理性可讓我們站在不同角度看待快速約會，因此要用快速約會的方式找到永恆的愛，會比平常還要困難。有限度的理性仰賴心理捷徑，亦稱捷思法，可加快決策過程的速度。

舌燦蓮花的業務員和一些電子商務網站，在銷售宣傳時會運用十分明顯的時間要素，例如特價、單日特價、限量特價、僅限今日的折扣等，展現出有限度的理性所含有的價值，以及理性運作時採用的捷思法。亞馬遜（Amazon）便採用這樣的準則，在二〇一六年會員日創下從商二十年來單日銷售最高金額。會員日是七月的某一天，亞馬遜會員在當日可獨享特殊優惠與折扣。

有限度的理性情境會在大腦裡創造出必須有所行動的感覺，所以很難根據長期目標和更理性的認知決策，往後退一步檢驗那些可選的評價獎賞選項。

然而，有限度的理性並不是沒有出路的陷阱。運用「滿足解」的心理捷思法（或演算法），有助於我們在決策過程中達到合理成果，使得有限度的理性增加便利又立即的認知評估層次。

滿足的英文 satisficing 結合了 satisfy（滿意）和 suffice（足夠）二字，直接提示了有限度理性的運作方式。時間上有很大的限制，加上額外的壓力層次，我們面臨以下兩種選擇：一，在簡化的環境中，做出心目中最理想的決定；二，在面對的所有限制下，做出心目中滿意的決定。

當那個小孩跑向你正在保護的部隊，到底該不該對小孩開槍？凱爾開出知名的那一槍時，他手上的資訊有限，而且只有他一個人覺得自己看見那個小孩拿著管式炸彈。上級要他做出決定，而他憑著手邊資訊做出決定。在這種情況下，最

圖 5.2　拍賣倒數計時器，在倒數讀秒、觸發有限度理性的決策過程時，會營造出時間緊急的氣氛。要是無法了解這個現象，最後就會依照那些受限於情況的狹隘準則，買下我們不想買的物品。

理想的方案或許是開槍射傷對方之類。

假使狙擊手的子彈超精準，狙擊望遠鏡看到的目標以完全可預期的方式移動，沒有變數會影響槍膛到目標之間的彈道，像這種簡單化的世界，射傷對方的選項絕對行得通，但實際情況並不如想像中美好。

凱爾做決定時，是選擇令人滿意的解決辦法來處理現實世界的狀況。那孩子看來像是個威脅，他保護的部隊命懸一線。他的工作就是把構成威脅的人物給阻擋下來，要是弄錯了，就會危及事業與名聲。他根據直覺認為的現況，還有為因應面前風險而願意冒險失去的東西（假使他搞錯了的話），做出了決定。

這話聽來不計後果，可是他已經完成了訓練。狙擊手新兵必須強迫自己的大腦在高壓下做出理性決策。為了加快整個過程的速度，要進行許多內在模仿與角色扮演，在腦袋裡搬演情節，複習那些記錄下來的優異射擊情況，並努力了解箇中原因。他們要查閱失敗的紀錄，看要如何改善，還會把所知的一切應用在所見的一切，這樣就能時時學習。假以時日，就可打造出便利的心理捷徑，加快決策過程的速度。

此時，大腦的認知網隨即啟用，第二大決策系統開始運作，也就是科學家稱為效益取向的決策。決策者必須評估所有的可能性，思考衡量各種選項可能帶來的結果，藉此確定選項的重要性。效益取向的決策是最理性的決策方法，卻要付出不少時間心力，也很主觀。決策者要負責確定其所衡量的變數的重要性。

狙擊手新兵若採用此法讓艱苦的訓練有了正當的理由，就不會半途而廢，因為他們會往自己的內心深處挖去，能合理說明自己何以願意忍受睡眠剝奪、疲倦、痛苦、精神折磨，這樣才能順利畢業，成為訓練有素的狙擊手。他們下了決定，準備好付出代價，以求達到長期目標，並且願意承受訓練過程必有的不適感。他們對於所謂的大局有深刻的掌握。於是，他們的氣泡隔絕技巧開始進步。

這不是完全陌生的概念。延遲的滿足，是指抗拒立即獎賞的誘惑，等待之後的獎賞，這概念很像是要小孩把自己的房間整理乾淨才能出門跟朋友玩，要做完功課才能吃餅乾。我們全都具備那樣的機制，但要是沒有徹底覺察到這個機制，沒有一些真實的理由有意採用該機制，那麼該機制的運作就有點像是隱而不顯的系統，在偶然下隨我們而運作，因為我們不一定知道自己正在採用該機制。

狙擊手的情況並非如此。訓練在體能上很辛苦，新兵一旦留下來成為凱爾那樣的狙擊手，就都明白自己的大腦怎麼做出決策，那是經過日復一日的反覆操練而成。每次被逼到生理極限，甚至超乎生理極限，就要被迫面對抉擇，然後分析思考。

一旦凱爾射擊那個跑向部隊的男孩，就已經構思出自己的心理捷徑，他那狙擊手思維訓練出的捷思法已經就定位。就赫伯特對受訓思維的觀點而言，凱爾在光譜上是處於知覺極其敏銳、正面的那一端。因此，他很清楚什麼是勝敗關頭，他有信心自己能在時間有限、可用資訊有限的情況下評估狀況。

這做法幫助許多人在高壓下順利行動。傳奇般的高爾夫冠軍傑克・尼克勞斯（Jack Nicklaus）經常說，進行困難的擊球時，五成要靠你創造的心理圖像，四成要看你怎麼安排，一成才是揮桿本身。就這點而言，狙擊很像高爾夫，九成要看你怎麼觀察大局、成功安排、做出決策，只有一成是看你怎麼瞄準。

有些人稱之為「直覺」。所有的資訊從四面八方朝你而來，壓力增加到忍受不了的程度，你仍然能找到決策的方向，因為你不知怎的就是知道方向在哪裡。

跟著直覺走

通往男人的心是胃，這句話儘管為人所知，可是胃並沒有直接連結到心臟或大腦。然而，這並不代表胃不能感覺或思考，也就是說，胃腸和中樞神經系統之間的連結是有跡可尋的。幾個部位連結起來形成網絡，部位之間的連結數量以及連結強度都會對網絡造成影響。

人腦有一堆捷思的捷徑，方便我們做出決策。比方說，看著「Fire Sale」（火損大拍賣，類似台灣所說的「跳樓大拍賣」）招牌的小孩，正運用著跟大人一樣複雜精密的大腦，努力思考這幾個字的含意。然而，年幼的大腦沒有現實世界的知識和經驗，缺乏大人的心理捷徑，因此需要很長的時間才能推斷出結論。

為了解心理捷思法的力量是如何改變我們觀察到的事物所代表的意義，請思考「Fire Sale」招牌用漫畫字體寫、用標準字體寫，分別會帶來什麼樣不同的影響。對小孩的心智而言，這幾個字都傳達出同樣的訊息；對大人的心智而言，字體的含意和背景脈絡卻有了微妙的變化。

腸神經系統亦稱內在神經系統，約有五億個神經元，已公認是「第二個大腦」，可透過交感和副交感神經系統，跟中樞神經系統溝通。腸神經系統產生的神經傳導物質超過三十種，當中有許多神經傳導物質還跟中樞神經系統裡的一樣，因此 gut（腸）和 stomach（胃）成了英文日常用語。例如：gut reaction（腸反應，意思是直覺反應）、gut instinct（腸本能，意思是直覺本能）、gut feeling（腸感覺，意思是直覺）、sick to my stomach（反胃，意思是難受）、butterflies in my stomach（蝴蝶在我胃裡，意思是忐忑不安）等。

人們把腸胃的感覺和直覺連結在一起，根據研究顯示，兩者可能真有個共通卻鮮為人知的感知源頭。大腦裡潛藏專業的知識，潛意識的軀體式影響，覺察到那些細微得只有下意識才覺察得到的線索，這類因素都會讓人產生直覺的預感，可是有些很準的直覺和腸胃感覺的例子，卻無法作此解釋。

腸胃會對意識大腦察覺不到的環境資料和感知資料做出回應，產生神經化學信號和酶，讓身體準備好做出「戰或逃」的反應。接下來就是使用交感和副交感神經系統，跟中樞神經系統溝通。心跳開始變快，瞳孔放大，呼吸起了變化。皮膚附近的毛細管開始關閉，血液改道，流到體內深處的主要器官。早在前述變化變得醒目之前，就可以使用 fMRI 技巧，在大腦深處找到變化的開端，這些變化是即將行動的準備作業。

直覺本身就是一種心理捷思法，當大腦知道自己必須憑著相當少的資訊快速決定某件事，也需要一些指點來確定事件的威脅度，此時就會觸發直覺。心理捷思法可保護我們的安全，讓我們不要進那輛車子、不要抄近路走小巷，或是去某個地方就能「感覺」到緊繃的氣氛。

根據研究顯示，信號的發送是雙向的。當腸胃跟大腦說話時，大腦會切換到高速檔，進行下意識評估，然後回嘴。腸神經系統是古代演化殘留下來的機制，我們跟昆蟲、蝸牛、珊瑚蟲都具備同樣的機制，其作用就是盡量以最節能的方式快速評估狀況，所以這並不是人類獨有的機制。然而，大腦

圖 5.3 兩個招牌說的都是同一件事情，可是實際上只有一個可能是認真的，另一個可能只是在宣傳拍賣活動。

交互收送信號的現象，卻是人類獨有的。

受過訓練的大腦一旦受到腸反應的刺激，就會運用大量的知識、經驗、訓練資源，做到看似不可能的壯舉。想想如今已成為傳奇的「哈德遜奇蹟」吧。二〇〇九年一月十五日，全美航空一五四九號班機從紐約市拉瓜迪亞機場出發，國內線飛不到兩分鐘就遭受鳥擊，雙引擎故障，飛機在九百一十四公尺的空中完全失去動力。

在兩百零八秒的時間內，退伍軍人駕駛員薩利機長（Chesley B."Sully" Sullenberger）和副機師史凱爾斯（Jeffrey Skiles）在航空史上寫下獨特的一頁。在如此短暫的時間內，兩人針對眼前不可能事先演練的複雜狀況進行評估。

當時，兩人審視每一個可能的選項，同時努力讓乘客冷靜下來，跟地面塔台溝通，繼續嘗試使兩具失效的引擎進行冷起動，這期間還要讓完全失去動力的 A320 空中巴士持續滑行，讓飛機轉向，最後冷靜地迫降在哈德遜河上。進行水上迫降期間，機師的快速思維拯救了機上的每一個人。有一本書和一部電影描繪這項壯舉，機上的對話錄音成為大受歡迎的 YouTube 影片，點擊率數以百萬計。

相較於摩加迪休的地面和摩西堡崎嶇開闊的地形，失去所有動力的 A320 駕駛艙可說是截然不同的環境，儘管如此，飛機迫降的那一刻跟這類案例記錄下來的壯舉，不只是具備幾項相同又明顯的特性而已。再者，兩位專業人士應對的是複雜又多變的變數，是不可能事先演練的生死關頭，是分秒必爭的緊急情況，更是必須迅速選用多種選項的情境。還有其他的相似處，而且這些相似處不只是巧合，比方說，相關人員全都視力良好、記憶力強、經驗豐富、訓練有素。他們那訓練過的大腦可運用捷思法，傾聽直覺本能說「做這個、別做那個」的聲音，然後讓大腦裡負責分析的部位更努力運作。

他們兩人一組運作，全然信任彼此，同時間察覺情況，相互配合，這些並不是偶然巧合。一名狙擊手都會搭配另一名觀測手，兩人一組的成效斐然，所以美國訓練狙擊手四大設施之一的北卡羅萊納州海軍陸戰隊基地勒瓊營有個說法：「兩個等於一個，一個等於沒有。」同樣的，A320 這類的飛機也需要兩位機師才能駕駛。每個人的作用就是另一個人額外的大腦、眼睛、耳朵。兩個人一起合作，相輔相成，是兩個同步的大腦。

一五四九號班機事故的駕駛艙錄音可以在 YouTube 上找到，機師的聲音聽來異常沉著，像是訓練影片一樣。薩利機長跟副機師、跟塔台交談的語氣都很沉著，讓人想起《黑鷹計畫》意外事故裡兩位勇敢的狙擊手說笑的樣子。兩位機師態度冷靜、有條有理排出各個選項的先後次序，挑出其中一個選項，然後採取行動，這種做法跟哈里森幾乎一模一樣。哈里森拚命拯救他在摩西堡負責掩護的那些人，同時還要對抗設備的局限，所在位置又要面對那些致使失敗率變高的變數。

事後，美國聯邦航空總署展開為期數月的調查，多位專業機師在模擬機內駕駛同一架班機，結果發現面臨多變的變數和有限的時間，薩利機長和史凱爾斯副機師做出的決策，是唯一能拯救機上乘客性命的決策。美國聯邦航空總署調查員要求進行的模擬飛行，獲得大開眼界的結果。

根據調查報告，有個調查環節是進行將近二十四次的緊急狀況模擬飛行，由多位經驗豐富的機師在法國土魯斯的製造商總部進行模擬駕駛，其中一位更是空中巴士檢測機師。在返回最近的拉瓜迪亞機場跑道模擬情境中，四次嘗試，四次都成功了。另外九次的拉瓜迪亞機場模擬降落，有的是要降落在別的跑道，有的是飛機更嚴重失去作用的情況，這當中只有三次是成功降落。

然而，模擬機的機師有一項顯而易見的優勢，那就是他們完全曉得自己要面對的緊急狀況是什麼。站在庫伯色碼的角度來看，他們打從一開始就處於紅色狀態，大腦已經暖機、準備就緒、尋找出路，所以已進入顛峰運作的狀態。有些模擬機機師在模擬的引擎問題上，耗盡了分配到的行動時間，立刻決定返回拉瓜迪亞機場，他們的決策樹已經預先設定好了。調查委員會的文件也承認，這類情境無法「反映或描繪現實世界的考量因素，時間差即是其一」。從辨識鳥擊事件與損害程度，然後到有能力決定行動方針，是有時間差的。

裁決結果：全美航空一五四九號班機機師是英雄，他們的認知能力有如狙擊手。面對從未遇過的狀況，仍能冷靜仰賴自身的經驗和知識，把可用的選項範圍縮小，選出最佳的行動方針。然後以異常沉著的態度，按部就班採取行動，在事故期間排定各步驟的先後次序，不但救了大家，也救了自己。

此外，當飛機降落在河面上，他們還是冷靜發揮專業精神，持續展現同樣高水準的表現。飛機入水後，薩利和史凱爾斯沉著監督乘客撤離。最後，等史凱爾斯也撤離出去，薩利巡了機艙兩次，確定艙內都沒人，然後才搭上最後一艘滑梯救生艇，不久之後，再登上救生船。他是最後一個離開的人。

狙擊手思維——在這起事故則是機師思維，重點可摘述如下：行動前，必須先選擇；選擇前，必須先知道；知道前，必須先感覺；感覺前，必須先受訓。必須先接受訓練，才能做出顯然理應自然的事情。這聽起來很怪，但其實在經過訓練後，才能更了解直覺要跟我們說什麼，確切知道何時該信任直覺，做出更佳的決策。

假使商業決策能一直維持高水準的作業品質，那麼犯的錯就會少多了，領導力就會高明多了，態度就會沉著多了。企業高階主管跟狙擊手一樣，都得在有限時間內做出決策，還要面對風險高、資訊不足、變數易變、成果不定的狀況，承受莫大的壓力。

差別就在於高階主管的大腦並未經歷狙擊手那類的訓練，對於自身採用的決策系統毫無所覺，犯錯的狀況往往跟外行人沒兩樣，有時犯的錯還特別引人注目。

商業案例

電影製片兼導演喬治．盧卡斯（George Lucas）幾乎不用我多做介紹，他促成交易的敏銳度是出了名的，也很懂得從自己做的每件事當中汲取價值。

一九七七年，二十世紀福斯影片公司的高階主管還不知道他有這樣的名聲。因此那些主管跟盧卡斯協商買回盧卡斯持有的《星際大戰》（*Star Wars*）續集權，是側重於他們從另一部電影賺到的錢。當時，盧卡斯提議讓福斯享有全球各地七年的電影和影片發行權，而盧卡斯要保留其他權利並取回福斯當時持有的周邊商品權，福斯當時的商務主管比爾．伊莫曼（Bill Immerman）欣然同意。

後來，迪士尼以四十多億美元收購盧卡斯影業（Lucasfilm）公司，加上《星際大戰》周邊商品從一九七七年以來所賺到的數十億美元，回想起來，喬治．盧卡斯決策的睿智尤可見之。

然而，當時從他們的角度來看，二十世紀福斯影片公司是交易裡佔便宜的那一方。當初他們沒有充分的資訊（也無法預料《星際大戰》系列電影在日後的規模會變得那麼大），跟喬治．盧卡斯的協商也是時間緊迫，當時是經由盧卡斯當時的律師湯姆．帕洛克（Tom Pollock）進行協商，帕洛克後來成為環球影業總裁。於是，福斯運用有限度的理性和滿足解作為推理機制，採取可接受的結果，而不是採取對他們而言盡可能最好的結果。

要怎麼做才能造就不同的結果？雖然這個論點現在已是純屬推測，但從我們對大型企業今日運作方式的所知，伊莫曼當年為了盡可能達到最理想的交易，必須承受何等壓力，就可推測得知。伊莫曼的重點在於自己要立刻做出結果，向上級證明實質的收益。

假使伊莫曼受過訓練，懂得在高壓下做決策，那麼他的工作方式很有可能就會不一樣。對於電影趨勢和周邊商品收入潛力、觀眾的習性變化，他原本有可能蒐集更多的資料。對於成百上千部電影的執行方式，對於每部電影何以成功，他原本很有可能熟知箇中細節，就像是狙擊手記錄自己的射擊情況，曉得每一槍何以成功擊中目標。

伊莫曼原本可以把所有的可能性跟七年多賺數億美元的機會放在一起比較，而我可以想見，他原本可以回絕，提出不同的交易條件。雖然那是一場結果難料的賭注，但在當年像福斯那麼大的企業，卻是一場值得冒險的賭注。然而，立即的收益具有顯而易見的吸引力，顯然難以抗拒。

換個不同的情況，伊士曼柯達公司（Eastman Kodak Company）在二〇一二年一月破產時，是一家已有一百三十一年歷史的公司。柯達公司在攝影領域曾經是主導力量，更在一九七五年發明數位攝影技術，當年工程師史蒂芬．沙森（Steven Sasson）和同事在公司高階主管面前，展現世上首度進行的「無底片攝影術」。他們使用的笨重裝置，大小如烤吐司機，可拍攝影像，以數位方式儲存，再把影像傳輸到卡匣式錄音帶裡，然後還可把相機連接到電視上，在電視上觀賞影像。

以今日我們對數位攝影的認知，假使柯達公司高階主管當年就已經知道的話，那麼肯定會立刻抓住機會，再次稱霸全球市場，讓柯達這個家喻戶曉的品牌名稱發揮影響力。然而，他們處理的那些資料有其局限。雖然他們對於電影，以及電影帶給公司的價值都十分清楚，也很懂得利用當時的產品為客戶創造價值，但是他們根本沒認清數位攝影的潛力，也沒察覺到數位攝影會突然左右攝影人口結構的變化。

有限度的理性使他們選擇利潤最高、仍然有用的解決辦法，也就是類比相機和底片；滿足解導致他們認為可運用的最佳方法就是他們已經採用過的方法。上級下令沙森把他發明的東西歸檔。柯達公司過度把重心放在底片上，十八年後，柯達副總唐恩．史崔蘭（Don Strickland）無法說服上層投入數位相機的製造與行銷，便離開了公司。日後，史崔蘭在英國《獨立報》（*The Independent*）的訪談中表示：「我們研發出全球第一個消費型數位相機，卻害怕底片市場受到影響，無法獲得核准上市，也無法銷售。」

若要阻止自家公司成為下一個福斯或柯達，該怎麼做呢？若要像訓練有素的狙擊手那般做決策，察覺當下的每一件事，在重重限制下行動，仍能達到更深遠更成熟的洞察力，進而在決策時做出更好的選擇，最終獲得更好的成果，又該怎麼做呢？

在本質上，這就是格鬥科學保證會達到的目標，只要經過一些按部就班的程序，我們全都能學會如何運用。

四步驟的決策改善過程

壓力會使我們做出不聰明的抉擇。有兩種獨特的策略可以協助我們因應壓力，同時仍能做出良好的決策，這兩種決策刺激的大腦內部路徑略有不同，都要多練習才能達到完美境界。狙擊手湯米（Tommy N.）解釋狙擊手如何在日常生活中應用訓練內容：

在高壓的情況下，若是心智不夠專注，可能會難以沉著下來。練習控制呼吸，只要懂得呼吸會影響動作，就會明白頭腦務必要先清醒過來，好讓自己冷靜。方法很簡單，只要練習呼吸，專注在呼吸上，同時意識到周遭情況就行了。

當我跟另一半大吵一架，察覺到自己的血壓飆得太高，遠超過平常的情況。我氣瘋了，對著牆壁搥了好幾下，卻沒有用，情況只是變得更糟糕。我一明白自己做了什麼，就開始做呼吸練習，將意識專注在呼吸上，我的頭腦漸漸清醒。等一切終於平靜下來，妻子和我就把問題給解決了。

而另一位退役狙擊手朗尼，他的描述跟商業比較有關係：

我負責業務團隊，我們每個月、每季都有目標要達成。有幾件事情在同一時間發生了，造成我們的股價大跌（但那是好幾項因素所致，沒有一項因素是我們引起的），幾乎是一夜之間就虧本了。

根據我收到的報表，我們達不到季度目標，那真的是壞消息，可能會導致我們的股價一落千丈，甚至有人會失業，我可能就是其中一個。壓力很大，又正好是我們準備推出兩項新產品的時候。我繞著街區走了一小時，沒有電話鈴聲的干擾，我的頭腦漸漸清醒，開始在腦海裡拼湊起片段的資訊，還決定了行動方案，決定了該打電話給誰，該在什麼時候說什麼話。

我回到辦公室，請所有業務人員隔天一起開會。接下來的六週我都在處理燙手山芋，協助每個業務團隊理解工作細節。確定他們的士氣都提振了，他們努力爭取每一位潛在客戶，也對每一通電話做後續追蹤。我們勉強達標，真是千鈞一髮。假如我當初慌了讓時間白白過去，我們就沒辦法成功。

雖然這兩個人的描述內容不一樣，卻依循著一模一樣的過程：訓練＞感覺＞選擇＞行動。

我們需要先接受訓練，才能做出世上最自然的事情。雖然這種說法聽來違反常情，但是除非先接受訓練，否則感覺會變得太過複雜，根本無法理解周遭一切，行動也會變得亂七八糟，有欠考慮。然而，接受訓練就會累積知識，只要適當篩選知識就會成為經驗，這些經驗能把狙擊手思維過程的四大階段，轉化成為四大行動導向的步驟：

- **框限：**確定你面對的問題範圍，然後精準詳述你擁有的資源，以及你需要的資源之間的關係，藉以處理你正在面對的難題。
- **尋找：**確定你需要快速做出的決策種類，是重大決策還是日常決策？重大決策通常很具體，是只發生一次的事件，需要付出大量的個人努力、投入大量資源。而日常決策並不像重大決策那樣需要耗費大量心力，對你的「任務」造成的影響也可能極小。實際上，區分這兩者不一定容易，而且兩者通常會有重疊的部分。舉例來說，雇用企業執行長的助理聽起來是日常決策，可是如果助理要負責安排所有會議，排定其他關鍵業務事務的時間，那麼雇用適當的人員就是具深遠影響的重大決策，有可能會影響到企業能否順利經營。此時，務必要正確擬定你的條件，如此一來，對於自己該不該傾聽那個極其重要的直覺本能，就會有較高的確信感，也比較容易做出決策。

- **評估：**衡量你可以運用的所有選擇。考量成本、時間、需付出的努力程度、需達到的成果，要十分仔細才行。運用經驗，找出寶貴的捷徑。尋找最合適的決策，幫助你達到所需的成果。盡可能快速進行，卻又不能因為講求快速而蒙蔽雙眼。如果前兩項步驟都做到了，就能仰賴直覺本能來引領自己。
- **應用：**詳述你達到所需成果前必須採取的每項行動。要詳細列舉每項行動，還要描述每項行動的作用。無論是要以書寫的形式（當成練習），還是要在腦海裡做心理練習，都無關緊要，只要能付諸實行、堅持到底就行了。耐心、毅力、注意細節，是狙擊手思維的特徵。這些特徵奠定了紀律的根基，把「做不到」的心態轉換成「做得到」。

像前文這般詳細敘述，聽起來或許容易，但多數人都是栽在毅力上。不是人人都有能力以這麼有條理的方式逐一審視各種情況，要具備善於解析的眼光，才能揭露表象。

像是聯合利華公司（Unilever）這類消費產業巨頭，他們的最高管理階層也運用同樣的步驟。聯合利華公司正在努力教導旗下管理人才在高壓下做出更佳的決策，採用的方法是開設全公司內部課程，課程名稱是「在難以預料的情況下做決策」（Decision Making Under Uncertainty，簡稱DMUU）。

在典型的公司高階講座，聯合利華對內部管理人員推廣課程所使用的文宣是如此解釋的：「DMUU是講紀律、有條理、有結構的決策法，其邏輯推理的核心是概率分析。」

聯合利華期望那些受過訓練的人員應用其受過的訓練，期望他們運用在DMUU期間學到的紀律，做出策略決定（他們稱為「選擇正確的路」），並且積極進行風險與機會的控管（他們稱為「把路給跑一遍」）。

聯合利華有一項個案研究，請見以下引文：

在一九九九年為推動 pro.activ 通過歐洲新型食品法規程序，於是運用DMUU。在進行分析前，關鍵決策人士有了歧見，並且考量了幾種替代選項（包括徹底取消該專案）。最後，DMUU贏得勝利，高階主管決定以單一行動方針推動 pro.activ 產品上市。

前述分析結果讓該產品得以在九個月內於歐洲各大國盛大上市，全球銷售額每年超過一億六千萬歐元。

狙擊手技能養成清單

本章學習內容：

□受過訓練的思維是沉著的。訓練與經驗會化為穩固的根基，在高壓下達到優異的分析表現。

□良好的記憶力，執行心理遊戲或情境的意願，都屬於訓練有素的狙擊手思維所採用的反應策略。

□大腦做好準備，就能做出更好的決策、更佳的反應。準備就緒的大腦不但知識淵博且經驗豐富。

□說到要做出好決策，知識跟經驗都不可或缺，也同樣都需要培養。

□只要經過四步驟的過程，就能掌控決策機制，做出更好的選擇。

第六章

思維

多項特質。培養特務心態，
因應多變局勢，獲得成功。

心態改變，外在一切也隨之改變。
——史蒂夫．馬拉博利（Steve Maraboli），
《人生、真理、自由》（*Life, the Truth, and Being Free*）

你身在敵軍陣地，心裡很清楚，連個微小的錯誤都會害死你，於是你判斷周遭的每件事到底是對你有益還是有害。地面、人員、物體、設備，每件事都衡量。每件事對你來說都有價值，要麼是正面，要麼是負面的。位置的挑選是此處的關鍵。

首先，假如一開始就挑錯位置，那麼擁有的選擇就有限，或者要因應更危險的情勢。然後，你必須能夠換到別的位置，又不會被人發現。位置的挑選可帶來明確的優勢，你的思維正是關鍵所在。你知道任務的指令，有明確的目標，這就表示也有明確的行動計畫。你知道自己必須做的事情，你的任務並不是要讓你了解自己是否做好準備，這樣的思索早就做過了。

你出任務時，就已經確切知道自己要在何處劃定界限，所以不會遲疑。遲疑有可能會害死你，不清醒的腦袋可能會害死你，那些讓你無法專心投入眼前任務的事物也會害死你。你的工作就是完成任務，不要被殺死。

以上描述，來自現役美國遊騎兵狙擊手湯尼（Tony M.）。要能以此法有效運作，唯一之道就是氣泡隔絕法。狙擊手採用氣泡隔絕法，把其他事情都排除在外，專心投入在他們必須做的事情上。

有個人能達到這種高水準表現並完成工作，那就是卡羅斯・海斯卡克（Carlos Hathcock），他是海軍陸戰隊隊員，在越戰期間成為傳奇人物。海斯卡克在歷史頻道上生動描述其中一件盯梢功績，他獨自前往敵區出任務，目標是前往叢林深處的北越軍隊司令部擊殺將軍。成功率極低，而且是「志願前往」的任務，但是這樣並沒有嚇到海斯卡克。

他抵達著陸區後，要在濃密的叢林辛苦跋涉，接著要穿過一點三公里的空曠原野，那裡有敵軍來回巡邏，還有好幾處的機關槍掩體負責看守。這趟路途長達四天三夜，他沒有睡覺，一次爬個幾公分，用樹枝和植物偽裝自己，融入地景當中。從他的話裡，我們得以了解他是怎樣的人：

> 我一度碰到青竹絲在捍衛地盤，我不得不停止動作等青竹絲離開，然後再繼續爬。我正在接近開槍位置，而敵方巡邏兵正在搜索該區，有一個人差點踩到我。要是對方發現我的話，我肯定當場斃命。
>
> 幸好，那些士兵在自己的地盤上覺得很安全，沒看到我。我抵達開槍位置，距離將軍的司令營約六百四十公尺，然後耐心等待。不久，將軍出現了。我知道自己只有一發子彈的機會，一定要命中才行。我打算射擊他的胸膛。
>
> 我瞄準目標，減緩呼吸速度，等到我計算好每件事的時間，可以在兩次心跳

之間的空隙射擊時，我開了一槍，他倒下了。敵軍頓時活了起來，像是蜂窩裡憤怒的蜜蜂。不過，我已經在移動了，回到我先前準備好的逃離路線，那裡有溝壑遮掩。等我順利返回林線，就知道自己安全了。最後，我連忙趕到撤離點。

海斯卡克認為，自己之所以能在危機四伏的環境存活下來，是因為自己能「進入泡泡裡」，讓自己進入「徹底、完全、絕對的專注」狀態。先是專注於他的設備，其次專注於周遭環境，每一陣微風、每一片葉子都有其含意，最後專注於他的獵物。

知識：有一些具體步驟能制約大腦刺激神經化學物質變化，觸發氣泡隔絕作用，進而提升專注力，有益大腦對抗壓力、恐懼、擔憂、難以預料的要素，比未經訓練的大腦還要表現得更好。

探尋方法掌控大腦

發明家兼博學家尼古拉・特斯拉（Nikola Tesla）曾經針對自己的大腦發表看法：「我

的大腦只是接收器，宇宙裡有個核心，我們可以從那裡汲取知識、力量、靈感。雖然我尚未參透這個核心的奧秘，但是我知道它就是存在。」特斯拉說的話，為的是表達出心智及其經驗、知識、洞見興起的神奇之處，這其實是一種古老的追尋，最遠可追溯到古希臘。

西元前三八七年，柏拉圖主張大腦是所有心理歷程的所在地，這個主張很有名。到了一六三七年，笛卡兒斷定人類生來就具有先天觀念，還推廣心物二元論的觀念，心物二元論後來發展成大家所知的本質二元論，基本上就是認為心智和身體是兩個獨立的實體。此後，對於人類的思維是純屬經驗（經驗論）還是包含先天知識（先天論），在整個十九世紀引發激烈的爭論。參與這場論戰的人士有主張經驗論的喬治．柏克萊（George Berkeley）和約翰．洛克（John Locke），還有主張先天論的伊曼努爾．康德（Immanuel Kant）。

從前，對於心智這種摸不著又看不到的大腦構造，雙方的論點究竟何者為真，爭辯數百年還是找不出答案。不過到了二十世紀，不得不實際應用所有的好理論，因為戰爭爆發了。

大規模衝突接連出現，標明了現代的特徵。第一次世界大戰開了場，但等到二戰期間發展新戰技後，才逐漸覺得有必要更了解人類的行為表現。舉例來說，何種訓練法最能讓士兵懂得運用新技術？懂得在脅迫下專注處理事情？這些都是軍事人員迫切要處理的問題。對於這類事情，行為學派提出的見解並不多，直到唐納德．布羅本（Donald Broadbent）的研究整合了人類行為表現研究以及近來發展的資訊理論概念，該領域才有所進展。

隨著電腦科學的發展，人類的思維以及電腦的運作功能不相上下，進而開啟全新的心理學思維領域。當時，認知革命即將展開，大腦創造思維的方式成為大家熱切研究的領域。

許多人密切關注起心智、行為、可能的行動模式，愛德華．史密斯（Edward E. Smith）即是其一。史密斯生於二戰期間，日後在哥倫比亞大學擔任心理學教授。他在認知心理學的研究（該領域的研究一直等到一九六〇年代才為世人所認可），把學習、認知控制、工作記憶、語意記憶、感知等獨特的領域給貫穿在一起。

史密斯在其著作《認知心理學：心智與大腦》（*Cognitive Psychology: Mind and Brain*）中寫道：「心理活動，亦稱為認知，是對儲存的資訊進行內在詮釋或轉換。」簡單一句話，引出一千種想法。每件事都是資訊，我們看見的東西，我們記得的想法，我們學會的技能，我們受訓實施的策略，全都儲存在我們的記憶裡。記憶存放在大腦裡的特定區域，從我們開始思考的那一刻起，記憶便化為心智熔爐裡的柴火。

以下為十個獨特的區域直接受到心理歷程的影響：

- **感知**：處理感官傳來的資訊，例如聽覺、視覺、嗅覺、觸覺。這些無從掩飾的跡象讓我們得以評估自身的狀況。
- **情緒**：包括手邊任務引發的焦慮感。當我們察覺到某件事，就我們想要達到的結果詮釋該件事，便有可能引發情緒。

- **表徵**：在長期記憶裡，我們對先前相關經驗的實際記憶、對訓練的記憶、對自身技能的記憶，全都用可擷取的表徵形式存放。
- **編碼**：把新資訊輸入記憶裡，或從長期記憶裡提取資訊，即是編碼。如果要使用先前的經驗，此區域是關鍵所在。
- **工作記憶**：可讓我們把資訊保留在意識裡。玩心理遊戲（例如金姆遊戲）能讓工作記憶變得敏銳，在進行情境分析時，便可運用工作記憶。如果需要考量我們面對的情況當中出現的主題或模式，工作記憶格外重要。
- **專注力**：可讓我們專注於特定資訊，包括用語和非語言的信號，進而排除不相關的資訊（例如外部的聲音）。
- **執行歷程**：負責管理其他的心理事件，可讓我們停頓一下再開口說話，免得說錯話。執行歷程使我們得以依據自己的決策採取行動。
- **決策**：解決問題及推理，可讓我們想出自己需要執行哪些任務，要怎麼樣才能應用得最好，進而達到所需的成果。
- **運動認知與心理刺激**：亦即安排反應，心理上演練那些反應，預料我們的行為造成的結果。若情況突然有變化，適合用來預料會有哪些可能的反應。

● **語言：**我們使用語言跟自己、他人溝通。

前述十個區域屬於模組化方法，有利於控制認知，狙擊手與所有特務人員都懂得運用此法。若從最兼容並蓄的角度來看，知識就是存放在記憶裡跟這世界有關的資訊，那些資訊可能是真的，也可能是我們基於正當理由相信的事情。然而，這就表示我們也知道什麼不是真的，什麼不應該相信。

一般人眼裡看似不重要的細節，在受過訓練的狙擊手思維裡，卻擁有特殊的意義和更宏大的含意。如何達到訓練有素的狙擊手思維，又不用經歷狙擊手受過的那些折磨人的體能訓練？此時，就要進入另一個跟身體/心智研究及其作用有關的領域——正念靜觀。

正念靜觀一詞是由瓊恩・卡巴—津恩（Jon KabatZinn）下了標準定義，他是麻州大學醫學院榮譽退休醫學教授，正念中心和減壓門診創辦人。正念靜觀是每位狙擊手都能立刻辨識的：「正念就是專注、有意、處於當下、不帶評斷，從而興起的覺知。正念就是知道自己心裡在想什麼。」

正念靜觀跟狙擊手訓練一樣，能改變大腦的內在路徑。正念靜觀會改變思考方式，也就是說，感知也會隨之改變，會以不同的方式去體驗周遭的世界。但這到底是怎麼做到的？

近來有一項研究報告的題目是「當休息狀態功能連結的變化呈現正念靜觀，可減少細胞激素 IL-6：隨機對照試驗」，內容描述大衛・柯萊斯威（J. David Creswell）和別人一起進行的研究。

柯萊斯威是卡內基美隆大學心理學助理教授，也是健康與人類行為實驗室的負責人。報告揭露了靜觀時出現的確切情況：「在功能上，正念靜觀訓練會把DMN，以及對休息期間由上而下執行控制很重要的部位（左 dlPFC）結合在一起，進而降低發炎機率。」用大白話來說，該項研究顯示，不懂靜觀者是無法運用懂得靜觀的心智所運用的神經路徑。基本上，柯萊斯威的研究著眼於了解哪些因素可讓人適應壓力，而神經路徑改變了資訊處理方式，使得大腦比平常更能處理壓力。更具體來說，靜觀可致使以下部位產生變化：

- 後扣帶：跟心思游移、自我關聯有關。
- 左海馬迴：協助學習、認知、記憶、情緒控管。
- 顳頂交界區：跟觀點取替、同理心、慈悲心有關。
- 橋腦：腦幹裡的區域，一堆具有調節作用的神經傳導物質即是在此處產生。

杏仁核是大腦裡決定「戰或逃」的部位，是因應焦慮、恐懼、壓力時很重要的部位，在靜觀後會變小。杏仁核裡的變化也跟壓力程度的降低有關聯。

mindfulnet.org 網站上有許多學院派與自修派的正念實踐者提供大量內容，他們認為靜觀經驗是一種過程，以清除內心雜念作為開始。少了直接的念頭，大腦的注意力聯合區開始平靜下來。當立即需要注意力的任務出現時，額葉皮質會隨之活躍起來，但此時卻變得不活躍，不重要的感官資訊都被排除在外。該網站引用的研究結果顯示：

將注意力放在當下此刻的經驗上，因而移轉到右腦活動，畢竟注意力主要是右腦功能。這種從「理性化」左腦思維移轉到右腦的現象，進一步解釋了我們何以無法描述或分析該經驗，因為右腦沒有能力進行經驗的分類及分析，而是憑直覺「感覺到」經驗。

同時間，靜觀者對於那些源於外在環境的感官資訊會變得比較遲鈍，空間感和時間感也變得遲鈍。右頂葉裡的活動減少了，由此可看出自我和非自我的界限變得模糊。右側定向聯合區裡的活動會受到影響，進而失去空間感和／或時間；右側詞彙概念區裡的活動也會受到影響，進而無法藉由語言高效率地傳達經驗。

如果經歷某件事會抹煞掉你描述經歷時所需的語言，那要怎樣才會懂得那個經歷帶來的感覺？答案是繞過語言，直接前往大腦。有助觀察心理狀態的 fMRI 掃描儀，再度成為此處的關鍵。

據聞靜觀與正念具有心理層面和精神層面的益處，麻省總醫院與哈佛醫學院的神經學者莎拉．拉薩爾（Sara Lazar）是第一批使用 fMRI 檢驗這種說法的科學家。

拉薩爾的研究結果如下：相較於未修習正念靜觀的控制組，長時間修習者的腦島區，以及負責掌控聽覺皮質和感覺皮質的感覺區，灰質都增加了。處於正念，感官也隨之敏銳。你覺察到自己的呼吸和周遭的聲音。你明確地處於當下，分析型認知關閉。此外，大腦掃描結果也顯示，靜觀者額葉皮質裡的灰質較多，額葉皮質是跟工作記憶、執行決策有關。靜觀者的大腦不僅變得覺察度更高，也能做出更佳的決策。

若能抑制恐懼反應引發的過度反應，決策就會漸漸變得理性起來。也就是說，不要把每種環境刺激因子和感覺都視為潛在的威脅，就能更不帶情緒，抱持

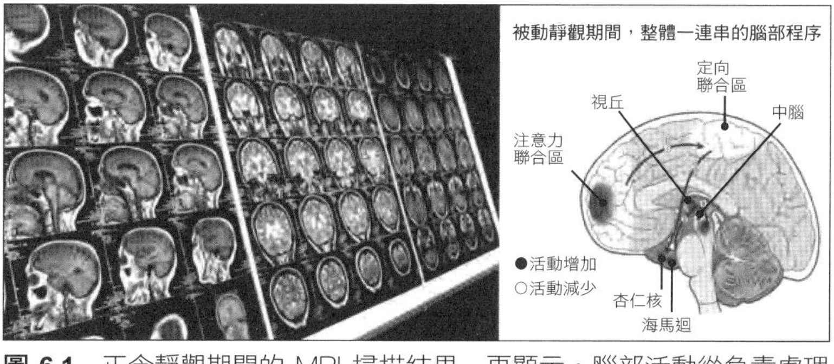

圖 6.1　正念靜觀期間的 MRI 掃描結果一再顯示，腦部活動從負責處理分析型思維的中樞，移轉到那些更全面運作的區域，進而「感覺」到某個片刻或概念。

更大的同理心，對大腦收集的每個資訊片段進行評估。

如此一來，我們體驗到的壓力就會大幅降低，還能在決策時享有平靜的中樞，日本人稱之為「無心」，據聞這是高度訓練的武術家在打鬥時會進入的心理狀態。此時，恐懼等情緒會消失，決策變得極為理性。武術界經常會提到「無心」的概念，用語也很類似心流實踐者。在心智裡，高度同理心又全面的「我們」的區域開始運作，自我中心、吹毛求疵的「我」的區域隨之安靜下來。

儘管發生「安靜」的現象，大腦中樞並未隔離關閉。正如第五章所說，大腦裡的每個部位會經由相關聯的神經網路相互作用，進而對訓練做出反應，毫無例外。正念靜觀可增加強化大腦裡各區域特定部位之間的連結，同時讓其他的連結弱化。這種心理上的仔細修剪及增強，讓心智轉化成強大、理性又善於分析的武器。

維吉尼亞州立聯邦大學心理系副教授及柯萊斯威的同事柯克．沃倫．布朗（Kirk Warren Brown）曾經寫道：「無心或心流是意識的一項特質，不是跟活動同構，而是在活動中顯現出來，進而獲得強化。」換句話說，我們之前以為引發心流狀態要花費大量心力，其實不然，而且獲得的益處也遠超過付出的心力。

還有其他的生理變化發生，這些都是大腦重建連結時的改變徵兆。在佛羅里達州巴拿馬市的海軍潛水救助訓練中心，研究人員對於接受密集體能訓練的新兵進行血液檢測，結果發現新兵體內腎上腺素調節的神經胜肽Y濃度，是未接受精英訓練的控制組的幾乎兩倍之多。

如果腎上腺素是我們察覺到有危險時傳出的響亮號角聲，讓身體做好行動準備，那麼神經胜肽Y就有如按鈕，只要大腦按下這個按鈕，就會使警報聲安靜下來，還能抑制恐懼反應，讓大腦額葉部位在極端壓力下運作得更久。

加拿大國防部的研究發展部門投入為期三年的研究，針對二〇〇二年至二〇〇八年局勢緊張期間在阿富汗服勤的加拿大部隊，檢查士兵的創傷後壓力症候群（Post-traumatic stress disorder，簡稱PTSD）以及戰鬥壓力所造成的長期影響，結果發現狙擊手在戰爭中受到的創傷沒那麼大。雖然狙擊手在接受「凱斯勒心理量表」測試後，精神壓力程度升高，但是實際的壓力程度還是低於同袍的平均分數。由此可見，神經胜肽Y不僅能讓我們在極端壓力下做出更佳的執行決策，還有助於大腦日後更快復原。

這些全都是好消息，畢竟我們要探討如何改變日常決策習慣，創造我們所需的觸發因子，藉以體驗到心流狀態。我們也應該探討哪些活動可讓大腦變得堅強，不受衝擊影響，在高壓下做出更佳的決策，品質水準達狙擊手思維的決策。

本書卷末的附錄二有關於正念靜觀的詳細說明，或有助益。

商業案例

總部位於紐澤西州的全球鉅子嬌生公司（Johnson & Johnson），很清楚自家的高階主管是公司成功的關鍵。嬌生公司有四個獨特的分部，涵蓋消費者保健、醫療裝置、藥妝，立足於兩百六十個國家，因此很清楚公司的領導力必須時時處於顛峰表現。

有鑑於此，嬌生公司開設為期兩天半的高階主管訓練課程。根據公司文宣表示：「一開始強調個人意義和日常行為的關聯，確保兩者相符。要有技巧地控管人員付出的心力，就要讓付出的心力符合一個人最深層的價值觀和信念。」

嬌生公司設立人類行為表現研究院，率先把心智和身體連結在一起，並證實執行決策的品質跟良好的身心健康有直接關係。好比頂尖的狙擊手或特務必須身材健壯協調，在公司裡擔任關鍵職位、做出高品質決策的人員，也必須具備狙擊手的奉獻精神與覺知。

嬌生公司在高階主管面前宣揚該課程：「專門在策略上協助學員以更有成效的方式控管自己付出的心力，在高壓下變得更有生產力、更有成效。」此外，還詳細闡述：「學員會跟技能高超的研究院專家並肩合作，那些專家在行為表現心理學、營養學、運動生理學，都受過特殊的訓練。」

嬌生公司人類行為表現研究院的終極訓練，有如公司版的狙擊訓練，目標是「增強個人實力，就連在最嚴苛、最高壓的工作環境中，也能變得更有韌性、更茁壯。」擔任公司職位應對心理壓力所需抱持的心態，與訓練有素的戰士所抱持的心態，兩者的相似處並不僅止於此。

凱莉·席伊（Kelly See）、伊莉莎白·莫里森（Elizabeth Wolfe Morrison）、娜歐蜜·羅斯曼（Naomi Rothman）、傑克·索爾（Jack Soll）所撰寫的研究報告，刊載於《組織行為和人類決策過程》期刊，推斷出強大又成功的領導者，其中一項特性就是高度的自信心。我們只要接受心理訓練，培養合適的心理觸發因子，以此作為第一步，就可以辦到。

心理觸發因子與產生方法

心理觸發因子是可產生特定心理狀態的外在事件或情況。心理觸發因子之所以不可或缺，是因為它們可以讓大腦做好準備，以特定方式表現，養成新習慣。新習慣會重組心智，使得心智即使在高壓下仍能以顛峰水準運作。舉例來說，只要有適當種類的心理觸發因子，就能進入心流或無心狀態。

庫伯色碼可說是觸發因子，能讓大腦留意到周遭環境的威脅程度，準備好達到高水準的表現。在臨床心理學，觸發因子只是一件會激發自動反應的事件或行動。大部分的人沒接受過心理訓練，卻已經會對那些接手引領我們的觸發因子產生某種反應。只可惜絕大多數是負面的。

大型專案出現，壓力逐漸增加，需要喝一杯烈酒；一覺得有壓力，就想要抽菸；決策壓力突然增加，就暴飲暴食作為彌補。這些全都是隨處可見的例子，大部分人肯定心有戚戚焉。小說裡的偵探福爾摩斯，每次他那知名的推理演繹碰到瓶頸，覺得自己失去敏銳度，就伸手去拿他藏著的海洛英。

觸發因子屬於壓力因子，比方說：經濟負擔、焦慮感上升、工作相關問題、感情煩惱等等。在大部分的情況下，前述全都是我們自覺無法掌控的觸發因子範例，在此就不多做討論。對我們而言，重要的是繼觸發因子之後而來的強大作用，那確實會讓我們覺得無能為力，好像有一道隱形的潮汐獨獨席捲我們，引領我們行動。

現在，想像自己有意打造出正面的心理觸發因子。狙擊手採取下列方式訓練自己產生正面的心理觸發因子：

- 觸發因子可以是事件，可以是行動。觸發因子是一種可讓別的事情自動發生的信號。
- 觸發因子必須節能。如果必須做一堆事才能培養出某種習慣，就會越來越難以證明付出大量心力是有道理的。

- 觸發因子應當是自動的。必須要有明確定義的參數可讓觸發因子啟動。
- 觸發因子應當是熟悉的。因為我們會把觸發因子和新習慣連結在一起，所以觸發因子在我們眼裡不能陌生到每次都讓我們分心，也不能跟新習慣天差地遠到我們需要費一番心力才能把兩者聯想在一起。

創造出觸發因子後只需要做三件事，就能把觸發因子和新習慣連結在一起：

- 辨別新習慣是什麼。
- 為新習慣騰出一定的時間。
- 辨別相關聯的觸發因子。

要讓某件事變成習慣，需要重複，所以必須練習，大量的練習就是你將來該做的事。重複是第一要務。假如需要費盡心力才能騰出時間養成習慣，就不可能真正變成習慣。我訪問的某位現役海軍陸戰隊狙擊手——姑且稱他為卡爾，便透露了他的訣竅，那就是進入沉著的心態，我們所知的心流：

我看見每件事逐漸累積。有決策要做，有事情要考量，時間表有了變化。上層下令要你主動行事，要你對某件事下決定。戰場上有一堆變數，局勢詭譎多變，簡直亂成一團。我的潛意識總是覺得有點慌。

你知道的，會有聲音這麼問：「假如我辦不到呢？假如這次我慌了呢？」然後，你害怕起來，名符其實的害怕，因為任務要是失敗的話，就表示有一些人會失去性命，而自己可能也是其中一個。我深深感受到了。

然後，我告訴自己，我是殺人機器。聽起來不怎麼樣，但這就是我的做法。我在腦海裡想像畫面，完美的機器，沒有缺陷，不會害怕，不會犯錯。我就像是賽隆機器人，我的大腦高速運轉，每件事的發生變得更慢，產生一段距離。於是，我能把事情看得更清楚。哪件事要優先處理、哪件事要接下來處理、哪件事要最後再做、哪件事要完全不管。我沉著以對，掌控局勢。在我的腦海裡我變成殺人機器，全身用鍍鉻鋼鐵製成，閃閃發亮。我就是這樣進入忘我境界。

卡爾的描述強調了心理觸發因子所含的個人性質。然而，這種明顯不合邏輯的做法很有用。對他而言，全身鍍鉻的賽隆人（Cylon）面對恐懼不會動搖也不會犯錯，光是想像自己成為賽隆人，就能讓大腦站在更高遠處俯瞰大局。

在我訪談的多位狙擊手當中，願意談論這話題的，都會提到這類極度個人化的經驗。他們沒有提及職責、愛國心、英勇，或是成為英雄的感覺。對他們而言，重點向來是放在微不足道又極度個人化的事情上。重點是對身邊的人抱持同理心，從來不想要身邊的人對自己失望。重點是讓他們在概念上變成別的東西。我發現有一點頗有意思，狙擊手全都使用相同的觸發詞語來激發他們需要的心理意象：「適應、克服。」

這點足以證明狙擊手受到的訓練品質高又緊黏不放，此外，我猜想也是證明了狙擊手運用的準則經過反覆考驗，能以顛峰效率發揮作用。這兩個觸發詞語有如心法，確切傳達出狙擊手完成任務需要的信心、能力、技能。嘗試過正向心理學的人，對前述的描述應該不會感到訝異。在一天的開端，運用正面心法，例如：「我知道自己一定做得到」、「我什麼障礙都能克服」、「我每天越來越接近成功目標」等等，就能擁有狙擊手達到的那種信心和專心，實際去讓事情成真。

擬定心理警覺策略

只要懂得訓練大腦以具體的方式運作，就能讓專心成為習慣。以不專心的態度度過一整天，內心的想法在錯誤的時機浮現，還干擾到自己分心，就會有損表現。

比方說，一邊開車一邊想著工作或感情上的問題，就是典型的不專心行為。若周圍的車流很正常，沒有問題，就能順利從A點抵達B點，我們自己和別人都安全無虞。然而，萬一周圍起了變化，我們又沒察覺到，那麼開車不專心就有可能變成嚴重的問題，因為我們沒有好好留意。

開車的例子也發生在日常生活的許多其他層面上。工作時，可能想著放假的事；跟親友在一起時，可能想著工作的事；努力入睡時，可能把每件事都想一遍。這些全都是缺乏專注力的例子，對我們是弊多於利。

狙擊手很擅長把自己受到的訓練應用在日常生活中。心理學把這種情況稱為「遷移」，也就是把具體限定的表現領域（例如實景模擬影片或戰場）當中培養出的技能和獲取的知識，應用在另一個表現領域（例如日常生活）。

「二〇〇九年的英國不是個幸福的地方。」跟我對談的前任英國狙擊手——姑且稱他為史考特．葛林（Scott Green），他曾經派駐到阿富汗兩次，剛從皇家海軍陸戰隊退役。「工作漸漸消失，經濟逐漸萎縮。我在軍隊裡拿到電腦工程學位，但在民間已經過時了。」雷曼兄弟公司（Lehman Brothers Holdings）破產後，英國跟其他的西方經濟體一樣跌跌撞撞，感受到同樣沉重的財政壓力。英國的國會議員陷入費用報銷醜聞，各黨都有政治人物牽連其中。大眾信心低落，消費者支出降低，老闆不雇人。

史考特說：「我離開軍隊時有存款，但那金額顯然撐不久，我需要一份工作，要趕快找到才行。」他回家住，打算要跟女友蘇珊結婚，回想當時情況說：「好丟臉，好像回到學生時期跟女友約會的時候。我跟蘇珊的關係變差了，我們不確定那時能不能拿到貸款，更何況婚禮費用。」

史考特離開軍隊後的頭九個月，做著一般人做的事。「我去了地方上的求職中心，寄出履歷表和自薦信，去公司面談。」這種故事到處都一樣，大家都認為軍事人員的技能不高，經濟陷入泥沼，沒人想冒險雇用軍事人員。

「我知道自己有技能。狙擊手受到的訓練就是長時間獨自行動，一絲不苟處理各種情況，懂得評估、思考、計畫、推論、投射、分析，然後重新評估。企業在經濟衰退期間最需要這些技能，可是沒人願意給我一個機會，我覺得這樣有違常理。」史考特決定親自處理問題。「米德蘭那裡有一家中型的工程公司，在我爸媽老家附近。工程這行很苦，有一堆生產過程和品質掌控要達到高度標準化，然而情況卻很多變，必須要能快速做出關鍵決策。我確定自己能改善他們的品質控制和系統生產監督流程，增加他們的價值，可是我必須先吸引他們的注意才行。」

一般找工作是把自薦信和履歷表用電子郵件寄送到人資部門，史考特卻決定親自去工廠看看。他記錄了貨車進出工廠的時間和午餐時間的模式，摸清那些從外頭訂午餐的人何時把午餐送到廠房。他查證了可公開查詢的生產時間表和產量目標資訊。然後，他更進一步地探查貨車卸貨點，還有當地的交通和火車狀況。

「運輸成本很重要。」史考特表示。在交通上多耗幾個小時，貨車的燃料費和磨損支出也隨之增加。「那家公司是使用自家的送貨車輛運輸機器零件。有些比較重的物品要長途運輸，就會送到火車站倉庫，交由火車運送，再由他地第三方取貨運送。我身為狙擊手，很清楚時間的掌握最重要。」

他說的沒錯，他發現那些出去送貨的貨車司機向來會算好時間，回到倉庫剛好可以吃午餐，吃完再取下一批貨，然後卸貨。這會造成一個隱形的瓶頸，因為貨車是在司機用餐時裝貨，所以沒人注意到這個模式。

「我用網路查看米德蘭到各大城市的高速公路交通負荷。我以小時為單位詳細列出下雨、交通壅塞、交通意外等因素造成晚到貨的情況。M6在午餐時間的交通流量向來是最小的，可是這段時間貨車司機都在吃午餐。午餐後，交通壅塞變嚴重了，在這段時間，天氣狀況或交通意外造成晚到貨的情況最嚴重。」

對史考特而言，要採取的行動就很明顯了。然而，他必須先確定才行。他說：「我查了他們使用的車種每小時耗在車陣裡的磨損支出，燃料也計算在內。然後，我觀察他們下高速公路後，在他地會遇到的駕駛狀況。」他在火車送貨時間表找到了類似的瓶頸。之所以會錯過送貨日期，是因為送到火車倉庫的貨物錯過了他地的送貨取貨時段。

「這個是同步化的問題。我很清楚，晚到貨會影響客戶對公司的看法，覺得這家公司不可靠，但是又覺得公司的產品名聲可以信賴。」他花了一個月的時間，有條不紊算出這些事情要耗費的金額。「我用自己學來的方法，做了個任務檔案。按照運作流程與目標，規劃每件事情。我覺得那家公司從來沒有人做過這樣的事。」

史考特對自己的調查結果和數據很有把握，於是送出一封電子郵件，主旨寫著「雇用我，一年省下四萬英磅」。他在自薦信裡簡單說明自己的背景，說他正在找工作。他提到自己很有信心，至少在錯過的最後期限、車隊修理費、提高生產力方面，一定能幫公司省下費用，他只希望有個機會能說明一下。

「三天後，他們打電話給我，」史考特說：「他們請我隔天去一趟，給我三十分鐘的時間說明。」他跟公司的客服經理見了面，對方負責生產時間表與送貨事宜。「我身上帶著檔案，開始把狀況勾勒出來。十分鐘後，他大吃一驚，不曉得該說什麼。從來沒有人想過要用這種角度看問題。外頭的送貨時間表，貨物何時準備好出貨，他們覺得自己對這類問題無計可施。」

「我給的數據，他看了一遍，」史考特繼續說：「我說明自己是怎麼做的，採用的是什麼角度，做了哪些假設。我一邊說明自己的方法，他一邊做筆記。面談要結束的時候，他問我可不可以留下檔案，說他會打電話給我。我想大家都會覺得他有可能拿走檔案，說那是他的。不過那個時候，預定面談三十分鐘卻超出將近一小時的時間，我覺得那個人還不錯。」

史考特留下檔案，就這樣離開了。將近一星期沒消沒息，當他開始以為自己的判斷力失準，以為自己不該信任那個客服經理時，他接到一通電話。

「我現在跟他們一起工作。」他說：「他們沒有現成的職位可以給我，竟然就設了個職位給我，我是漫遊專案經理，我的工作就是找出公司目前面臨哪些難題，然後看我能不能找出方法解決，或者讓難題變得比較容易處理。」

「假如我當時沒有決定善用我的知識，假如我當時倚賴傳統的求職方法，那麼今天的我還在外頭指望找份工作，而且失業的時間越長，就越難找到工作。是我的狙擊手思維為我創造了這個機會。」

看待此事的另一種角度，就是認為機會一直都在那裡，史考特受過狙擊訓練的思維，只是利用了良機。我們可以做三件非常基本的事情，讓自己像史考特那樣思考：

- **集中注意力：**意識到自己在哪裡，正在做什麼，感知到什麼，誰跟我們一起共用同一個空間，這些都可以教大腦學會處理資訊，而不會讓資訊過載。集中注意力還可以用其他務實的方式表現出來，例如傾聽別人，而且不只是聽對方說的話，他們是怎麼說的，也要聽進去。每件事都是資訊，只要我們懂得怎麼找就行了。然而，大腦要正確處理資訊，必須事先掌握背景脈絡。資訊要是沒了背景脈絡，就等於是未經篩選的雜訊，會讓我們不知所措、無法專心、混淆不清、疲累不堪。有了背景脈絡，信號便會從看似隨機的雜訊當中冒出來。

- **留意細節：**掌握背景脈絡後，要留意每個細節。不要理所當然以為每件事都很完美，不要以為細節不重要就掩蓋過去，每件事都很重要。對方的語氣，對方開的車款。在餐廳裡，服務生走動的狀況、進出的客人、桌椅的位置擺設、光線的強度，全都扮演著關鍵角色。你所處之地、你所做之事，你都要學著留意當中的細節。看法會被內心的期望左右，從而忽略周遭環境的變化。觀察你所在的世界，依此打造你的心理圖像，直到養成習慣才行。
- **自動自發：**在前述例子中，史考特就是這麼做的。他不依循某種成規，不等待事情順其自然發展。他領悟到自己不能倚賴體制來幫他找到工作，於是他採用直接的做法，親自付諸行動。自動自發不光是掌控而已，也是在確定你收到的資訊正確無誤，驗證資料來源，確定你在腦海裡拼湊的心理圖像盡可能正確無誤。

訓練你的思維

法國哲學家兼社會生物學者艾德嘉・莫杭（Edgar Morin）表示，我們需要受過訓練的思維，始終以簡潔確切的作風展現本領。「如果有人一直展現出無所不知的樣子，那麼就可以把那個人看成是需要調音、研究、練習的樂器。我們必須對局限和盲點進行評估，並且有所意識。」

莫杭口中所說的「無所不知」，不只是知識淵博，也是有所覺察。那是德爾菲阿波羅神廟，古希臘人所說的「了解自己」。這種覺察向來難以獨自練習，往往是新習慣還沒來得及成為常規，老習慣就偷偷潛入。情勢的變動，可能會叫我們措手不及。

狙擊手有時要獨自行動，卻也是大團體的一員，那團體是狙擊手的預設支援網，協助狙擊手維持受訓達到的標準。運動員、武術家、士兵、第一線救護人員，也都是同樣的情況。但在企業環境，卻不一定是這樣。因此，務必要具備個人的八步驟方法，協助我們能夠隨意達到顛峰表現。凡是態度上有如訓練有素的戰士的人，都會採取以下八個步驟：

● **運用你的思維：**狙擊手從不自滿。他們在腦袋裡搬演著想像的情節，心想：「如果發生這件事，接下來會發生什麼？」他們回顧過去情境，知道變數有哪些，然後擺弄著變數，想像會有哪些不一樣的結果。這同樣也是「遷移」的例子，心理練習期間會進行內在模仿，因此大腦即使碰到無法事先訓練因應的情境，仍能達到顛峰表現。薩利機長駕駛全美航空一五四九號班機安全迫降在哈德遜河上，即是一例。

- **運用洞察力：**用眼睛收集周遭世界的資訊，了解那些足以左右所在環境的變動因素。運用心理洞察力，想像自己在那個環境依你想要的作風行事。了解感知是怎麼運作，必須做哪些事情，才能成為自己想要成為的人，獲得自己想要的成果。
- **聲明你的目標：**寫下目標。清楚說出目標，讓自己變得專注，這樣就能持之以恆。訓練有素的狙擊手懂得讓自己的目標一直處於思維的中心。
- **創造正面的習慣：**養成習慣，就會反覆練習技能，鞏固目標。重複所造就出的心理捷思法，可讓人依照本能又自動自發對特定事件做出反應。
- **懷有抱負：**為自己設立目標時，目標既要能夠實現，也要有點超乎舒適圈。對你無法構成挑戰的事情，不可能有助你的發展。
- **運用心理觸發因子：**在某個時間點，我們全都會覺得疲累又虛弱，覺得無助又意志動搖。幫助我們度過難關的，就是我們為了維持動力而創造的情緒觸發因子。有些人的情緒觸發因子是對親友的責任，有些人是認同感，或是他們覺得自己是怎樣的人。要做到這點，需要稍微內省一下，坦率面對自己才行。然而，有了觸發因子，在你的身心都叫你停止的時候，那個觸發因子會幫助你繼續堅持下去。你也因此會懂得開始集中注意力，施行氣泡隔絕法。
- **相信自己：**如果你不相信自己辦得到，別人也就不相信你辦得到。狙擊手和精英的特務士兵都學會了，要培養出自覺有能力的態度。自信跟驕傲不一樣。對自己有信心，是因為內心明白自己打算做的事情是做得到的，什麼也擋不了你。

- **改變思維：**大腦有可塑性，表示我們能學會新習慣、新技能、新能力。我們能使用思維的內在力量，改善記憶，甚至是視力。我們想要在外在世界裡、在所處環境中看到的所有改變，全都從內心開始。我們就是需要先做出改變的人。

狙擊手技能養成清單

本章學習內容：

□正念靜觀可改變身心。當正念靜觀帶來改變後，處理強大壓力及排定先後次序，就會變得容易。

□只要事先創立適當的心理觸發因子，就能學會氣泡隔絕法，並以此因應所有情形。

□正面的習慣是成功的關鍵，也就是把想像情境裡的技能與知識遷移到現實生活中。

□大腦和身體經過訓練後，就能以更佳的整體策略因應壓力。

□覺察環境、覺察自身，是打造狙擊手思維的必要條件。有了狙擊手思維，便能快速評估情況，找出問題的最佳解決辦法。

第七章

果敢

採用海軍海豹部隊的方法打造堡壘，
對抗心理疲倦、難以預料的情況、恐懼。

我發展出一套機制，好讓自己無論犯下什麼錯都能挽回。
不管場外發生什麼事，我都能放在一邊不管，維持良好的狀態。
說是心理韌性也好，說是意志堅強也好，
總之我們所討論的足球隊經驗，指的就是這個意思。
——加里·耐維爾（Gary Neville），英國《每日郵報》訪談天氣很冷，到處都是雪和冰，過去這八個小時，我盡可能安靜的在森林裡行進，可是不容易，因為我穿的是特別分發的雪鞋。我知道到處都有敵人在找我，卻不確定敵人的位置在哪。我努力低調行事，希望自己能早一步發現敵人。

在森林裡的第一個晚上，簡直是災難一場。我設法應用所知，鑽進雪地深處鑿了個小冰屋，好讓身體保暖。不過在隱藏蹤跡以及偽裝睡覺的地方上，我顯然做得很差。

我頓時驚醒，一堆人大聲喊叫，還有槍枝扣扳機的聲音。我設法舉起雙手出來，我的大腦努力弄清現在的狀況，此時有個人朝我的背後用力一拍，我整個人趴在地上。我的雙手很快就被束帶綁在背後，頭被罩起來，心窩也挨了一拳。我知道自己被抓了。

有人把我推到貨車的後車廂，車子開了很久。我在心裡努力算著車子轉彎的次數，這樣就能知道他們把我帶往哪個方向，可是其中一個逮到我的人肯定察覺到我在做什麼，他用槍托打了我的肋骨，不是很用力，卻痛得要命，有一陣子，我的腦袋只想著痛，根本沒辦法思考別的事。我完全失去方向感。

貨車停了下來，他們讓我下車的方式，就是把我從後車廂踢出去。有人把頭罩拿走了，此時我看到我這班的其他成員，我們全都被俘虜了。我瞇眼望著突如其來的光線，我們全都看起來被揍了一頓。然後他們把我們的眼睛給蒙住，帶我們進入各自的牢房裡。我被迫坐在箱子上，箱子大概三十公分高。我的雙手放在雙腿上，掌心朝上。「你一動，就會中槍。」我保持著這個不舒服的姿勢好幾個小時，漸漸感受到痛苦的滋味。

活捉我的人回到牢房，移開我的眼罩，他指著角落，那裡有個內裡套著塑膠袋的錫罐，說那是給我上廁所用的，可是我必須先請示過才能使用。他的口音很重，我只能大略猜測，可能是敘利亞人。他說：「你現在是二二一號戰犯。」從現在開始，那就是我的名字，而且我必須一直保持同樣的姿勢。

他一走出牢房，我讓自己稍微放鬆下來。我做錯了。他幾秒後就回到牢房裡，打我巴掌，用槍指著我，強迫我恢復原來的姿勢。他說：「你再做一次，就不用上廁所了。」我恨他。

我覺得對方肯定是一直在監視我，於是我開始想辦法動動身體，一次稍微放鬆一小處的肌肉，不讓人察覺。我順利緩和身體的痛苦，此時真的覺得自己有了進展，而且等心理戰術發揮作用後，再也沒人衝進來打我巴掌。這時有個喇叭開始大聲播放吉卜林朗誦「靴子」這首詩，反覆播放到我覺得自己快瘋了。當朗誦聲停下來，換成由音樂、鼓、銅鈸、薩克斯風所構成的刺耳聲，簡直像是在攻擊耳朵，讓人難以思考。

喇叭唯一沒播音的時候，傳出了那個口音濃重的男人大聲說著英語的聲音：「想上廁所的戰犯，必須說出戰犯編號請示，而且要大聲喊出來才行。」儘管我很清楚這是怎麼回事，但是有一部分的我覺得自己完了，可能沒辦法從這個地方活著出去。

以上是一位匿名受訪者描述的情況。凡是參與「生存、躲避、抵禦、逃脫」（Survival, Evasion, Resistance, and Escape，簡稱SERE）課程的新兵，都必須簽署保密合約，發誓對該訓練方案的確切性質保密。前任海軍陸戰隊狙擊手，在此姑且稱他為艾瑞克（Eric），他所描述的狀況聽來難受，但其實只是訓練演習。SERE課程專門用於訓練那些必須前往敵區的美軍，他們可能會遭俘虜，必須仰賴自身的機智才能存活下來，等待救援。

現今的SERE訓練課程源自於二戰飛行員的構想，利用曾經成功從德軍那裡逃出、一路閃躲回到友軍陣地的英美駕駛員的經驗，設計出訓練課程。先是組成私人社團，學習哪些技能有利生存、逃脫、躲避敵軍追捕，再把這些技能傳授給別人。

一九四八年，私人社團成為官方組織，並獲得柯蒂斯·李梅（Curtis LeMay）上將的支持，李梅體認到該訓練課程的價值，能幫助那些困在敵區的飛行員和特務生存下來。到了一九九〇年代，該課程才有正式名稱SERE。然而，該課程早已是每位狙擊手和特務人員的救生索，很多人都認為自己從課程中培養的技能，在其他情況下是不可能培養出來的。

訓練的確切性質是嚴密守護的祕密。然而，片段的資訊（例如艾瑞克的描述）從網路各處冒出來。有時也會有片段資訊出現在軍事論壇，討論訓練課程的特定層面，比方說，SERE會在課程的囚禁環節採用加強的拷問技巧，有些技巧會導致學員承受過大的壓力，現在已經不採用了。有些片段資訊會出現在類似 Quora 的問答網站，曾經擔任狙擊手和海陸隊員的網友會公開討論SERE的若干層面。

把這些人的說法拼湊起來，就能大略勾勒出那裡的狀況。不同軍種（海軍、空軍、陸軍）的士兵學會特定任務的執行手段，例如：在地面上生存，保護自身安全，免於惡劣天候的危害，學會利用星星導航，學會避開及閃躲敵方巡邏兵的搜索。訓練課程會事先提供專家的指導，專家都是該領域的佼佼者。

等到課程的學術部分結束，新兵必須完成一項大略規劃的任務，不過途中會出錯使他們被「俘虜」，接下來的情況是他們始料未及的，必須利用所學的一切度過難關。

美軍官方網站表示：「不管士兵的背景是什麼，SERE訓練法會利用士兵的弱點，安全又有效地施加最大的壓力。」SERE訓練的重點在於利用弱點，造成生理和精神上的壓力。課程為期五至六天，目標是採用盡可能逼真的手段，讓新兵體驗生理、環境、精神方面的壓力因子。

在縝密的安排下，SERE受訓者會體驗到疲倦、缺乏睡眠、炙熱、嚴寒、飢餓、口渴等，生理上的不適是必有的環節，還會採用拷問技巧，將人逼到崩潰點。目標是一層層剝開每個人的防禦，迫使他們不得不擬定應對策略，培養出生理、精神、心理上的韌性。軍方稱為「磨練」。

謝天謝地，我們不用經歷SERE訓練，不用體驗到恐懼、倦怠、精神壓力帶來的真實感覺，但訓練背後的重點對我們而言還是很有意義，這項訓練證明了身與心不可分離。每一種生理反應、每一回精神變化、每一次心理轉變，都是始於心。

經歷SERE訓練的狙擊手，全都表明自己在必要時可利用精神和心理的豐富資源，應對突如其來的逆境，這樣決策過程就不會受到影響。

高層級的決策，都是經過不斷掙扎努力才成的。工作會讓我們筋疲力盡，壓力會耗盡我們體內的資源，難以預料的狀況會讓我們質疑自己的判斷，恐懼會導致我們猶豫不決。我們發現自己在心理上孤獨一人，處於暗處。軍隊向來熟知這個所謂的暗處，制定出高成效的心理訓練技巧，教導SERE新兵學會處理暗處。法國外籍兵團整理出一套「槍管組」做法，士兵可運用此法安全穿越撒哈拉沙漠，只要從埋在沙裡的一支槍管走到下一支槍管，沿著繩子行進，就能成功會合。

從美國的遊騎兵與海軍海豹部隊，到英國空軍特勤隊，他們的狙擊手和特務都把這類訓練稱為「壓力測試」。每次的情境都不一樣，實際狀況視每個特務小組的具體性質而定。其實，讓他們團結一心的，是壓力測試對人類精神造成的影響。壓力測試具有破壞性、剝奪身分的作用，會對大腦的決策區造成影響。

既然現代戰士可從中獲益，企業人才也可從中獲益。身與心的關係在這麼短期的訓練課程帶來如此深層的改變，致使日後有可能締造顛峰表現，此現象是需要大量科學分析的主題。我們學到的可直接應用在企業人才身上，他們也有環境壓力因子要面對。

知識：在極端的生理、心理、精神壓力下，身心會被迫藉由生理與神經化學物質的變化，進行適應。研究這類變化的結構，就能學著仿效其影響力。

適應克服

人類經過演化，壓力反應可維持約三十秒，時間充裕，有利「戰或逃」。但演化並沒有把我們的大腦或身體改造成可處理數週或數個月的長期壓力，舉例來說，為期兩個月的遊騎兵學校，或者為期一年的作戰任務，就會形成長期的壓力。

在高壓的情況下，大腦的杏仁核會刺激身體的下視丘、腦垂腺、腎上腺軸以及交感神經系統，致使生理和新陳代謝產生變化。杏仁核由大腦的另外兩個部位管控：第一個部位是海馬迴，可把壓力納入背景脈絡中；第二個部位是前額葉皮質，連結到執行機能與工作記憶，可降低恐懼。

前額葉皮質能讓士兵在交火下覺得自己掌控了戰場壓力因子，進而做出健全的決策。訓練有素的狙擊手運用「適應、克服」準則，基本上就是使用前額葉皮質來承認恐懼、超越恐懼，如此一來，情緒穩定度就不會受到影響。

為了解哪些因素可打造出表現更佳的士兵，軍隊針對那些經歷SERE訓練課程的士兵承受的壓力值進行檢驗。有一項研究是測量皮質醇的濃度，皮質醇這種荷爾蒙能讓身體做好因應壓力的準備。研究人員發現，SERE課程學員的荷爾蒙濃度有了大幅度的變化，軍方說那濃度是人類有記錄以來數一數二高的。

更具體來說，研究人員針對受過SERE訓練的測試組，分析其唾液樣本，然後跟生理健壯、有心理承受能力卻未受過SERE訓練的控制組士兵進行比較，結果證明特定荷爾蒙、生理、精神確實起了變化，致使那些被訓練課程灌輸壓力的士兵有別於一般士兵。

雖說有一堆荷爾蒙會受到壓力影響，但是研究人員著眼的荷爾蒙為以下四種：

皮質醇：研究員最常研究的其中一種壓力荷爾蒙，可讓身體預備因應壓力。皮質醇會導致焦慮度和警覺度增加。皮質醇會提升碳水化合物的新陳代謝，人體細胞可用的血糖量也會隨之增加。

睪固酮：有助身體維持第二性徵，在身體組織修復能力上也扮演重要角色。可幫助身體免疫系統正常運作，並抵抗壓力帶來的影響。

腎上腺素：人處於壓力下就會快速釋出腎上腺素，可加強警覺，增加血壓，有助形成跟威脅有關的記憶。

神經胜肽Y：產生腎上腺素的腺體也會產生神經胜肽Y。神經胜肽Y可增加人體的腎上腺素產量，努力對抗壓力帶來的影響，可減輕焦慮，加強注意力和記憶這兩種心理機能。

他們還會留意SERE學員有沒有發生解離現象。所謂解離是在高壓下產生，就像是我們站在外面，往內看自己一樣。心理學用語的解離，就是把有關聯的心理歷程給隔離在外，導致某個群體脫離其他群體獨立運作。因此解離者在做事時，會有如不適感是發生在別人身上，不是發生在自己身上。

最後的衡量標準很錯綜複雜，解離是精神上的防衛機制，大腦面對高壓，就會啟動解離機制，使大腦能因應得更好。若放任不管解離狀態，就會完全把人給籠罩住，心思無法專注於此地此刻，逃到心理的避風港，同時交由身體盡量因應。

若要設法應付十幾項複雜的變數，還要處理一直增加的壓力，那麼這層次的解離顯然會讓人達不到預期目標。SERE畢業生都懂得運用這種防衛機制，好掌握優勢。他們會充分觸發解離，藉此應對壓力，同時又不會失去此時此刻的感覺。最終的結果就是他們享有的認知控制度增加，並且具備沉著感，可提升對不適感的耐受度。

在生理、心理、精神上面對SERE造成的莫大壓力，此時身心就會做出狙擊手為完成任務而學會的事情——適應、克服。有些生

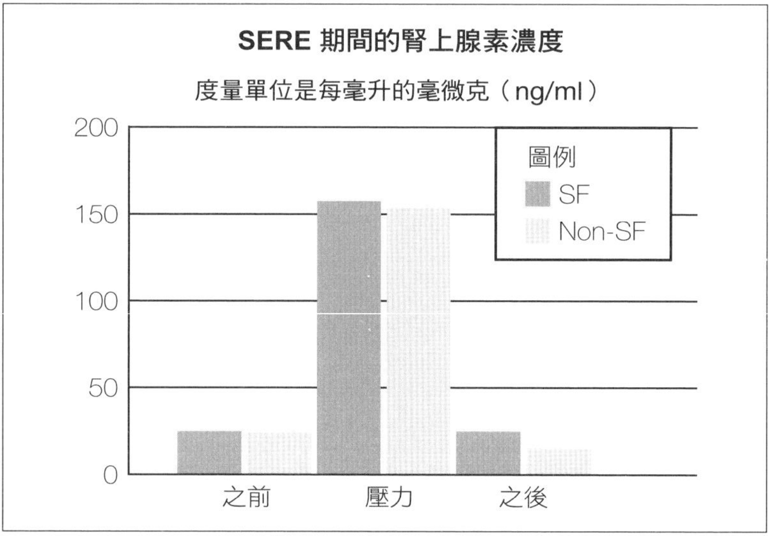

圖 7.1　此表顯示的平均皮質醇濃度，是比較 SERE 學員以及先前研究記錄的以下人員：即將接受重大手術的患者、正在接受遊騎兵訓練的士兵、執行軍事飛航行動的駕駛員、第一次跳傘的跳傘新手。

理反應（例如特定荷爾蒙的上升）顯然是意識無法掌控的，卻經常是特定心理做法或態度帶來的結果，而心態本身有助於引發身體和大腦產生不同的生理反應。

雖然我們不可能身處敵區、冒著遭受俘虜的危險，或是被當作戰犯盤問，但在生理、心理、精神上的堅韌，還是應該擁有的絕佳技能。最起碼要培養在長期壓力下仍能提高生產力，擬定個人生存策略，還能立刻調整策略的能力。

商業案例

在舊金山的矽谷，科技公司的生死全憑員工的心力、承諾、專注力。推特的人資福利方案經理愛咪．歐巴那（Amy Obana）很清楚這點，因此她期望能讓公司的一千位員工保持身材健壯、身體健康，參與瑜珈、皮拉提斯、詠春拳、綜合訓練（CrossFit）等課程。

光是在可以節約生產力耗損和曠職方面，就足以說服最精明的老闆必須採用全方位的員工健身課程。這些或許很有用，可是狙擊手受過訓練的思維和身體能做的工作，沒有一個全方位健身課程做得到，或者說，起碼要了解技術並付出心力模仿才可能達到。

有一項以SERE學員為對象的重大研究，名為「密集軍事訓練期間急性壓力症狀的行為預測因子」，研究人員發現作風積極應對的士兵，在進展上勝過於做法消極或情緒取向的士兵。於是這又回到心態的重要性，我們曾經在第六章探討過。

該研究是在暗指「假裝到成功為止的做法」確實有效。基於同樣的理由，模擬情境有助培養技能、知識、經驗，再將技能、知識、經驗遷移到現實世界的環境，由此可見，模仿堅強戰士的心態可以幫助我們從戰士的心理和精神韌性中獲益。

痛苦和折磨永遠不會是公司環境裡的要素，剝奪睡眠、壓力、記憶力不佳（前兩項因素所致）、專注力降低、免疫系統復原力降低、動力降低等因素，通常是工作相關的壓力因子所致。重要的會議，簡報，專案必須在緊迫的截止期限前完成，突如其來的危機需要大量的專注力糾正錯誤，這些都會讓身心受苦，懂得因應及復原，就是相當實用的技能。

因應熬夜

在理想的世界裡，熬夜是大學時期不得不做的事情，而在後續的人生，我們便能夠有條理、果斷又逐步地處理事情。當然了，沒有理想的世界，你在職涯裡可能必須熬夜，隔天還是得工作，公司更是期望你可以達到顛峰表現。

根據研究顯示，晚上失眠會導致大腦裡的多巴胺濃度升高，導致陶醉感增加。然而，同時間剝奪睡眠會導致大腦的關鍵規劃區與決策區（亦即前額葉皮質）關閉，並觸發更多的主要神經機能，例如大腦杏仁核區裡的「戰或逃」反射。

聽起來像是無法熬了夜，隔天又如常工作，顯然就是不可能。可是卡羅斯・海斯卡克卻辦到了，他爬了三天完成任務，堪稱傳奇。SERE學員都必須學會在睡眠不足的情況下設法完成任務。要是有遠見又懂得規劃時間，就不用熬夜了，但要是沒有選擇的話，為了把剝奪睡眠致人衰弱的作用給暫時去除，我們可以做以下四件事情：

累積睡眠儲備量：雖然不一定能事先規劃好，但是不眠夜之前的晚上都睡飽的話，在必須不睡的時候，就比較容易做到，因為大腦有額外的能力可以承受壓力。

在海軍陸戰隊狙擊排服役的馬克，則是建議要聰明點：「沒有必要的話，應該要一律極力避免睡眠遭到剝奪。大家在SERE學到一件事，剝奪睡眠會讓你失去勇氣，沒了方向感，時間感消失了，記憶失誤，再也不能信任自己的直覺本能。由此可見，執行任務前務必要睡飽，這樣一來，即使臨時接到通知也能順利完成任務。」

睡眠專家建議，在緊要關頭可採取的個人生存策略，就是「預防型小睡」。在俄亥俄州的代頓退役軍人醫療中心，萊特州立大學相關研究人員進行研究，判定哪種方式最能承受不眠之夜，在表現上也不會產生不良的影響。有一項研究報告名為「長時間工作如何運用預防型小睡和咖啡因維持表現」，研究對象是二十四小時不睡的二十四位男性青年，並依照基準線讀數，監測他們的心理警覺和行為表現；另有控制組，控制組會規律進行策略型小睡及攝取咖啡因，成功維持近乎理想的效率。

充電的小睡和強力濃縮咖啡，這種策略的成效最高，只要小睡時間不超過九十分鐘，咖啡攝取有一定間隔，可在小睡的作用開始消退時，提高警覺度就行了。加州大學河濱分校助理教授莎拉‧梅德尼克（Sara Mednick）一直在研究小睡如何能使大腦恢復到近乎正常的基準表現。根據她的研究顯示，小睡讓特定睡眠階段獲得的改善，就像睡一晚一樣。

這項研究結果也跟現役士兵的說法一致，士兵總是盡量利用空檔時間找地方睡一下。海軍陸戰隊第十五遠征隊麥可說：「我訓練自己一有機會就睡。在戰場上事情發生得很快，你永遠不曉得自己何時會被徵召離開基地，離開基地後也不確定會不會準時回來。缺乏睡眠又無法專注在任務上，並非最佳的行動時機。」當基地的事情不多時，他習慣小睡一下，這樣在戰場上行動就不會耗盡他處理壓力的能力，同時還能延長專注的時間。

準備提神的東西：打勝仗或許是靠勇氣和武器，卻也需要咖啡。打仗可不是朝九晚五的工作。商業環境會突然碰到危機，戰場上也會突然爆發戰事，不論何時，全體人員都可能被徵召投入任務。狙擊手都表示，自己跟咖啡之間是策略關係：「如果必須一整晚都醒著守夜盯梢，手邊就要有咖啡。可是這也就表示，不可以一整天都在灌咖啡，也不可以像喝水那樣每天喝。要先預備著。在熬夜前一天，可以的話就不要喝咖啡，這樣效果最好。」

遠離碳水化合物：如果你正準備熬夜，希望大腦仍有顛峰表現，那麼你應該要知道，富含碳水化合物的大餐最有可能導致「好心情」感覺發揮作用，讓你昏昏欲睡。

狙擊手都很清楚，從事戰鬥行動時身體需要燃料，必須累積一些卡路里才有力氣繼續下去。曾經擔任狙擊手、如今在國際貨運公司擔任行銷經理的提姆表示：「離開軍隊後，有好幾次需要熬夜，我在熬夜前不吃東西，飢餓讓我保持警覺，狀態良好，即使工作了一整天也是一樣。此外，在工作結束後，就會知道自己是付出努力才贏得食物的。」

保持活力：現役狙擊手擁有活躍的生活方式，那是日常工作的一部分。雖然狙擊手必須經常健身，但是在出任務以前，不用特定安排體能活動。狙擊手跟一般人不一樣，我們一整天坐在辦公桌前面盯著電腦螢幕，去哪裡都騎車或開車，設法一星期做一兩次運動。

提姆以建議的口吻說：「熬夜前，設法做點運動。不要讓自己累到，所以要避開激烈運動，做的運動應該要可以流一點汗，讓大腦清醒，覺得有活力，為工作做好準備。此外，實際上要熬夜的時候，應設法維持活力。我會做幾個伏地挺身，或者站起來走一走。這樣就能刺激身體，保持警覺心。」

立刻復原

終歸到底，熬夜還算容易，不簡單的是隔天一整天必須保持警覺，並且達到高標準的表現。不過，有三種技巧可幫助身體更快復原並且回到正軌，而訓練有素的狙擊手運用的紀律和覺知，只需要用上一點就行了。

狙擊手不向疲倦感屈服，深呼吸，讓大腦充滿氧氣，把自己的感覺當成有待解決的問題。這種保持一段距離的疏離感，是狙擊手經過訓練培養出來的，在可以再次好好休息以前，採用一些「夠好」的解決方法幫助自己復原。

這種做法出自於「做到最佳射擊，不是完美射擊」的心態，這是每位狙擊手在訓練期間反覆操練培養出來的。這種心態流露出狙擊手思維的果斷本性，也就是一定要完成工作，並且能暫時忽略其他的干擾因素。訓練有素的特務要從長久的壓力復原，除了大量休息外，還會運用以下三種實用技巧：

飲酒和小睡：狙擊手有一種生存策略是運用身體的化學作用和大腦的能力，藉以減少長時間缺乏睡眠的負面作用。說來奇怪，這策略需要一些睡眠才行。狙擊手都很清楚，抓住機會小睡十五分鐘到二十分鐘，就能減少疲倦和想睡的感覺。

然而這項戰略的危險在於，要是睡了超過二十分鐘，狙擊手可能會進入快速動眼期，也就是熟睡期。從熟睡期醒來，會覺得大腦好像被碾過一樣，因為大腦的電路需要一些時間才能再次完全清醒。我們從熟睡中突然醒來，有時會有遲鈍的感覺，這種心理和生理的沉重感，是快速動眼期的週期未完成所致。

為了避免這種感覺，有些狙擊手會在小睡前喝一杯咖啡。咖啡會清除體內的腺苷。腺苷是三磷酸腺苷（ATP）降解產生的核苷酸，這個分子有如體內各種細胞功能的「能量貨幣」。大腦裡產生的腺苷量呈現出大腦神經元和神經膠質細胞的活動量。換句話說，越是忙碌，越有可能到達疲倦點，超過那個點就會想要睡覺。因此，我們把腺苷稱為催眠物質，大腦裡的腺苷濃度是清醒期高於睡眠期，而且隨著清醒的時間拉長，腺苷濃度也會增加。

咖啡要花一點時間才能通過體內的系統，也就是說，可以先喝一杯咖啡再去睡覺。等到咖啡充分發揮作用，十五分鐘到二十分鐘的小睡剛好結束，醒來時覺得精神恢復了，不只是因為我們小睡一下，沒有進入熟睡期，也是因為咖啡降低了體內的腺苷濃度。

飲用大量液體：雖然我們不一定能夠明白道理，但是壓力具有強烈的脫水作用，而脫水也會導致體內的皮質醇濃度增加。皮質醇又稱壓力荷爾蒙，從皮質醇的濃度就能確切看出承受壓力的程度。壓力會造成脫水，脫水又會再造成壓力。

壓力和脫水有許多同樣的症狀，例如心跳加快、反胃、疲倦、頭痛等，會影響人體機能的有效運作。體內保持含水狀態，等於是傳送明確的信號給身體，表示沒有什麼好擔心。此外，還有助於減緩壓力感，降低血流裡的皮質醇濃度，更容易掌控自己的身心。

走向光明：喜歡在低光源環境中工作的人，會覺得在心理上難以保持警覺，在生理上也難以保持長時間清醒。明亮的光線有助身體抵抗睡意，提高心理警覺度，即使是疲累時也具有同樣效用。

以上做法都有助於大腦維持執行行動時的敏銳度，也就是說，即使身心極端疲倦，只要經過訓練，還是能夠做出更佳的決策。

培養態度

前文所述都是相當實用的步驟，狙擊手就是親自採用這些練習方式，掌控身體對疲倦和剝奪睡眠而起的反應，這些都不是自發的。為了掌控身體上的反應，我們必須擁有特務花時間培養而成的專注和覺知。

說到在艱苦環境下達到顛峰表現，狙擊手教官多半認為很適合用八〇／二〇法則解釋，也就是說，百分之八十的表現來自態度，百分之二十的表現來自技能與知識，而且是技能與知識各佔一半。

態度需要練習。吉諾・赫克特（Jessica C. Gienow-Hecht）在二〇一〇年出版的《美國史裡的情感：國際評估》（*Emotions in American History: An International Assessment*），就對態度下了心理上的定義，他認為態度是「對於具有社會意義的物體、團體、事件或符號，所抱持的信念、感覺、行為傾向，因而構成的相當長久的系統」。由此可見，我們的態度是由身分認同的諸多心理要素所構成。

狙擊手跟其他特種部隊的特務一樣，會學到如何建立信心，了解自己的能力，相信自己接受的訓練，進而培養出有利克服障礙的態度。

有三種具體要素可創造出人的整體外在行為，也就是我們常說的態度。各要素分別代表一群錯綜複雜的心理狀態，必須逐漸塑造，才能達到我們想要擁有的態度。這三種要素列舉如下：

情感型：從名稱可以得知，是關於人對特定事物所產生的感覺和情緒。例如：「我永遠能適應及克服一路上所有的障礙。」

行為型：我們抱持的態度會直接影響我們的生理行為和行動。例如：「所有的障礙我都能理性分析拆解，進而找出解決辦法。」

認知型：呈現出我們擁有的知識，以及從知識當中塑造出的信念。例如：「每一種障礙都是多個環節和多種情況直接造成的結果。也就是說，沒有什麼是克服不了的。」

要培養出那種可邁向成功的態度，必須具有個人覺知、自制（紀律）、分析式思維。公司高階主管正是需要這些技能，才能順利帶領團隊，因應壓力。當這三種要素都齊全了，態度才會真正顯現出來，使行為、信念、感覺都具有一貫性。一貫的行為之所以值得擁有，是因為我們得以變得可靠。我們變得可靠，就值得信任。有了信任，所有的努力、社會結構、事業承諾、個人關係才會發揮作用。

由於情緒、知識、信念、行為之間有一貫性，我們得以信任自己，從而更容易回應直覺型的認知分析（類似直覺）。若態度當中的認知型與情感型要素不符合行為，會察覺到自己的弱點——不一貫。因此，就會嘗試合理化那種內外不一致的情況，並做出彌補。這種做法要付出很大的努力，那麼做其他事情可使用的資源就相對變少了。

訓練有素的狙擊手的「適應、克服」座右銘看似過度簡化，但這種心法卻能傳達出有能力的態度以及深切的一貫性，進而化為真正的力量。心理學者丹尼爾．卡茲（Daniel Katz）曾經協助奠定組織心理學的部分根基，他認為態度可展現出真實的自我，由此可見，在塑造認同感方面，態度扮演著一定的角色，在我們的內在需求以及我們所屬的社會結構之間居中調解，達到更好的交流，讓人生擁有更深的意義感。

在MBA課程還沒提供那種有助在高壓下塑造認同感的心理課堂以前，都是要培養出那種在自己最想放棄時不讓自己放棄的態度，還要超越自身的局限及訓練自身的思維，以培養出正確的態度，這樣才能深思熟慮、覺知、內省、分析式思維、化為日常習慣。

海豹部隊心理訣竅清單

在所有的特種部隊當中，海軍海豹部隊所經歷的一些試煉，在生理和心理上或許堪稱最折磨人。訓練期間，海豹隊員必須體驗溺水的感覺、抵抗睡眠剝奪和飢餓、應對寒冷疲憊、克服傷害和恐懼，同時還要保持神智清醒，能夠回想起自己在黑暗裡短暫看到的道路標誌的細節，或僅稍微瞥見的房間的陳列佈置。

海豹部隊令人生畏，訓練有素的特務鮮少有人能躋身於優異的特種領域。海豹部隊也接受過狙擊手訓練，進而學到額外的技能和能力，變得更加優異過人。要達到前述境界，只需要以下的四個步驟：

設立目標：設立目標一直是本書通篇談及的事項。軍隊是目標導向的領域，因此本書討論設立目標，多少是意料中的事。此外，目標的設立也讓軍隊技能得以順利應用在商業環境。如今，海豹部隊把目標的設立更往上提升，不僅僅是設立目標，還把目標拆解成微型目標、短期目標、中期目標、長期目標。幾乎像是著了迷一樣，把任務拆解成小任務，直到每件事變成一系列容易管理的小步驟，讓自己覺得有信心又保持專注。

想像成果：奧林匹克短跑選手會想像自己跑到賽道終點、衝過終點線的情景，連在發令員開槍以前也還在做此想像。海豹部隊也是一樣，他們會訓練自己看到成果目標。海豹隊員讓自己的大腦做好準備、邁向成功，從他們處理每件任務所抱持的態度尤可見之。

自我激勵：海豹部隊都要經歷名符其實的「地獄週」，他們必須鼓舞自己，對自己說，前輩都完成課程了，自己一定也能辦到。他們會自我提醒，自己比前輩還要健壯，絕對可以順利通過。他們對自己說，無論如何都要堅持下去，不能放棄。在這裡會用上一點解離，他們幾乎把自己看成是第三人，自我激勵。這做法很有用，這種相當「廉價」的心理訣竅往往會釋出心理資源，使海豹隊員就算身體狂喊著自己受夠了，也仍舊不會放棄。

自制：抑制激動的情緒（例如憤怒或恐懼）之所以非常困難，是因為傳達這類情緒的神經路徑，繞過了比較高等的大腦分析功能，採用比較原始的大腦部位。因此這類反應極為快速，也就是說，難以抗拒這類反應。海豹隊員會訓練自己抗拒及掌控這類反應，他們懂得掌控自身原始的大腦部位，對於自己的「適應、克服」能力，就會更有信心。

海豹隊員沒有選擇，一旦報名參加課程，就表示不能選擇放棄，只能學著變成最優異的自己。然而，海豹隊員在做事時運用的心理訣竅，可應用在工作與生活上。對抗壓力、培養強大的意志和心理韌性、保有剛毅精神因應逆境，這些都是人人想擁有的特性，不光只是戰士想具備而已。

狙擊手技能養成清單

本章學習內容：

□雖然在高壓下做決策，無需折衷讓步，可是對於我們面對的難關，必須事先做好準備，才有能力抗拒。
□壓力對身體有何影響，我們能做哪些事情來對抗壓力。
□缺乏睡眠時，如何維持心理和生理上的成效，事後如何快速恢復。
□在塑造認同感、對抗身心壓力、培養人生獲勝法方面，態度至關重要。
□海豹部隊運用哪些心理訣竅，順利度過異常困難的訓練，我們又應該如何運用這些訣竅，度過人生難關。

第八章

準備

建立心理架構，運用情境分析技巧，
安排你的環境，打造自己的網路，即可維持優勢。

大腦是複雜的生物器官，負責處理大量運算能力，
建構感官經驗，管控想法與情緒，掌控行動。
——神經系統科學家艾瑞克．坎德爾（Eric Kandel）

「**手榴彈！**」這聲叫喊讓每位士兵的血液都凝結了。不用詳盡熟知武器，大家都知道手榴彈的威力。手榴彈基本上就是小型炸藥，雖然最厲害的手榴彈依照標準規定打造，但是就軍火而言，手榴彈仍然難以捉摸，因此顯得更為嚇人。阿富汗境內的部署任務總是異常艱苦，海軍陸戰隊第八團第二營狙擊排對此已是習以為常。赫爾曼德省中心地區的馬爾賈北部，是塔利班控制的區域。

時任海軍陸戰隊偵察狙擊手的約書亞．摩爾（Joshua L. Moore）下士即將經歷一場難忘的事件：

我們「隸屬」於F連，三月十四日早上日出前出發，我們到不了主要的藏匿位置，只好去了次要的「地點」。我們全都各就各位待命，利用偽裝技能，然後保持警覺，等待叛亂分子出現。那種地方偶爾會有平民出現，所以需要一點運氣才行。

原野上有個男人在閒晃，他看到我們之中的兩位狙擊手躲在高高的草裡頭，他差點就踩到他們了。他立刻跑走，我們運氣很差，他直接往第二組那裡跑去。他被第二組人絆倒，我看到他摔到地上，抓住自己的胸口。他肯定嚇壞了，以為自己死定了。一兩分鐘過後，他站了起來，像兔子那樣飛奔逃跑。我們心知肚明，他一定會去警告叛亂分子，說我們在這裡。

海軍陸戰隊的主要藏匿位置洩漏，只好改用次要位置，那裡是廢棄的院子，可用來設立防禦陣地，在黑夜的掩護下隱身。在等著任務結束時，他們跟一小群叛亂分子交戰。

有一位同袍正在觀察北邊的牆，說那裡有兩個傢伙往牆的方向跑了過來，手裡還拿著東西。我們還來不及出手阻止，那兩個傢伙便把手榴彈丟過來。有一顆手榴彈打到我的背後，滾到我和搭擋的中間，我把手榴彈撿起來丟回牆外，手榴彈在空中爆炸，而第二顆手榴彈沒有爆炸。

試想這情況，兩軍突然交戰，三名海陸弟兄受傷，摩爾看到一顆手榴彈掉在腳邊，他沒有呆住，畢竟是個訓練有素的狙擊手。他清楚知道手榴彈近距離爆炸會造成何等傷害。在那一瞬間，他決定忽略躲避爆炸的天生本能（狙擊手會經常設想近處手榴彈爆炸的情境，學習如何存活下來）。他不曉得手榴彈會多快爆炸，總之他彎腰撿起手榴彈丟到牆外，手榴彈在空中爆炸沒有造成傷亡。

《決勝時刻》的遊戲玩家會認出摩爾的策略是做出「按G丟回手榴彈」的動作，只不過摩爾面對的是真實人生，是局勢多變、危機四伏的環境，還有感官上的干擾因素以及明顯的精神和心理因素有待處理。若要了解摩爾下士那天的行動有多重大，有人在Quora知識問答網站提出問題：「當手榴彈朝你飛過來的時候，採取什麼行動最合適？」

前任外交官及伊拉克戰爭退役軍人丹・羅森索（Dan Rosenthal），他在Quora網站上的姓名後標註了「OIF I/II退役、步兵/RSTA」，他做了通盤考量，解釋手榴彈的爆炸半徑範圍通常是九公尺至十公尺，短至三秒、長至五秒就會爆炸。也就是說，逃跑不是對策，你永遠無法及時跑到爆炸半徑範圍外。手榴彈爆炸後，大部分的碎片會往上飛，因此最佳的生存對策就是立刻趴在地上，盡量壓低身體。

這位上過戰場的退役軍人說明手榴彈有多危險，反應的時間有多短。假設手榴彈投擲後四秒就會爆炸，其中兩秒是手榴彈在空中飛行的時間，那就只剩下兩秒鐘的時間，要「發現手榴彈、反應、手往下伸、撿起來、雙腳站穩、舉起來、丟到夠遠的地方，不讓自己處於爆炸半徑範圍內。」除非是超級罕見的情況，否則根本不可能及時完成前述動作。

同時間，還有敵軍火力攻擊他的所在位置，畢竟雙方還在交戰中。有兩顆手榴彈朝他們丟過來，只有他撿起來的那顆有致命危險，他是怎麼做出決策的？在很久以後的雜誌訪談中，摩爾回想起自己當初看見第二顆手榴彈生鏽，知道那顆可能不會爆炸。摩爾救了隊員，讓他們免於一死，卻沒有時間慶幸自己的成功。

院子外有三名海陸弟兄受傷，他離開院子把他們弄回來。九十公尺外的敵軍朝摩爾開火，他堅持到底，用狙擊步槍還擊，逼迫敵人撤退。然後他留在現場保護弟兄的安全，等待快速應變部隊和另一個狙擊小組抵達。後來，安全從院子裡撤離。

摩爾當天的行為遠超乎我們心目中的正常人類反應，因此他結束派駐任務返鄉後，榮獲海軍十字勳章。摩爾挑對手榴彈，純粹是運氣使然嗎？還是說，他憑直覺就知道要先挑外觀較新的手榴彈，大幅提升自己的生存機率？然而，還有個問題更為迫切，這種情況多半不可能倖存，他卻是毫不遲疑，快速反應，因而得以倖存，他到底是怎麼辦到的？

這個問題的答案，就是讓狙擊手變得不同尋常、讓特務有別於他人的原因。這個答案還能幫助我們保有從本書中學到的技能，即使在讀完最後一章的最後一個字許久以後，還是會有益於我們。答案正如系統神經學者兼物理學者、二〇一四年麥克阿瑟獎最年輕獲獎人，丹妮爾・巴塞特（Danielle Bassett）所言，秘訣就在網路。

有一種網路可幫助我們養成習慣，並影響大腦內部鍛鍊的行為；有一種網路是由親友夥伴所組成，可當成非正式的支援團體運用。這兩種網路恰好相互連結，因此無論我們在自己的腦袋裡做什麼，都會以神祕的方式呈現於外在世界的實際安排。

這就好比我們學著在壓力下做出更佳決策、像訓練有素的狙擊手一樣思考，並不是什麼新觀念。傳統文化留下無以計數的實例，而本章將討論的內容都整理出來。《中庸》是儒家經典的《四書》之一，有別於其餘三書，既是儒家學說，又收集言論、教誨、箴言，展現出人如何在逆境中過更好的生活、成為更好的人，在高壓下做出更佳的決策。

《中庸》第一章：「莫見乎隱，莫顯乎微，故君子慎其獨也。」便說明了內在的心態會展現於外在的行為。人們往往把這類話語當成幸運餅乾裡的格言，或是只具有文化價值、哲理的箴言，但若是放下輕忽的態度，這些句子還是值得稍加解構。假如內在世界反映於外在世界，那就是鏡射效應，在西方傳統魔法中，則用「如其在上，如其在下」這句話摘述之，其中心宗旨就是經由人類意識（通常是透過魔術師或女巫的努力），結合微觀世界和宏觀世界。

對照儒家對君子和世界的看法、西方魔法文化的看法，以及神經科學的觀念（也就是我們腦內世界的內在模仿，會反映出我們在外在世界的行為模式），都是在假設外在世界與內心深處經常交流對話，而我們大部分的時間都是幾乎覺察不到的。

假設想像不到的事情就不會發生，那麼想像得到的事情很有可能會發生也確實會發生，我們的作用便是推動事情實現。就許多方面而言，我們會想像自己居處的世界，而大腦不僅能重新打造思維，也能重新打造身體，並對日常現實帶來全面的影響。

要做到這點，就必須覺察到自己想要改變的事情，也必須懂得如何著手改變。這類訓練在北卡羅萊納州布拉格堡，被綠扁帽（即陸軍特種部隊）、遊騎兵、三角洲部隊、第八十二空降師的訓練營稱為「戰士思維訓練」，專職教官稱之為「心理伏地挺身」，並且教導美軍當中最強悍的傢伙怎麼鍛鍊思維，從而在極端壓力下加強表現、更集中注意力、做出更佳的決策。前述所有精英單位都要接受狙擊手訓練，懂得覺察生理、心理、精神的過程，靜觀，學習如何重新打造心智，鍛鍊情緒韌性。

這些全都是辦得到的，只要學會運用某些技巧，並堅持運用技巧，直到成為第二天性就行了。

知識：神經可塑性是指大腦有能力藉由十分具體、有意的心理和精神練習，重新自我打造，讓新習慣成為第二天性，讓表現出的舉止有增加專注力、改變行為、直接影響顛峰表現之效用，這些大腦都學得會。關鍵就在於大腦有能力建立新的神經網路，而人有能力建立廣大的社群網路。

沒有日夜的世界

一七二九年的法國，夏季某個美好的一天，沉迷於陽光致使冬寒夏熱的現象，最終引領門生發明光度計的天文學者麥蘭（JeanJacques d'Ortous de Mairan）留意到一件怪事，那就是含羞草每天都是在同樣的時間開合葉子。

含羞草是天芥菜屬植物，這類植物的葉子或花朵會跟隨太陽的方向移動。麥蘭好奇含羞草的時間測定能力，便把它隔離在黑暗的環境裡，然後研究葉子開啟的時間。出乎他意料的是，含羞草儘管沒照射到陽光，還是在同樣的時間開合葉子。這個偶然的觀察奠定了時間生物學的架構，時間生物學是生物學的分支，專門研究自然生理節律。

在時間生物學領域，人類和植物有許多共通點。一九五〇年代德國生物學者亞秀夫（Jürgen Aschoff）打造了一個地下防空洞，把人類受試者跟外在環境信號隔離開來，研究受試者的反應。亞秀夫二十年來的研究證實了兩件事：一，人類的體溫會以二十四小時為週期下降，下降程度視當日時間點而定。二，我們全都有內建的時鐘（名為內生的振盪器）。但這類時鐘相當個人化，每個人各有其作息類型。作息類型多半取決於體內褪黑激素（亦稱睡眠荷爾蒙）開始分泌及停止分泌的時間點。而且並非固定不變，會受到特定環境觸發因子的影響。

其中一種環境因子是人工光線，另一種則是咖啡因類的興奮劑。運動和腎上腺素在這當中也佔有一席之地。跨越許多時區會感到時差，就是作息類型所致。至於能在幾天內復原並調整成新的睡眠/清醒週期，就是時間生物學者所稱的同步導引，同步導引就是我們根據外在因素調整內在時鐘的能力。

前述現象之所以重要，是因為戰場上的時間表瞬息萬變。大家都知道，一打起仗來可沒在管你什麼作息類型、睡眠／清醒週期。剝奪睡眠會導致記憶力不佳、注意力不佳、關鍵判斷力不佳、行動效率降低、在壓力下做出不佳的決策。現代的戰場沒有日夜之分，士兵身處於錯綜複雜的局勢，要長時間放棄正常睡眠，在短時間內做出關鍵決策，還有需要有效處理從未碰過的複雜情境。

在這種情況下，睡眠遭剝奪的士兵攜帶致命軍火投入槍戰當中，聽來就像是要邁向災難似的。然而，精英單位總是涉及某種關鍵的敏感任務，同時也較有可能從事無法正常睡眠的部署作業。身體充分休息、完全清醒，大腦會比較敏銳。

要違背這個原理，必須經過特殊的軍隊思維訓練以及累積大量的自然過程。國防部體認到軍人必須心理堅強、精神堅韌，因而在布拉格堡與加州科羅納多的海軍兩棲作戰基地，開設戰士思維訓練課程，海豹部隊可在這兩個地方學習技術。然而，這不全然是艱難的一仗。原本缺乏睡眠的頭腦若運用得宜，其實會比平常更有創意。

亞爾比昂學院心理科學副教授瑪蕾克．維斯（Mareike Wieth）設計一項研究，挑選出四百二十八位受試者，依照每個人的作息類型，測試他們的分析式思維和創意。維斯發現，想睡的大腦抑制力較低，能做到「跳脫框架思考」。疲倦顯然會降低科學家所稱的「抑制注意力控制」，也就是在百分之百警覺時所進行的篩選作業，這樣才能專注解決特定的任務，進而致使大腦刺激更深層的網路思維途徑來解決問題。換句話說，當你疲累時，大腦也會變得更有創意。

在抹去日夜差異的世界裡，士兵必須夠有心理警覺，才能阻擋缺乏睡眠帶來的削弱作用；必須夠有紀律，才能運用思維當中未篩選過的狀態，以創意的方法處理突發事件。把前述情況跟我們平常的作為加以比較。我們閱讀心靈勵志書籍，學會善用自己的記憶、更加專心、更富有生產力，可是不到幾週後，就好像根本沒讀過一樣，我們總是回到自己原本的樣子。我們的問題要解決還久得很呢，當問題再度大量出現，人生還是一樣艱難。

雖然不一定要走上這條路，但是對大部分的人而言，沒有其他適當的路可走。要學會新東西又堅持到底，就必須訴諸於模組化方法，也就是應用、正面強化、真正改變環境。進一步來說，我們每個人之所以是現在的自己，正是因為我們安排人生的方式，以及所處的環境。

舉例來說，如果我們恰好是在大出版社工作，那麼我們就很清楚新書上市的成本、國際上賣得很好的最新書籍、今年替出版社大賺一筆的暢銷書。我們知道哪些作者即將嶄露頭角，哪些作者正在走下坡；我們知道哪些主題受大眾歡迎，哪些主題不受歡迎，也了解箇中原因。最後，因為我們很清楚前述情況，所以我們知道提案的書會不會暢銷。

現在試想另一種情況，我們不是在大出版社工作，而是地方的小出版社，最暢銷的書籍是當地釣魚指南。因此，我們對書籍上市成本或是對預期收益的看法會有所不同。如果我們知道今年賣得好的書名，那也是純粹依情況而定，而且基於媒體關注使然，跟大眾選書沒有太大的不同。

同樣的，我們對提案書名的評估能力可能較不敏銳。實際上，連同我們薪資在內的每件事都不一樣。可是，在前述兩種情境中，都是在出版產業工作，也都是同一個人。那麼，為什麼幾乎每方面的行為都不一樣？網路型思維的力量，在此變得顯而易見。

網路效應

內在有神經網路可以幫我們養成習慣，影響大腦內部鍛鍊出的行為；外在有現實世界的網路，例如親友同伴組成的人際網，可用來尋找資訊、挖掘他們的經驗、當成非正式的支援團體。這兩種網路恰好密切連結，因此無論腦袋裡發生什麼事，都會以神祕的方式呈現於外在世界的實際安排。

若想了解網路的力量，就彷彿騙過死神這種看似不可能成功的任務。或者花點時間試想一下，腦海裡浮現錢的畫面，一堆錢。要花錢支付昂貴的健身房會費，支付個人教練、營養學家、營養師的費用。要花一堆錢減少日常生活的壓力，提供安全保障；要花一堆錢，才能讓我們心目中無憂無慮又高品質的生活獲得保障。

想要長壽，超過平均預期壽命（即使按西方標準也是如此），又要生活品質高（即使是高齡者也是如此），必須具備一定的科學條件，這世上有四、五個地方符合，分別是日本沖繩、薩丁尼亞島、哥斯大黎加的尼科亞半島、加州的洛馬林達、希臘的伊卡里亞島（距離土耳其海岸四十八公里處）。

這些地方的居民並不富裕，甚至不是處於充分就業的狀態。就傳統意義而言的運動不存在，而且雖然這些地方的居民拜傳統飲食所賜，吃得還算健康營養，但若將鄰近地區的男女作為控制組觀察，就可看出日常飲食不是長壽活躍的人生唯一的答案。

這些地方的居民過著長壽健康的生活，背後有好幾項因素，例如抗氧化的飲食、活躍的生活方式、少吃肉類與加工食品等，這些因素無疑有所助益，卻不是主要原因。這些地方的居民當中甚至有異常的情況，例如有人每天抽二十根煙、愛喝軟性飲料卻還是很健康。

透過一項項研究對所有相關因素詳細分析並標準化，國家地理研究員丹．布特納（Dan Buettner）發現，他所做的研究找出了這些地方的長壽因素，並將這五個地方的共通點取名為「藍區」，這項共通點，就是緊密交織的社區精神。這些地方的居民所建立的社會秩序，是人人都獲得接納，大家齊心協力一起過節或工作，每個人都是朋友，那樣友好的程度是別的地方沒有的。

站在一段距離外大致觀察，彷彿像是完美無瑕的天堂，生活毫無壓力，大家相處融洽，可是現實相當不一樣。在較窮的經濟體（這五個地方正是如此），生活其實很複雜。社區精神是為了因應當地複雜的情況，是在默認集中的資源可讓全體居民直接獲益，也可讓當地社區壯大起來。這種「簡單」的生活其實相當複雜，而且從演化的觀點來看，這就是我們演化的目的。

牛津大學的羅賓・鄧巴（Robin Dunbar）教授是數一數二的演化心理學者，他參加的研究團隊一直在探討人類為何會發展出比例上特別大的大腦（相較於其他靈長類），結果發現人類大量運用藏在腦袋深處的計算能力，是為了在所屬的社會團體裡「相互打量」。

鄧巴的團隊使用電腦建模技術，揭開複雜的決策策略，以具體預定的社交互動設想為基礎，歸納出簡化的人類行為模式，發現經過一段時間過後，藉由幫助他人，做出相關的判斷，會如何影響人類的生存。此外，經常估量個體是很複雜又困難的作業，因此人類在繁殖多個世代之後，大腦就擴充了。

活躍的大腦每立方毫升含有的神經元多過於不活躍的大腦，這種現象也有助於說明住在藍區的高齡居民，為何在八十五歲過後仍能保持心理上的敏銳度和警覺度，美國卻有許多人在八十五歲過後就開始失智。

電影和媒體往往把狙擊手的形象塑造成「孤獨」的，但狙擊手的實際作業方式並非如此。狙擊手附屬於其支援的單位，他們的決策往往能左右任務的成敗，必須快速吸收一堆資訊，然後運用花時間仔細養成的心理捷思法來處理資訊。狙擊手在腦海裡打造出複雜的情景，把自己對現實世界的所知納入考量，例如：人們如何行動、事情如何運作、人類有何動機、社會如何運作等。狙擊手隸屬於更大的支援網，那支援網是由狙擊手隸屬的軍隊單位和兵團所組成。

狙擊手的工作帶有深層又必要的同理心元素。在培養穩定的情緒上，同理心是關鍵環節。有了穩定的情緒，工作才能達到真正的高水準，又不會覺得被孤立，以致於迷失自我。在戰區極端環境下行動的狙擊手，還有受布特納這類研究員研究，在心理和性生活都很活躍的藍區九十多歲長者，這兩者之間藉由心智的發展而有了直接的連結。

狙擊手的思維之所以有別於他人，就在於狙擊手能產生高水準的直覺理解力，能對所知事物進行聯想式的篩選，做到內在連結。這便是狙擊手接受專門訓練獲得的結果。狙擊訓練在多個方面都讓狙擊手懂得掌控欲望（廣義而言）、更有自制力，因而可明確理解科學基礎，用於習得正面的習慣，重新打造心智，去除負面習慣。正如所料，環境和社會網在這當中扮演重要的角色。

重組思維

想像一下，假如你有能力讓每一個壞習慣都神奇地消失不見，那會是何等光景？覺得很累嗎？很無聊？無法專心？假如可以重組思維，把心理觸發因子放在合適的位置，克服所有的壞習慣呢？你無法控制欲望嗎？吃得太多？酒喝得太兇？太少運動？假如你可以改變大腦對這類事情的感知方式，進而改變生活方式，會是何等光景？假如有個技巧能幫你成為理想中的那個更好的自己，又會是何等光景？

在理性的世界，上述問題都毫無意義。我們全都知道運動對自己有好處，也知道酒喝太多、吃得太多是有害的。我們全都想要成為更好的自己。而我們之所以做不到，是因為演化的設計絆倒了我們。不過退一步說，我們所做的每件事都始於大腦。先開始一種可觸發特定心理中樞的潛意識過程，進而使我們偏向於做某些事情，還引領我們行動，而且是早在我們決定要做某些事情以前，就已經先決定好了。

從演化的觀點來看，這是一件好事。在早期人類生活的世界裡，要解渴止飢就必須從事不一定安全的活動。對自身安全產生恐懼，對那些危害自身長存的危險心生疑慮，若要克服這些，大腦就得倚靠短期的渴想和獎賞系統，而今日的我們仍然受制於這套系統。在未經權衡的思維裡，這套系統對我們的日常決策造成影響，在現代的生活方式，這套系統會造成心理上的短路，累積不好的生活選擇方式，終至上癮，削弱身心。

系統運作方式如下：大腦裡的獎賞系統辨別目標（例如食物、酒精、香菸、藥物、性等等），接著釋出神經傳導物質多巴胺。多巴胺有助於控制大腦的獎賞中樞和快感中樞，還有助於協調動作和情緒反應，讓我們不僅能看見獎賞，也能採取行動，朝獎賞的方向前進。幾乎所有的藥物濫用，都能直接或間接增加快感路徑和動機路徑裡的多巴胺，大腦神經元之間的正常交流也會因此改變。

多巴胺的活動會強化渴想，讓人渴望獲得短期獎賞，原因在於我們以為短期獎賞帶來快樂。然而，這樣尚不足以讓我們快速採取行動。身體也會釋出壓力荷爾蒙，讓我們感到不適或痛苦。基本上，壓力會騙過身體，讓我們以為要好過一點，唯一的方法就是順從渴想，這樣我們不僅會因屈服而體驗到快樂，也能讓所有的不適都消失不見。想要變得更快樂，又想設法減輕不適，這樣兩相拉扯之下，前額葉皮質短路，分析式思維永遠無法發生。

藉由這種機制投入你所能想到的任何上癮行為，你就會發現那有多麼強大，要抗拒有多麼困難。當然，確實能抗拒，但抗拒需要能量氣力，而能量氣力有可能耗竭。有個做法好多了，那就是運用大腦的自身機制進行改寫，這樣一來，有可能傷害我們的行為，就會變成有利我們的行為。

認知心理學者用實驗證明了這要怎麼做才能達到：

- **保持正念：**覺察到渴想反應，就能探討渴想反應如何影響我們。我們對那樣的渴想感到全然的快樂嗎？我們想要受到渴想控制嗎？我們順從渴想後，往往會有何感覺？這些問題可讓我們以更廣的角度去看待情況。角度更廣，就表示我們得對渴想背後的動機重新評估，創造不同的渴想。
- **創造不同的動機：**你很清楚，能讓你邁向預期目標的，就是你的長期目標。衡量那些目標符不符合那些因滿足心中渴想而獲得的立即獎賞，視情況寫下長期目標，並在腦海裡想像，如此一來，大腦就會改變方式，體認到有更好的獎賞是源於不同的行動。史丹佛大學心理學者、《輕鬆駕馭意志力》（*The Willpower Instinct: How Self-Control Works, Why It Matters, and What You Can Do To Get More of It.*）作者凱莉・麥高尼格（Kelly McGonigal）將其稱為「重新導向的瞬間」。渴想產生的不只是想要，而是需要。要重新引導渴想的方向，唯一之道就是用另一個更好的需求來取代原本的需求。
- **使用你能掌控的觸發因子：**渴想總是具有某種情緒觸發因子。在第六章曾經探討過，當小說偵探福爾摩斯心理上碰到瓶頸或產生挫敗感時，是怎麼順從自己對海洛英的渴想。從這個恰當的類比，就能得知一堆渴想的運作方式。第六章說明我們如何能建立自己的心理觸發因子。運用我們能掌控的觸發因子，就能用另一個正面的渴想取代負面的渴想。
- **改變你的環境：**我們所處的地方在我們的行為上扮演著關鍵的角色。盡量找出哪些地方可讓你的意志力受到較少挑戰，或者可讓你享有更大的掌控。軍隊正是基於這樣的理由，才能順利讓士兵維持紀律和健全的工作倫理。士兵所處的環境與同袍形成的支援網會自動產生動機型推力，邁向正確的方向。麥高尼格稱為「讓你的意志力難題多巴胺化」。學習對自己做出的正面選擇感到滿意，此是對照負面的選擇。無論你想要完成什麼事，請找方法減少你察覺到的門檻屏障。舉例來說，如果你早上要回覆電子郵件，又沒有簡便的方法可以完成，那麼這項工作只會變得更困難，更容易拖延。

● **改變你的獎賞：**我們應該創造有形的長期獎賞，摒棄抽象的獎賞。大家都想要變得更有錢、更健康、更安全，但是要達到這類目標，就必須在腦海裡想像出我們想買的法拉利跑車、想練的六塊肌、想擁有的家，裡頭有親愛的家人。前述文字改變了我們對獎賞的看法，獎賞在未來仍然是我們想要的有形物體，能取代我們目前擁有的。

這一切都始於第一次的自我覺察，那是訓練有素的狙擊手都擁有的正念靜觀，可養成格外專注的沉著思維。正如傑森（Jason D.）離開遊騎兵團後的感想：

> 離開軍隊後，我覺得自己很沒用，我的技能在現實世界派不上用場。那些討論社群媒體和網路聲譽的商界人士所關切的事情，讓我有格格不入的感覺。我思考一番，發現自己努力的方向錯了，不該只看著自己必須處理的局限。

我把找工作當成任務，體會到自己其實擁有十分實用的技能。我擅長把問題拆解成基本要素，我看得見當中的環節，必要時也善於跟人建立關係。我能長時間獨自工作。

我成為某家國際經銷商的社群經理，在面談階段就獲得雇用。雖然我不太熟悉網路社群，但那只是技術層面上的問題，遲早可以學會。困難的是要弄清楚社群裡的人們心目中重要的事情，要跟他們建立關係，逐漸獲得他們的信任，了解他們的動力是什麼。你必須懂得觀察及理解，要好好傾聽。我現在真的很愛自己的工作。愛死了！

商業案例

科技、商務、體育、鉅額融資等市場總是快速變遷，公司再也無法只靠約聘員工應付。員工可能要面對變化莫測的局勢，而且或許無法事先訓練員工因應。然而，公司還是期望員工負起責任，運用判斷力聰明應對，立刻做出關鍵決策，付諸實行。

Google、Zappos、Nike、科迪亞克資本集團（Kodiak Capital Group）等全球公司都仿效美軍，運用充電的小睡、社交網、緊密交織的社群感、關鍵的決策技能，因此員工在高壓下長時間工作，睡眠模式不規則，還是能達到顛峰表現。

前述公司的體制和產業截然不同，在執行策略上卻有許多相似處。他們都鼓勵員工在職場上小睡一下充電，讓員工的工作位置離得很近，促進彼此自然交流，在需要時能獲得支援，分享想法，激發活力，覺得自己是大家庭的一份子。他們費盡心力營造出不帶評斷的開放氣氛，鼓勵員工分享想法，分享難題的解決辦法。

還有一點更為重要，他們以非正式的方式持續推廣一套工作方法，當中運用了三個獨特的步驟：

- **分析：**辨識、分級、列出哪些障礙會阻止你成為最好的自己。
- **策劃：**制定一套慣例，用以克服障礙或減少障礙造成的衝擊。
- **執行：**依照你策劃的慣例進行，強化你的自我價值感與認同感。

跟軍隊相似的地方還不止於此。各家公司努力營造員工的工作環境，也支持以個體為重心的責任文化。為了幫助員工培養出有如狙擊手的堅毅精神，這些企業鉅子運用內部文化，推廣任何環境都可應用的四項「軟性」概念：

- **信心：**為了增進信心，軍隊會讓狙擊手反覆進行任務，直到複雜的任務成為第二天性為止。同樣的，大公司會確保日常工作有慣例程序可依循。大家都知道自己必須做什麼，也具備工作所需的技能與工具。如此一來，就可增進人員的信心，覺得有能力應付工作量。同樣的準則也適用於個體。努力克服小挑戰，才能學會因應大挑戰。因此，公司裡表現最佳者的履歷表上，往往會列著學語言、學樂器等嗜好。當員工向其他領域拓展，增加自身技能，等於是開啟了心智的一部分，可以應用在工作上。
- **職責：**狙擊手知道每個人都有自己的工作要做。狙擊手經過反覆操練，很清楚做好自己分內工作十分重要，這樣別人才能做好他們的工作。在職場環境，我們全都有職務說明。我們扮演丈夫、妻子、良師益友等角色時，也有職務說明。要成功做好每種角色，唯一之道就是明確了解每種角色的分內工作，正確列出工作的所有步驟，然後付諸實行就好。狙擊手做事有條有理，無論感受到多大壓力、有多疲倦，還是知道自己必須努力設法通過心理檢核表。我們只要依循相同的榜樣，就能制定出行動準則方針，進而毫不遲疑、有條不紊地行動。
- **團隊精神：**狙擊手、特種部隊特務，甚至是普通士兵，都知道子彈開始飛行、人們開始受傷的當下，英勇、國家、宗教、更高信念系統等觀念，會就此消失無蹤。你之所以能在崗位上保持靈敏專注、情緒穩定自制、做好分內工作，是因為你對周遭人員的付出，都會獲得充分回報。如果我們無法學習如士兵般的信心和互惠支援，在所屬的工作團隊與社會團體發揮作用，那麼我們就是選了不對的工作、交了不對的朋友。人類是名符其實的社群動物，當我們的大腦投入社群或現實生活的社交網，狀態是最好的。

- **光榮：** 狙擊手對自己有能力達成非凡任務，深感光榮。確實有許多狙擊手獲得表揚與勳章，但也有許多狙擊手不是這樣，即使是有精彩非凡紀錄可說的狙擊手，也不一定能獲得表揚。讓狙擊手保持顛峰表現的，不是表揚，也不是勳章。狙擊手持續努力磨練技術、加強技能，不是為了獲得認可。他們之所以把工作做好，是因為他們為自己的工作、能力、執行的任務感到光榮，滿足感來自於他們自身。如果我們做的事情能讓自己充滿光榮感，那麼我們肯定會盡心盡力去做。當我們被問題卡住時，在光榮感的驅使下，便會設法找出創意的方法解決問題。於是光榮感成為動力，推動我們行動底下許多的軟性活動。

現在，我們已經知道狙擊手成功的「訣竅」，那就是以有條有理的做法執行任務、持續學習、練習、想像力、運用心理觸發因子加強正面特性。狙擊手深切認知到自己是誰、能做到什麼，並運用心靈之錨，建構自己的信念系統。

然而，狙擊手最大的特性肯定就是適應型思維。一九七一年電視劇《盲人追兇》系列的某一集中，李小龍講述水的哲學，並以「朋友，向水學習吧。」[1] 這句經典台詞締造戲劇高潮。當時李小龍應該是想到了狙擊手，狙擊手能順應自己碰到的問題，面對逆境時超然以對，適應型思維也是可以付諸實行的。

如何讓思維變得適應力更高

好比狙擊手在軍營有強大的支援網，並且受訓成為無比的利刃，企業戰士也必須做到以下事項：

- 自主。
- 負責。
- 自動自發。
- 有動力。
- 有同理心。

1 如需詳細了解李小龍如何達到精準的洞察力，還有他在劇中的台詞內容，請參閱附錄四。

特種部隊戰場手冊認為前述技能是適應型行為的一部分，連同狙擊手在內的全體特種部隊特務都必須具備這類技能。特務經過訓練後，便懂得把這類技能拆解成以下八項獨特的要素（也就是每件工作的核心）：

- 精通工作任務。
- 精通無關乎工作的任務。
- 書面溝通與口頭溝通。
- 展現心力。
- 堅守個人紀律。
- 支持同僚與團隊的表現。
- 指導／領導才能。
- 管理／經營。

前述要素是所有執行決策與適應型思維的一部分，因此可以遷移到現實社會。適應型心態可納入我們到目前為止學會的所有不同技能與技巧，而為了進一步確立何謂適應型心態，此處針對適應力，提出七點解釋：

- 處理緊急狀況或危機情況。
- 處理工作壓力。
- 以創意的方法解決問題。
- 有效應對變化莫測的工作狀況。
- 學習工作任務、科技、流程。
- 展現人際關係的適應力。
- 展現生理導向的適應力。

雖然這是特種部隊訓練課程使用的戰場手冊，用在處理有可能跟敵軍交火的突發情況，但請暫且忘記這點，其實前文中每件工作的核心八項要素，以及為釐清適應型心態而列出的七點，都可以當成是今日企業的應徵者面試檢核表。

受過狙擊手訓練的前任遊騎兵、曾在伊拉克和阿富汗服役的理查・柯明斯（Richard Cummings），描述了他心目中的適應型心態：

感謝狙擊手訓練，我學會了耐心。拖延的情況、問題、痛苦，我都能接受或容忍，不會感到惱怒或不安。我總是告訴自己，耐心點，總有一天會輪到你，你一定要適應、克服。

有些日子，我必須爬行一公里半，才能進入射程範圍，還有可能必須躺在那裡好幾天，等目標進入射程範圍。你無法全數掌控周遭發生的事情，可是有耐心的話，就能擊中目標。

對於可能發生在你身上的事情，要怎樣才能做到最完善的心理準備？如今事業有成的前任狙擊手傳授了三項訣竅：

- **想像：**這並不是指「我看到自己做得很完美而且一切都很好」的那種想像。要仔細想像情境，聽見聲音，聞到味道，設想哪些問題可能會發生，思考自己要如何克服。這就是心理制約，服役的狙擊手稱為「交戰假想」。
- **實踐狀況警覺：**永遠不要盲目行事。無論身在何處，請設法猜出周遭的人正在想什麼，他們背後的動力是什麼，留意他們的行為，找出格格不入的人，設法了解箇中原因，這樣就能了解人類行為。看看你所處的地方，仔細觀察陳列佈置，記在心裡，覺察自身。前述做法都能帶領你進入當下，確切紮穩腳步，你一開始實踐就心有所知。
- **要有人生的目標：**不要虛度人生，否則思維就會變得遲鈍。想想信念，把問題想個透徹，然後拆解成基本原理，這樣就能看見背後推動的因素。要有同理心，有了同理心，才能了解別人，了解自己。

同理心以及實踐的方法

在狙擊手需要的所有技能當中，同理心看似有點奇怪，甚至矛盾。一般人會認為，狙擊手具有戰士的本質，狙擊手受命要做的工作往往也很可怕，實在不符合所謂的同理心。即便將狙擊手的技能轉換成更偏向公司、沒那麼致命的環境，似乎還是有矛盾之處。高階主管會談及培養「殺手本能」，ＭＢＡ課堂往往會談到需要採取「心狠手辣」的手段。那麼，同理心要如何融入這樣的心態？甚至是為什麼應該這麼做？

普通感知與現實就是在此改變一切。對狙擊手來說，每件任務都是很個人的。狙擊手做出的每一項選擇，無論再怎麼困難，都會對結果造成影響。要是做出太多錯誤的選擇，不久信心和能力就會降低，再也無法做好工作。

狙擊手對此的因應之道，就是展現極端的同理心。他們在腦海裡詳細衡量自己的行動，清楚意識到自己在做什麼、為什麼要做。接著，這些都會反映在瞬間的決策過程裡，讓人在高壓下基於正當理由，做出關鍵的任務決策。不是人人天生都有同理心，但我們可以培養。有五步驟的課程可教導個體培養同理心，已成功應用在MBA課程上，讓過度專注事業的高階主管在情緒上更為穩定，免得耗盡心力。

說到培養同理心，主要的反對意見還是在於，同理心向來讓人覺得溫和又流露情感（當然也有例外，堅毅的英國空軍特勤隊之所以建議培養同理心，原因在於同理心有助做出更佳決策）。

有一項以醫事放射師為對象的研究，讓醫事放射師在用X光掃描病患前，先看到病患的相片，如此一來，醫事放射師會對病患更有同理心，更把病患看成是人，而不是X光片。結果醫事放射師撰寫的報告內容更多，診斷的精準度也大幅提升。

落實同理心以後，自然會邁向下一步。杜克大學心理學與行為經濟學教授丹・艾瑞利（Dan Ariely）在《時代》雜誌的訪談中如此解釋：

如果我必須就人生的許多層面提出一點建議，那麼我會請人站在「局外角度」去看。站在局外角度考量，其實十分簡單。如果你要對別人提出勸告，你會怎麼做？我們對別人提出勸告時，通常不會考慮自己目前的狀態，不會考慮自己目前的情緒。

追根究柢，同理心的本質有如潤滑油，讓人際關係順利交流。在實質的人際關係中，同理心是重要環節，這點已經過安東尼歐·達馬吉歐（Antonio Damasio）的研究證實。在達馬吉歐撰寫的《笛卡兒的錯誤》（*Descartes' Error: Emotion, Reason, and the Human Brain*）中，同理心相關大腦部位受損的病患，即使推理能力和學習能力完好無缺，在關係技能方面卻有重大缺陷。

由此可見，同理心猶如寶貴的貨幣，可讓我們建立信任關係，洞察他人的感覺或想法，幫助我們了解別人對情況會有何反應，以及那反應背後的原因，還能磨練我們的「人際頭腦」，左右我們的決策。

同理心的正式解釋，就是有能力辨識及了解別人的情況、感覺、動機，也就是我們有能力認出別人關切的事情。同理心的意思是「站在別人的立場想」，或「透過別人的眼睛看」。

在顛峰表現直接影響關鍵任務成果的每一項案例中，人們都會設法保持頭腦冷靜、觀察力敏銳、善於分析，同時又保有同理心。奧林匹克運動員通常需要總教練協助他們進入成功心態，他們的日常訓練正是布拉格堡狙擊訓練教官教導的內容寫照，美國太空總署訓練太空人也以類似的方式工作。如果在地球上方兩百四十公里做出情緒化的決策，肯定很快就會造成十分慘重的後果。

為了做出更佳決策，他們施行了五個慣例程序：

- 運用狀況警覺，保有掌控感。
- 想像情況有可能變糟的狀況，在情緒上做好準備。
- 調節自己的呼吸。不要讓身體陷入恐慌。
- 運用同理心。就算不認同對方，也要了解對方的感覺、觀點、動機。
- 請自問：「在這種情況下，我會對好友提出什麼樣的建議？」

這個過程非常簡單，卻可能改變人生，最起碼你在壓力下所做的決策能立即獲得改善，還有可能使你徹頭徹尾改變。正如某位要求匿名的現役狙擊手對我說的話：「狙擊手訓練改變了我的人生。我學會耐心、自制，不去煩惱那些無法掌控的事情。狙擊手訓練讓我學會摒除心中雜念，把事情想個透徹，也會考慮到別人。我明白了，自己知道的實在不多，不能不學習，學無止盡。

我不會永遠待在軍隊裡，我只剩下一次的海外派駐任務。之後就要離開軍隊，不過我還是會繼續學習。無論前方有什麼在等我，無論有什麼難題，我都準備好了，我的心智也準備好了。」

狙擊手技能養成清單

本章學習內容：

□內心混亂不清，就會遲疑不定。要掌控自身的本能，就必須接受訓練、思考周延。

□大腦可以重組。我們可以學會克服壞習慣，用好習慣取代。

□軟技能跟硬技能同樣重要，要成為更好的自己，那麼思考這類技能、培養這類技能，正是關鍵所在。人際關係可左右我們的心理健康、處理壓力的能力，以及啟動的決策過程。

□在狙擊手思維的心理側寫上，同理心堪稱為重要部分。培養同理心並付諸實行，就能更了解別人、更了解自己。

□施行五步驟就能做出更佳決策，奧林匹克運動員、海軍海豹部隊、美國太空總署太空人，他們每天都是這麼做的。

第
九
章

回應

克服本能、運用智慧，
反轉不可能的情境，取得優勢。

反覆的肯定就會形成信念。
信念一成為深信，事情就會開始發生。
——拳王阿里，《阿里：透視》
（*Muhammad Ali: In Perspective*）

海軍陸戰隊依照所學，以標準隊形進入阿富汗的村子。此區危機四伏，他們保持警戒，槍械蓄勢待發，以目光掃視屋頂和院子有無危險跡象，仔細觀察熱鬧市場裡四處走動的當地人。儘管如此小心翼翼，敵人依舊攻其不備。

土製炸彈爆炸了，他們當中有兩人倒地，市場附近的人和街道上閒逛的人大喊大叫起來，恐懼又慌亂，一邊揮動手臂，一邊四散奔逃，街道為之一空。縷縷煙塵從廣場另一端飄盪過來，那端的市場攤販已經空無一人。穿有海陸制服的那兩具軀體倒在地上，其中一個還在移動，那名受傷的男性拚命設法辨認方向，想弄清楚自己身上發生什麼事。

「掩護傷兵！」一名海陸隊員下令。兩名隊員分別挨著廣場兩側建築物的牆壁，目光瘋狂掃視上面的屋頂，村裡的建築結構形成天然的殺戮場。其餘隊員跑到那兩名受傷躺在地上的戰友那裡，開始把他們帶回去。

碰！第二顆土製炸彈在村裡廣場爆炸了。到底那顆炸彈是怎麼放在那裡的，稍後會說明。有一名海陸隊員被直接炸到，另有兩位同袍受傷。

「發現敵軍！」廣場另一端有人急忙大喊，那是一名躲在建築物牆壁陰影下的海陸隊員，他現在正指著附近的屋頂，上頭隱約有人形輪廓正在爬著，背後是蕭瑟的藍天。他們遭到包圍，此時叛亂分子的狙擊手火力開始進攻。

謝天謝地，這只是角色扮演。村子和建物都是真的，但這是訓練課程的一部分，地點在聖地牙哥北方的彭德爾頓營山腳下。土製炸彈和射出的彈藥都是空包彈，只是音效而已。阿富汗當地人是由經驗豐富的海陸隊員飾演，他們被挑選來這裡扮演角色，屋頂上的人也是如此，全都纏上頭巾，手持衝鋒槍。

至於剛發現自己身陷險境、蒙受傷亡、躲避想像中的子彈的那些海陸隊員，全都是正在練基本功的菜鳥新兵。這是壓力免疫訓練，在新兵眼裡，模擬情境相當真實。土製炸彈發出真實的聲音，還會冒出煙來。衝鋒槍聽來彷彿真槍實彈。氣味機不停飄散燒焦的頭髮和腐爛的垃圾混合起來的惡臭。炸彈受害者的身體有假血湧出，村莊有著真實的氣味和聲音，市場擺滿廉價首飾、水果、食物，全都很精細，是塑膠做的。

之所以要排練這類成本昂貴又精細的戰爭戲劇，是因為等到戰事真正發生的當下，人員就能夠做好必要的心理防禦，可保持冷靜、思緒清晰。好比打流感疫苗一般，把身體能擊退的弱版流感病毒引進身體裡，可增進身體對流感病毒的抵抗力，而壓力免疫訓練可讓新兵體驗到敵人攻擊引發的恐懼、恐慌、不定的情緒，而且不用擔心自己會真的被殺死。

以前的軍隊訓練是每天跑步、伏地挺身、卑微的職務、步槍射擊，但由前述的演練就可看出軍方思維已大幅轉變。在攜帶武器的身體準備好帶來勝利以前，戰爭的勝敗早就掌握在心智，軍方體認到這點，於是把增強韌性和心理堅毅列為第一要務。軍隊揚棄了「軍人受的訓練越艱苦，心理韌性就會隨之而來」的觀念，目前正利用尖端的研究，學習如何訓練軍人變得更聰明。

那些即將奉命置身險境、必須面對真實敵人、使用真槍實彈的軍人，到底是能回家訴說戰場經驗，還是永遠回不來，就要看他們具備的軟技能了。軍隊正在設法了解士兵受到極端脅迫時的大腦狀態，然後據此訓練士兵思維，達到更好的表現。

訓練的重心原本是設法避免壓力，但既然壓力無可避免，多年之後，重心就變成讓交戰壓力的影響力變小。這兩種訓練法有很大的差異，目前的訓練可讓每位士兵的思維不僅懂得因應戰場情境造成的莫大難題，也懂得邊做邊學，然後運用這類知識，在關鍵時刻做出更佳決策。

若要了解軍隊目前在心理訓練投入的額外費用，請試想一下，以前士兵即使做好充分準備，還是會覺得自己像是某種強大的軍隊機器裡的拋棄型齒輪，可是不到一個世代的時間，如今的士兵是充分自主的戰士，有能力在危機時成為重要的支點。

在伊拉克戰爭出任務的海陸就跟前往阿富汗的一樣，射擊的子彈同樣多，跑步的時間同樣久，做的伏地挺身同樣多。然而，打仗對身心造成的影響，部署在伊拉克的海陸卻毫無準備。相較之下，在阿富汗出勤的一般海陸會覺察到自己的身體承受壓力而產生的生理反應，也懂得在情勢變得危險時，運用技巧讓頭腦冷靜下來，重新掌控自己的身體。

新的訓練法至關重要，因此美國國防部現在推出全方位的部隊健身訓練，該課程把整體的健身訓練分成以下八類：心理、社會、心靈、環境、行為、醫療、生理、營養。自戰爭開打以來一直有如軍隊聖杯的「完美士兵」，到了今日，並不是指那種舉止沉穩、毫無情感的機器人，而是超感知又敏感的人類，他們懂得掌控自己的情緒，無論承受多大的壓力，還是能成為彎了腰又彈回來的蘆葦。

在聖地牙哥海軍衛生研究中心的戰士表現實驗室，研究員以少數撐過地獄週的海豹隊員為對象進行多項研究，拍攝 fMRI 大腦掃描片，檢驗唾液和血液樣本。海豹部隊訓練總計二十四週，在第六週，新兵被交到三位教官手上，教官二十四小時輪流讓新兵承受身心最不舒適的情況。在五天的期間，新兵總共睡了不到十五小時，還奉命把自己的身心逼到未曾體驗過的極限。

海豹部隊找出「上上之選」的方式，就是把新兵逼迫到崩潰點，然後施加更多的生理壓力、精神壓力、心理壓力，讓他們超越極限。主要的目標就是找出成功個體獨有的心理、精神、神經化學構造，然後研究成功者，還原整個過程，他人就得以仿效。

顯而易見的是，優異的戰士並非天生，而是可以打造而成。既然知道要執行哪些步驟才能讓他們的思維以某種方式表現，那麼肯定就能制定出一套方法，幫助別人精益求精。這樣的思維並非軍隊獨有。奧林匹克教練的做法和成果有相似之處，他們運用奧運明星選手，也就是能適應心理壓力的好手的心理與精神側寫，協助其他運動員達到顛峰表現。至於商業領域，也有人研究出色的公司領袖，分析他們運用的技能，如此一來，優異的領導力就成了可研究的事物，而不是個體與生俱來的技能。

個體、環境的結果、習得的行為、基因不一樣，方法也各異。任何領域的表現最佳者，都是各不相同，他們的大腦不一樣，觀察世界及看待世界的方式，也跟別人不一樣。狙擊手尤其會留意人事物之間的關係，他們看到機會和情勢的自然發展，並加以運用，取得優勢。多數人會看到問題，狙擊手看到的是自己能克服的難題。

狙擊手比別人還要有遠見，從他們進行任務時採取的決策過程尤可見之。精英團體有個共通性值得一提，那就是軍隊裡表現最佳的軍人（例如狙擊手和海豹隊員），他們的大腦在fMRI掃描期間的神經模式，很像是一流的奧林匹克運動員與頂尖的棒球選手。他們正在養成我們熟知的一系列技能與特性，每讀一章，這些技能與特性愈趨增長也更為詳細，值得在此再次詳細列舉、更細膩描繪：

- **分析式思維：**把問題拆解成可達成的目標。
- **想像：**運用心理意象，仔細想像情境與可能的解決辦法。
- **自我控制：**讓內心那個一直說自己不會成功的煩人聲音安靜下來。

- **正向思維**：學習打造小勝利，邁向大成功。
- **狀況警覺**：隨時隨地掌握周遭狀況。
- **自我覺察**：檢視自身的本質，設法了解箇中原因。
- **跨出舒適圈**：努力克服生理、心理、精神上的局限。
- **不斷學習**：學到新的技能或嗜好，磨練原有的技能或嗜好。
- **耐心**：學會別在沒必要時倉促行事，不然可能會犯下重大錯誤。
- **容忍逆境**：接受困難與難題。
- **同理心**：能夠了解別人的觀點，設想別人的情況。
- **支援網**：需要時，有朋友可聯繫。

沒有完美戰士的思維，就沒有完美戰士，而完美戰士的思維無法憑空打造，如同諺語所言，需要一整個村子的幫忙，才能把孩子拉拔成人，進而能在高壓下做出優異的關鍵決策。像這樣的人才，軍隊想送去參加特務任務、棒球球探想網羅、奧林匹克教練想挖掘、公司董事會想招募。這樣的人才是很特別的，他們大腦的平均認知度遠高於一般人。

知識：有一些具體步驟能制約大腦刺激神經化學物質變化，觸發氣泡隔絕作用，進而提升專注力，有益大腦對抗壓力、恐懼、擔憂、難以預料的要素，比未經訓練的大腦還要表現得好。

管理大腦

「條條道路通羅馬」這句俗諺是「千條道路總是帶領男人前往羅馬」的訛用，後者刊載於五九一年出版的 Liber Parabolarum 手抄本。這句話把羅馬放在領土正在擴張的帝國的中心，描繪羅馬城內外發生的每件事，都藉由這個聯絡網形成密不可分的關係。

羅馬對管轄區域內發生的事件做出反應，卻也藉由關注的目光主動影響那些地方，藉由本身的存在被動塑造那些地方的樣貌。這就是網路效應運作的狀況。你在兩點之間建立聯絡管道，便會對那兩點造成微妙的改變。同樣的道理也適用在大腦受思維影響的方式。

至於思維是藉由哪些路徑重新打造身體，可參考情感神經科學（即情緒神經機制的研究）、人際神經生物學（即透過許多不同生活面向的心理健康之研究）、正念（即意識到當下的狀態）等領域提出的解釋。能改變我們的，是大腦改變其內在結構的能力，而用前文提及的類比來說，就是建築更多條從羅馬輻散出去的道路。

要達到這點，一開始就必須覺察到自己有能力做到。正念實踐者對此的解釋，就是靜觀的重點在於「培養出覺知的覺知，把注意力放在意圖上」。大腦會隨著經驗產生變化，所有的神經系統都是如此。就連身軀最微小、神經系統只有總共三百零二個細胞的秀麗隱桿線蟲（C. elegans），也呈現出神經的可塑性，一碰到東西就會直接反應。

神經系統產生變化，行為往往也會產生相關的變化。神經系統複雜的高等生物也能體驗到心理機能的變化。學習、記憶、上癮、成熟、復原、制約、轉化，全都是行為變化的例子。學習用劍、從事武術等新的動作技巧，或者學習繪畫，都需要那些掌控動作技巧的細胞的結構容易改變，在大腦裡建立新的神經路徑，這樣才能讓新的控制類型就定位。

思維的刺激導致大腦重新建構，而有意創造的心理狀態進而形成。如果反覆去做某件事情的話（重覆期是指猛開機關槍、騎腳踏車等所有複雜活動的核心），那就更容易達到經驗豐富的心理狀態。大腦結構有了生理上的變化，那變化就可能是永久的。

海陸隊員、狙擊手、海豹隊員、運動員、音樂家都是反覆做同樣的事情才練成的，持續不斷操練，直到某些動作成第二天性為止。然後要學著觀察自己做事的情況，不僅要覺察自身經歷的生理變化，也要覺察心理變化。擁有正念，就能掌控自己的心理狀態。

在布拉格堡受訓過的特種隊員約翰．韋伊（John Way）曾經在服勤時遭到突襲，槍聲四起，到處爆炸，但他還是保持冷靜持續交戰。他在訪談中解釋：「你看到有爆炸，你不讓爆炸影響到自己，還有其他事情正在發生。好，那些是爆炸，不過正在開槍的人是誰？對方在哪裡？你看到問題，看到解決辦法。所有事情都一次發生在你眼前，但你還是能夠拆解問題，全神貫注。」

海軍衛生研究中心科學家道格拉斯．強森（Douglas C. Johnson）從事的其他研究，則是利用唾液血液樣本與 fMRI 大腦掃描片，專門研究海豹部隊的狀況，並且跟控制組的健康男性加以比較。海豹部隊左腦和右腦裡的腦島較為活躍。

腦島在掌控情緒、痛苦、自我覺察上扮演一定角色，還能預測壓力，讓身體做好「戰或逃反應」的準備。海豹部隊能比別人快個幾秒察覺到危險，是腦島裡的變化所致，也就是說，海豹部隊有更多的時間思考，有更多的時間行動。因此，對突發威脅的反應就成了沉著思緒的展現，不受混亂情勢影響。好比第三章提到的出色棒球選手，他們在內心深處認知情勢，早在意識想法發揮作用前，身體就已經先做好反應的準備。

正念訓練還有其他直接的益處，醫學生修習正念靜觀訓練課程，同理心便有所改善，而同樣修習同樣課程的內科醫生，不但疲累感降低，對病患的態度也改進了。前述良好的結果證明正念確實讓人在忙碌時處理壓力的能力獲得改善，舉止有如訓練有素的狙擊手，能夠適應、克服。

商業案例

如果商界進行的操練、評估、臻至完善的程度跟軍隊一樣，那麼現在這世界就會有如大型企業，進入商界事先需要接受的訓練，就會跟海豹部隊或海軍陸戰隊的新兵一樣多。可是，我們都知道實際情況不是如此。

軍隊顯然有個優勢，大量的先備知識藉由每個兵團的歷史和傳統而保存到現在，菜鳥新兵沒必要犯下相同錯誤以收學習之效。甚至是在踏上戰場、面對交火之前，就已經做好準備，知道會發生什麼事，而在反覆操練下，也懂得因應生理、心理、精神上會受到的衝擊。

可是，在地獄週期間，海豹部隊體驗到的訓練，目的是讓經歷的每個人在某一刻說出：「我受夠了。」通過地獄週、成為海豹隊員的士兵克服了那樣的本能。他們是怎麼辦到的？那些男女忍受寒冷、疲倦、大吼的命令，因應那些造成心理精神崩潰、飢餓、剝奪睡眠的情況，最後度過難關成功通過地獄週，到底是怎麼辦到的？而且還能準備好面對剩餘十八週的訓練（地獄週是第六週）。

曾經是海豹隊員、現在是某家健身公司執行長的奧登·米爾斯（Alden Mills）說明關於解離的訣竅。此處的解離是受過訓練的思維經歷的狀態，能成功區隔不適、痛苦、飢餓、受傷，完成交代的工作。

海豹部隊有句話說：「你不在意，就不重要。」海豹部隊就是利用此法編制艱鉅的訓練，讓自己有能力達到一般人眼裡看似超乎常人的表現。

狙擊手也會訓練自己忍受數小時的不適，故意做出慢到不能再慢的動作，花幾小時的時間爬過幾公尺的露天地面。要做到這點，必須馴服內心的衝動，消滅每件事的聲音，達到他們所需的專注力，完成特定的工作。

那麼，到底是怎麼辦到的？如何能忽略每個合理的本能、駁回每個邏輯反應，讓思維不再提出疑問，能專注在該做的事情上？狙擊手和海陸隊員運用東方的各種靜觀法（有些靜觀法可追溯回武士時代），讓思維冷靜，讓思緒專注，讓身體準備好面對即將發生的情況。

即使不是每位狙擊手或特種部隊退役軍人都學過正式的東方靜觀法，他們還是會找到自己的方法，自行實踐類似的做法。目前的重心是藉由東方靜觀法，打造堅毅的心理，有一位現已退役的海豹部隊狙擊手瓊恩，是在這套做法施行前服役。

> 我們自己會聊，那很苦，所以我們總是會找東西幫助自己。聊硬漢的例子，歷史上有一堆。忍者、武士、斯巴達戰士，他們全都具備這樣的職業道德，努力工作，毫不退縮，讓思維跟身體一樣保持俐落。
>
> 我們試過一些心法，見識到心法帶來的幫助，那是在訓練前。訓練後，我們

視線模糊，筋疲力盡，見識過一些東西。不是每個人都想要學心法，但是我覺得有幫助。我傾聽自身心智的平靜，得以從中看出道理來。很難解釋，但我就是體認到事情有道理之處，只要靜觀就能做到。我得以保持專注，保持理性。

瓊恩的描述很重要，他的經驗是大腦科學尚未面世、還沒開始整理編排各種現象的時候，等於是讓現代戰士和古代戰士有了直接的連結。密集的訓練和高超的武器磨練成的精英戰士，其實就我們的時代而言一點也不獨特。

在古代斯巴達，男孩必須忍受挨打、疲倦、剝奪睡眠之苦，還得站在冰冷的瀑布底下，讓自己變得「強壯」。武士也要經歷類似海豹部隊的地獄週，在毫無食物或少量食物的情況下，撐著不睡好幾天。在該段時間內，武士接受用刀的訓練，練習徒手格鬥技巧，往往要努力以跑步或步行方式通過危機四伏的地域。武士會強迫自己忍受冷水浴，在冰雪之中進行訓練，迫使身體憑意志行動。

今日，我們有工具可看見人腦內部的情況。我們都知道，接受極端又終生的訓練課程的古代斯巴達戰士，他們的大腦有別於武士、狙擊手、特種部隊士兵、公司高階主管，也有別於那些懂得活化特定神經路徑，並擁有特定思考方式的普通人。我們探討的一切全都取決於遷移的可能性。

這裡有兩種重要的概念需要處理，第一種概念是遷移，第二種概念是背景脈絡，兩者互有關連。遷移，正如第六章提及，就是有能力把某個領域學到的東西應用到另一個領域。研究遷移的心理學者會檢視在電玩遊戲或虛擬現實場景中落實特定技能的狙擊手，能不能把同樣技能應用在現實生活情境。

雖然訓練的技能或許相同，虛擬環境與現實環境的情境或許一模一樣，但是背景脈絡並不一樣。虛擬環境提供的感覺刺激不一樣，沒有隨之而來的味道或聲音，干擾因素較少，但這些在現實世界卻都是有的。或許，當中最大的差別在於虛擬世界有重生的選項——致命的錯誤永遠不會讓你走至生命的終點。這項要素是現實人生情境裡明確缺少的要素，光是那樣就會引發好幾個精神和心理壓力因子，而且那些壓力因子其實是無法重現的。

當然了，有一些參數可以調整，好彌補虛擬世界的這項缺點。此外，從全美航空一五四九號班機的驚人成果，我們已經得知人們能學著去執行未曾受過專門訓練的事情。然而，事情不是那麼簡單。

為了更能說明這點，想想《美國狙擊手》一片中描述的英雄克里斯·凱爾吧，他在戰火下異常冷靜，於是在他結束派駐任務返鄉後，軍隊下令對他進行一系列的測試和精神評估。凱爾還待在伊拉克的基地時，試玩當時剛上市的《決勝時刻》遊戲。日後，他在《紐約郵報》刊載的訪談中詳述當時情況：

「新版的《決勝時刻》上市，我們戴上頭戴式耳機，跟整個營區連線，這樣在自己房間就能跟大家玩。我們用衛星之類的東西上線。

我的頭戴式耳機是同袍給我的，我坐在那裡玩。同一個人一直殺死我，還對我說了一堆垃圾話。我坐在那裡，氣死了。他一直罵粗話。結果發現，他是個十二歲的孩子，人在美國。他一直把我殺死，一副『我要把你殺掉』的樣子。

『渾蛋臭小子，等我回國，就要溜進你的房間，把你撂倒。我可是海豹隊員！』

他說：『隨便，你根本就是住在媽媽家的地下室吧。』」

試想，美軍最令人聞風喪膽的狙擊手竟然被一個小孩給撂倒了。背景脈絡有篩選作用，可改變我們的做法。畫面換到另一個環境，也是同樣的論點，試想有多少位符合奧運資格的精英運動員在首次登場時緊張到表現失常。那一刻、那個環境、比賽的重要性，合併起來的效應大得他們因應不了。他們在生理上或許已經準備就緒，但心理上卻非如此，必須具備心理要素，才能完成生理上的準備。

說到特定活動的表現，某項運動或活動出現的顛峰表現，背後的因素跟另一項運動或活動是相同的：

- 優異的視力（並記得視覺有很大一部分跟心理有關）。
- 優異的記憶力（狙擊手會記住自己射擊時的詳細狀況，棒球選手能背誦出自己全壘打時的狀況，籃球選手也確切知道自己在哪場球賽投出三分球）。
- 優異的預測力（韋恩．葛瑞茨基說要滑到冰球即將抵達的位置）。
- 迅速的反應時間（各領域表現出色者的反應會比控制組的人還快個幾微秒）。
- 卓越的專注力（表現出色者能從寬廣的專注範圍切換到狹窄的專注範圍，從而排除所有干擾因素）。

真正清醒的思維具有以上五項特色；潛意識有警覺，忙著活化大腦裡幾個必要的中樞，以便執行所需的生理行動，做出所需的關鍵決策。可別把重點放在精英運動員和士兵的體格上，誤以為奧運選手、海豹部隊、狙擊手都是特例，我們一般人達不到他們那樣的心理能力。然而，技能是有關聯的。

狙擊手和戰鬥機駕駛員或許需要優異的視力，但是分析師和商務管理規劃師則必須懂得從事實和數據當中「看到」趨勢。人腦只有某些心理狀態配置會呈現出顛峰表現狀態，無論是在敵區對付叛亂分子，還是舒適坐在桌前做出足以左右企業命運的關鍵決策，都可以達到顛峰狀態。

那麼，現在只剩下背景脈絡的問題有待解決。在高壓下保持冷靜、思緒清晰的能力可不可以完全遷移？頂尖狙擊手能否經營全球性的公司？精英運動員能否成為出色的商業領袖？據聞狙擊手和奧運選手確實會投入顧問、公開演說、自創品牌的產品線等領域，因此這個問題的非正式答案是「我猜應該可以吧」。

然而，我們需要的答案不該只是猜測而已。本書的宗旨不在於揭露人們投入各種活動的相似處，然後把各點之間用線連起來，勾勒出超乎常人表現水準的心智能力是什麼樣貌。這樣的做法毫無意義可言。本書揭露、記載、列舉、解釋的一切，為的是讓讀者逐章習得可運用的技能，改善自身的能力，獲取新的能力，改變自己的心態，這樣就再也不會受情勢支配，再也不會盲目因應周遭事件，還能採取積極的行動，做出自己的決策，掌控自己的命運。

在此提及兩項分頭進行的研究，一項是瑞士洛桑的腦心智研究院，萊拉·歐文尼（Leila Overney）和同僚負責監督的研究；另一項是羅馬大學心理系，薩瓦多·阿優提（Salvatore Aglioti）帶領的研究，專門研究精英網球選手和籃球選手的認知能力、執行決策、反應時間。研究目的是找出他們傑出的場內技能，在場外是否仍可運用，他們在所屬運動以外的背景脈絡下是否仍享有獨特的優勢。

研究員對每組運動員進行一系列測試，為的是確立運動員在運動能力與認知能力上的基準，然後測試運動員在完全不同的環境下表現如何。結果獲得以研究為本的證據，證明有些認知能力確實是特定運動專有的，而有些認知能力則是完全可遷移的，其中一例是視覺專注力，亦即有能力排除干擾因素，專注在目前跟手邊任務、周全決策、冷靜頭腦有關的事物上。

這或許也可作為硬技能與軟技能的分界線。舉例來說，接受測試的網球選手在網球相關環境挑出網球的速度比其他運動員快了三倍，但是改成一般的環境，網球選手的得分就跟別人一樣。

特定運動的認知能力是「硬」技能，需要具備專門領域的知識，好比狙擊手熟知自己的步槍、彈道特徵、在不同的氣候溫度下使用的彈藥的性能等。然而，從同時間追蹤不同變數的廣泛視覺專注力，快速切換到狹隘視野接管的狹窄視覺專注力，這類技能就屬於「軟」技能，可藉由練習、想像、經驗培養出來。

關鍵在於人腦運作的方式有限。神經生理學的局限成為橋接點，能把所有不同區域的活動連結在一起，而對於並未積極參與那些活動的許多人而言，更能去除不可能成功的迷思。光是觀看電視上的賽事，並不會因此成為優秀的網球或籃球選手。要達到那種程度，必須親身投入其中，還必須具備一些生理條件，例如力量、身高等。但是，所有人都能學會辨識比賽的重要時機與賽事的動態發展，從而只憑觀察就能做出更好的決策。

戰士思維的運作方式，訓練有素的狙擊手思維的運作方式，都跟任何精英思維達到顛峰表現的運作方式十分類似，是所有人都能學習仿效的。

樂高準則

樂高積木很神奇，所有的積木都是以同樣的方式拼在一起。你能使用大小不同的積木拼湊出任何東西，例如《星際大戰》的光劍、二戰航空母艦等，無論你打算造出的成品是大是小，都是從同樣方式開始的，都是把幾塊樂高積木給拼在一起。

樂高積木本身相當平凡，只不過是用專利的拼法，把顏色各異、大小不一的塑膠積木給拼在一起。真正神奇的地方在於成品，有人使用樂高積木按比例拼出一座座城市，甚至還有人拼出 M107 狙擊步槍，這些都是用同樣的小積木拼成的。

重點在於宏偉又有趣的成品之所以能成真，是因為人們有條不紊、有意又有方向，把有如基本建材的樂高積木給拼在一起。

狙擊手和精英士兵都採用同一種模組化方法解決問題。無論我們面對的是工作上的關鍵決策、確立彼此情感關係的時刻，還是碰到個人危機而必須做出改變人生的決策，我們全都能從更清晰的思維當中獲益良多。而要獲得更清晰的思維，只要應用極其簡單的三步驟過程，讓內心的雜音安靜下來就行了。

第1步：坐下。

第2步：閉嘴。

第3步：算呼吸次數算到一百。

這些步驟看似簡單，卻是奠定紀律和自制的基礎。當初這種靜觀法，是為了協助身經百戰的日本武士做好獻出生命的準備。如今，日本跨國企業的高階主管和日本政府裡的立憲人物也開始採用這種靜觀法。

它是立即見效的入門心法，是可讓內心冷靜下來的心理觸發因子。不過，說到成功因應難題，和培養可因應的心態以獲得有利的成果，以下十項具體的步驟可供我們學習應用：

- 設立心理技能與生理技能的目標。
- 設立具體又顯著的目標。

圖 9.1 由樂高打造的特種海陸軍用 M107 狙擊手攻擊步槍，比例 1:1。

- 制定前述目標的完成日期。
- 設立困難卻務實的目標。
- 設立短期目標、中期目標、長期目標。
- 設立練習目標以及現實生活情境可應用的目標。
- 設立正面目標（例如「在此日期前達到X」），此是相對於負面目標（例如「不要那麼常失去冷靜」）。
- 保持足夠的靈活度，視需要調整目標。
- 把目標寫在紙上。
- 把重心放在表現目標上，而不是成果目標上（例如獲勝）。

想像力和自我肯定是很強大的工具，適合規劃人生及因應困境。有兩個具體例子來自兩個十分不同的行業，可作為參考啟發之用：

在紐約市的好萊塢星球，牆上掛了一封手寫信，是武術家兼演員李小龍寫給自己的信函，上面標的日期是一九六九年：

李小龍本人會成為美國第一位片酬最高的東方超級巨星，為此，我會盡演員之力，發揮最扣人心弦的演技、一流的表演品質。從一九七〇年起，我會成為全球知名人物，在那之後到一九八〇年年底，我會擁有一千萬美元。我會過著自己喜歡的生活，獲得內在的和諧與幸福。

李小龍　一九六九年一月

二〇一六年，巴西里約奧運的男子一百公尺決賽，世界紀錄保持人及世上跑得最快的男人尤山．波特（Usain Bolt）追趕著多年的對手賈斯汀．蓋特林（Justin Gatlin）。波特害怕起跑犯規會讓他失去比賽資格，因此起跑比平常還要慢。蓋特林在許多人的心目中都是表現完美的短跑選手，他從起跑就表現得毫無缺陷，已經跑在前方了。

接下來發生的情況已有詳細的紀錄。波特一副不為所動的樣子，邁開雙腳加快腳步，穩住了他在奧運史上的地位，連續三屆奧運贏得男子一百公尺金牌。然而，在此值得一提的是波特日後在《紐約時報》發表的看法。

波特努力追趕對手，很容易就會陷入驚慌，一百公尺賽事殘酷無情，不到十秒就結束了，也就是說，犯錯有可能會造成微秒之差、成敗之別。在那樣的賽事中，執行決策毫無犯錯餘地。波特表示，他看著蓋特林加速遠離，心想：「我告訴自己：『聽好，不要慌，不要急，一點一點追上，堅持下去。』」波特剛過五十公尺就追上蓋特林，在剩下不到五十公尺的賽道，徹底擊敗蓋特林。

然而，波特的說法就好像擁有全世界的時間和無止盡的空間可以修正起跑慢了的錯誤。從李小龍和波特的做法，能看出他們具備了一些可讓頭腦冷靜應對難題的特徵，比方說：審慎的做法，出色的想像力，卓越的職業道德，相信自己和自己的能力，決心要獲得成功。

狙擊手技能養成清單

本章學習內容：

- □準備工作需要經驗，不只是用頭腦思考，也要親自動手做。
- □每個問題都有辦法可以解決。我們只是需要正確辨別問題，想出處理的方法。
- □大腦可訓練得更專注、更正面，而且需要毅力、耐心、時間才能辦到。
- □狙擊手是方法大師。想出適合自己的方法，堅持下去。
- □練習覺察自己的想法與行動。了解自己做某件事的動機，次次都是如此。

第十章

部署

學習在高風險時選擇正確的策略，
藉此大幅提升適應力。

成功不一定來自於突破性的創新，
但必定來自於毫無瑕疵的執行。
光憑優異的策略尚不足以贏得比賽或戰役，
勝利來自基本的技巧。
——納維．詹恩（Naveen Jain）

兩名狙擊手繞著彼此打轉三天了，兩人對狙擊技術付出的心力數一數二，在狙擊手這行也是頂尖的。雖然戰爭奪走的生命數以百萬計，但現在兩人交鋒的範圍縮減到一小片土地上，對方的性命就是最後的獎賞。

其中一個是特地從柏林飛來的德軍少校艾文．柯尼（Erwin König），他榮獲許多勳章，是狙擊學校的校長，能在短時間內使敵人無法忽視他的存在。另一個是傳奇人物瓦西里．柴契夫（Vasily Zaytsev），這名來自烏拉山脈的少年，從小就摸著步槍長大。當時，蘇聯軍遭到圍困，拚命設法保住史達林格勒，而柴契夫的戰績鼓舞軍中士氣，經證實最後擊斃兩百二十五人，其中十一人是狙擊手。

現在兩人都身陷這場戰役，被彼此高超的知識和專業，以及超乎他們掌控的局勢給困住了，這場貓追老鼠的遊戲唯有其中一人死亡才能告終。在名為史達林格勒的棋盤上，兩人的每一個動作、每一個決策、每一項計算過的選擇，造就了這場死亡棋戲。

凡是看過暢銷電影《大敵當前》當中虛構的柯尼少校和柴契夫對決場景，肯定會有兩點體悟：一，在歷史的那一刻，史達林格勒有如地獄，人命何等廉價；二，在阻擋德軍入侵史達林格勒一事，蘇聯狙擊手扮演關鍵的角色。

至於柯尼和柴契夫對決的真實性，軍事歷史學家存有若干疑慮。鮮少有官方文書證明柯尼的存在，柴契夫的故事也不太可信。然而戰爭的局勢向來混亂，也不能對兩人的對決抱以全然懷疑。無論對決故事是否屬實，《大敵當前》這部電影，如實傳達了狙擊手追捕另一名狙擊手時的心理狀態。

想在勢均力敵的兩人爭戰之中勝利，與其有能力直接命中目標或擁有優異的狙擊步槍，倒不如擁有理智、智慧、創意的思維能力，做出正確的決策。從狙擊手的戰役中，我們得以去除狙擊手思維的神祕色彩，實際解構出狙擊手採用何種模組化方法，拼湊獲得的資訊，做出關鍵決策。

因為有很多工作是心理上的，所以狙擊手庫藏的每種武器就發揮了作用。同理心是必須具備的要件，有利進入另一名狙擊手的心態。你要判定以下問題：誰？哪裡？何時？為什麼？因為這些都很重要，所以一提到資訊，人類情報（別人說的話、做的事、採取的行為方式）以及通信情報（可單獨提供的資訊或可攔截的資訊）都是至關重要。

本書通篇強調的重點在於每件事都很重要，每件事都不能忽略，狙擊手的技能就在於有能力快速辨別重要事物，從自身感官回報的、大腦處理資料裡的一般噪音，找出相關的信號。狙擊手做的以下四件事，完全適用於各類商業活動：

- **做好功課：**狙擊手會花好幾個小時，有時甚至是數天的時間，收集所有跟任務或部署區域有關的可用資訊，這點大家都可以理解。狙擊手投入作戰時，就要把背景脈絡和含意置於他們眼前的情況，要是少了精準的現實資訊，狙擊手就無法正確解讀眼前的情況，也無法做出正確的決策。

- **選擇有利位置：**狙擊手總是待在制高點。有利位置越高，視野越寬廣，就能看到更多情況。這相當於現實生活中、企業背景中往後退一步的心理版，因此而獲得的某種觀點，可能會對所下的判斷造成影響。
- **選擇時機：**狙擊手不會讓周遭環境擺佈他們的行動。他們做事都會三思而後行，即使處於莫大壓力，也是深思熟慮再採取行動。他們審慎沉著，行事周延。
- **保持冷靜：**就算在高壓下，狙擊手的頭腦還是很清楚，要是緊張、心跳加速、雙手發抖，就有可能達不到最精準的射擊。因此狙擊手會練習保持冷靜，方法是構思個人策略，如此可有利掌控情緒並維持超然。商業工作向來跟熱情有關，而且很個人化，但是做決策永遠不該情緒化。

在 Quora 問答網站上，受過狙擊手訓練的前任美國海陸隊員丹尼爾・柯恩斯（Daniel Kearns），舉例說明狙擊手追捕另一名狙擊手時採用的縝密做法，藉此解釋受過訓的特務是怎麼思考才能了解敵手的心態。

柯恩斯表示，遠從還沒決定要跟敵方狙擊手交戰以前，整個過程就已經開始了，你必須一開始就判定對方的身分。比方說，對方是外行人被拉來從事任務嗎？還是射擊技能優異的本地人？對方是這行的行家？還是休假返家的戰士基於信念前來兼差？

對方在哪裡？這顯然是關鍵所在。然而，不光是對方的藏身處和開槍位置而已。他睡在哪裡？他是跟當地戰士住在一起，再移動到位置上嗎？他是何時執行任務？是黎明時移動到位置上、黃昏時射擊嗎？

為什麼？每天射擊一位士兵嗎？是從另一個據點取得有用的東西，從該據點做好攻擊的準備嗎？限縮這個前哨作戰基地的行動與觀測，或許是為了做好準備，讓大批士兵通過該區？

前述問題不一定有答案，但資訊是越多越好。

柯恩斯說明了需要哪些複雜的技能才可勾勒出詳細的情勢，進而獲得成功。資料來自各個方向，追捕狙擊手的人員必須取得人類情報和通信情報，才能更了解追捕的對象。比方說，當地人可能會在廣播上不小心說溜

圖 10.1　蘇聯狙擊手英雄瓦西里·柴契夫（左），攝於史達林格勒，一九四二年十二月。

嘴，親戚可能說某某休假返家或躲藏起來。即便如此，工作還沒完。追捕狙擊手的人員必須倚賴其他狙擊手的協助，監看其所追捕的狙擊手可能利用的開槍和集合位置，藉此縮減活動範圍，判定最佳的反制行動計畫。

顯而易見，若人的思維能以如此縝密、精準、條理的方式處理情況，就能詳細勾勒出實際局勢，所創造出的心態更是可應用於商業環境，帶來明確的競爭優勢。

知識：大腦若感知到危險，就會引發特定神經生物反應，可左右選擇，直接影響決策過程。有一些制約技巧能減緩大腦的自然反應與身體的本能反應，帶來自然的競爭優勢。

面臨危險的大腦

無畏的性質和勇氣的化學作用，我們從未十分了解。一直以來，我們都覺得英雄是少數很特別的人，他們的背景和經驗跟我們一般人不一樣。文學上的英雄都是經過嚴酷的考驗和內在的痛苦造就而成，隱約透露著英雄跟我們不同。這種看法的真實性或許不如我們所預期，卻也不是完全錯誤。

每個英雄都有大腦，英雄大腦的內在結構跟其他人一模一樣。就大腦為自己建立的神經連結以及儲存的知識而言，每個大腦都是獨一無二。不過有了內在結構，大腦才能運作，而特定大腦（例如英雄的大腦）當中的結構運作方式才可以掃描繪製出來。

這些之所以跟我們有關，是因為我們需要了解狙擊手在高壓下為何如此冷靜，我們如何能變得像狙擊手一樣。一般而言，為了更理解狙擊手思維及其運作，必須先跳脫狙擊範疇。要遠遠超乎那範疇，以艾力克斯．霍諾德（Alex Honnold）為例，霍諾德是最優異的徒手獨攀好手，他攀爬岩壁不用繩索和防護裝備。霍諾德看似毫無恐懼，他的姓氏還成了動詞 to honnold，通常是寫成 honnolding，意思是站在危險的高處，背貼著岩壁，坦然凝視下方的深淵，直接面對恐懼。

霍諾德多次創下輝煌功績，成了徒手攀岩界的傳奇人物，更是攀岩界中的奇人。他那明顯毫無恐懼的神態引發諸多臆測，神經生物學者格外急切想了解他的內在迴路是否如傳聞所言，有別於一般人。

認知神經學者珍．喬瑟夫（Jane Joseph）花了最多時間掃描霍諾德的大腦。二〇〇五年有一群研究員率先對高度感官刺激尋求者進行 fMRI 大腦掃描，珍．喬瑟夫即是其一。這項研究期望了解那些人的大腦為何會選擇刺激的經驗，就算面臨危及自身的危險也不退卻。這種大腦內在迴路往往會造成自毀行為，例如濫用藥物、酒精上癮、無法控制的賭博行為、衝動又不安全的性交等。珍・喬瑟夫希望在霍諾德身上找出思維到底是如何調節身體反應，追尋極端經驗卻不會落到悲慘結局。

測試期間，霍諾德在 fMRI 掃描儀裡接受感官刺激，藉以檢驗大腦中樞專門解讀刺激因子和威脅反應的杏仁核的反應。珍・喬瑟夫發現，霍諾德有能力達到狙擊手所稱的「抑制激動」的極端表現。他感受到的恐懼跟別人一樣，只不過一般人的杏仁核會觸發反射反應，並刺激大腦裡的高等處理中樞，使我們感受到恐懼，而他的額葉皮質卻能讓處理中樞冷靜下來。

跟興趣愛好類似的控制組相比，霍諾德在測試期間的刺激階段，腦部活動竟然是零，這展現出他的卓越之處。在進一步測試期間，研究員測試他的大腦獎賞系統，腦部活動同樣也是零。根據 fMRI 掃描儀顯示，他真的毫無恐懼感，或許正因如此，他才能憑指尖的力量懸掛在六百多公尺高的山崖，還可以異常冷靜。

圖 10.2 艾力克斯・霍諾德應是史上最優異的徒手獨攀好手。他獨自攀岩，不用繩索。攀岩期間，他在攀岩者口中所稱的「死亡區」（亦即懸掛在一失手就致命的高處），有時要耗上至少十二小時的時間。

但這並不是霍諾德本人所描述的感覺，他向來都會感受到恐懼。他從事攀岩這行已超過十二年，攀過的困難岩壁數以百計，簡單岩壁也數以千計，他曾說明自己是怎麼辦到的。他很早就開始無繩攀岩，每次攀岩碰上難關，都逼迫自己度過，因而把自己訓練得很有自信，相信自己有能力克服難關，抑制攀岩帶來的焦慮感。

攀岩雖是自學，但其實無異於海豹部隊的地獄週、空軍特勤隊的選拔，或是狙擊手的訓練課程，軍方運用這類課程，在漸進階段迫使新兵超越自身局限，在「壓力免疫」階段讓新兵習慣極端的危險和心理壓力。而霍諾德把自己培養出的心理韌性稱為「心理盔甲」。他反覆操練自己，在心理上變得堅強。他以小成功為基礎，從小失敗當中學習，每次都挑戰自己跳出舒適圈。這些是我們現在已經熟知的秘訣。軍隊以同樣方式訓練狙擊手，鍛鍊狙擊手的技能、信心、身分認同、能力，使其達到超乎常人的表現，就像霍諾德那樣。

無畏與勇氣的背後還有一項要素，是跟記憶有關。我們已經知道記憶在狙擊手訓練扮演關鍵的角色。狙擊手新兵很早就開始反覆操練，培養出明確觀察及記住細節的能力。記住情境並在心理上演練，連所有需避免的負面結果也要想過，這是霍諾德和狙擊手的共通處。

狙擊手會寫紀錄簿，霍諾德也以日誌記載攀岩細節，他會回到以前攀爬過的岩壁，寫下自己在哪方面可以做得更好。他會在攀岩前詳細想像每種困難的攀岩情況，甚至是失敗的狀況，比方說失手墜地，骨折流血，沒有人可以幫忙。如此一來，實際去攀岩前，內心會先覺得自在些。

德州大學奧斯汀分校孟菲爾斯恐懼記憶實驗室的負責人瑪莉・孟菲爾斯（Marie Monfils），花了些時間觀察霍諾德及其輝煌功績。孟菲爾斯在訪談時表示，記憶並不是不能改變的，也不是大腦刻印好後歸檔到某個地方，這些都是過去的看法。記憶，甚至是恐懼的記憶，其實會隨著人重新解讀而有所變化。

每次重訪記憶，都是用額外的知識、技能、經驗所構成的濾鏡去看記憶。因當時不懂得處理而變得恐懼的記憶，等到我們更擅長處理恐懼記憶所呈現的問題，恐懼的記憶就會變成正面的記憶。曾經讓我們充滿焦慮的恐懼記憶，可以藉由這種方式轉變成毫無恐懼的記憶。

華盛頓大學聖路易斯分校神經科學系研究的一群恆河猴，成了額外的資料佐證。恆河猴的大腦結構類似人類，因此說到測試危險行為，牠們是方便研究的對象。結果發現，在驚險刺激的事物上，恆河猴並沒有比人類聰明。

比方說，要選擇少量果汁？還是選擇一半機率會拿到分量雙倍的果汁、一半機率什麼都沒有？恆河猴始終會選擇賭一把，希望短期內獲得較高的獎賞，沒有選擇一定會拿到果汁的選項。儘管一段時間過後，無論選擇哪個選項，總共獲得的果汁分量都一樣，恆河猴還是會選擇賭一把。

該所大學的神經科學助理教授伊利亞・莫諾索夫（Ilya Monosov）在《神經科學期刊》

發表這項研究，說明裝了攜帶式 fMRI 接線的恆河猴在做選擇時，大腦的腹側蒼白球區域出現神經活動。腹側蒼白球專門用於衡量刺激因子的重要性並控制多巴胺，多巴胺是一種神經傳導物質，可讓我們覺得愉快。莫諾索夫認為，腹側蒼白球會抑制多巴胺神經元，因此在危險行為期間抑制此區域，可能會增加多巴胺釋出量。

該項研究還發現，恆河猴在做出有風險的選擇之後、知道選擇的後果之前，腹側蒼白球附近的「基底前腦內側」區域，神經元的活躍度最高。該部位可刺激那些跟學習與記憶有關的皮質區。也就是說，覺得成果難以預料的話，不僅能學到新事物，而且大腦也會在知識庫裡設法找出令人安心的情境，擷取那些已儲存的記憶。

由此可見，更積極訴諸於知識和記憶，就能應付難以預料的狀況，只要對一開始帶來恐懼的源頭，在控制下持續又逐漸增強接觸，那麼我們害怕的每件事都能克服。於是，我們所做的決策就比較不會受到環境條件、衝動、情緒的影響。只要利用學習、記憶、覺察自身行動等方式，達到更平衡的角度，就能成為更好的自己，做出更佳的執行決策。

商業案例

「為什麼雞要過馬路？」這個腦筋急轉彎是許多巡迴表演脫口秀都會用的開場白。這也是個引導式的問題，從對方的答案就能看出他的信念系統。脫口秀表演者之所以用這個問題，是因為它可以帶出一些具有效果的現實含意。

由於缺乏其他資訊，因此這個有關雞的動機的問題，明顯又理性的答案就是「要去另外一邊」，可是這個答案透露出建構論的思維模式。建構論奠基於邏輯，認為環境創造結構，而世界多半是先決定好了。於是，因果關係的方向是從外在環境流向執行決策。雞必須過馬路，才能去到另外一邊，所以這肯定也是雞唯一的動機。

起初，這種說法或許看似過度限定。畢竟那表示我們所處的環境狀況以及狀況帶來的局限，是理性地預先決定了我們所有的選擇、所有的決策。然而，實際情況並不盡然如此。雖說建構論確立了我們所處的作業參數，但只要重新確立當中既有的局限，總是會有餘裕讓個體的想法和行動塑造我們所處的狀況，這就是重建論。

第一章提及的克雷格·哈里森，第四章的麥特·休斯，兩人所處的環境、設備性能、狀況細節都有明顯的局限，可是他們採取的行動，克服了種種局限。哈里森破紀錄的射擊，休斯的子彈飛行弧線，正是人類在看似已成定局的艱困情境中做出正確決策所致。

大受歡迎的俄羅斯方塊電玩遊戲，有各種幾何形狀從畫面最上方墜落，玩家必須操控那些形狀，使其構成完美的實線。至於能不能構成實線，就要看畫面上出現的形狀、形狀墜落的速度、已經堆在底線上的形狀，還要看玩家的執行決策、經驗、技能。

Apple 起初考慮推出 iPhone，當時的環境是以黑莓機為主流，黑莓機有名的地方在於易觸的實體鍵盤。在非常理性又已成定局的世界，Apple 原本可以針對主導市場的對手評估其優缺點，用高價或低價的策略作市場區隔，藉此達到競爭優勢。

照理來說，Apple 要麼推出更時髦、更昂貴的實體鍵盤手機，以外觀設計擊敗黑莓機；要麼製造出外觀類似、製造成本更便宜的手機，以價格擊敗對手。那麼，Apple 當時就能據此調校價值鏈，在過程中擬定製造策略、行銷策略、人資策略。

原本能以前述策略為基礎，擬定財務目標和預算分配。這種做法可創造市場形象，努力對抗規模較大且十分成功的 Research In Motion（簡稱ＲＩＭ）公司，ＲＩＭ公司當時持有黑莓品牌。原本ＲＩＭ和 Apple 會巧妙調整自身定位以因應彼此的行動，年復一年逐漸改善自家產品。

然而，正如我們所知，這並不是 Apple 後來採取的策略。賈伯斯展現的許多特徵，都符合訓練有素的狙擊手心態，也就是「調整、克服」。iPhone 專案的每一個問題，帶來更有創意的解決辦法，賈伯斯無論如何也不會允許任何人對 iPhone 上市的「任務」有所動搖。

自從第一批蕪菁在中世紀的市區廣場小攤那裡易手賺取錢財，我們做決策的方式就已經理論化，尤其是商業環境，甚至還可能過度分析了。由此可見，現在是大好良機，該讓我們採用的知識系統更正式化。不是要按照規定的做法，為我們制定出一套新的限制，以更廣的角度看待某些情況下是怎麼做決策的；而是要讓我們意識到自己做決策時採用的過程，覺察到那些過程背後有更正式的理論，這樣一來，就會覺得自己更有能力採用，更有信心挑戰、推翻、忽略過程。

六大決策做法

任何一個決策過程具備的多種要素，可簡化為以下基本準則：問題會有時間表，在時間內必須做點事因應，結果要麼是成功解決，要麼是沒有解決。為了達到我們想要的成果，需要特定的資源，我們永遠必須應付若干的局限。總之，必須讓情況變得有利自己才行。我們按部就班考量問題、構思可能的解決辦法、推斷成果時，是採用下列具體的決策模式：

- **正統做法：**根據先前的資料和經驗，落實我們所做的選擇。我們面對問題，往往會採取最直接的決策法。狙擊手會記錄自己的射擊情況。奧運選手、籃球和棒球的明星選手、傑出的攀岩好手（例如前文的霍諾德），全都會詳細記錄自己的表現狀況。也就是說，他們擁有大量詳細的資訊，可以成為立即的背景，有利做出初步決策。接著進行情況分析，找出可能會影響決策的其他要素。這種做法讓我們必然養成特定的行為模式，亦即記錄詳細的筆記

（或者以某種方式保有相關資訊和資料），利用相當不錯的記憶力，對過去每一次的成敗進行檢討、分析、學習。我們完全投入在自己做的事情上，自然會對那件事仔細思量，把學到的教訓內在化，每次處理類似問題時，就利用過去的教訓，擬定更好的處理方法。

- **人資做法：**人性是每個決策過程中的關鍵要素。我們在做決策時，人性會對我們造成影響（因此必須有所覺察），也會對事件當中其他參與者的行為造成影響。我們身為關鍵決策者必須有所覺察，而對於我們想達到的成果，更必須把人性納入考量。狙擊手仔細研究，明確了解人們在特定情況下會有的行為，這些行為形成一層中繼資料，可當成額外信號，協助狙擊手做出決策。這個過程需要高度的同理心。

商業決策或任何一種決策，若在過程中未採用同理心，就會錯失關鍵層面，之後只會讓事情變得更複雜難解。這就是典型的理性與感性的兩難。理性的做法和感性的做法都不是一體適用，覺察到兩種做法的優缺點，才會懂得何時該使用哪種做法。根據加拿大聖瑪麗大學心理系進行的研究顯示，最佳決策者對於理想與感性的過程有所覺察，因此確切知道何時該訴諸於理性，何時該訴諸於感性。

- **量化的做法：**下決策的那一刻起，決策的執行需要特定的步驟，因此便產生方法學。此時，就是決策樹和情況分析扮演重要角色之時。若要做出最好的選擇，預知可能的成果和隱患，掌握優缺點，那麼知識、資訊、有能力理解每件事如何水到渠成，正是關鍵所在。訓練期間，狙擊手必須在「敵方」已知有狙擊手要來的情況下，仍然實施盯梢行動，因此偽裝和躲避技能要臻至完美才行。狙擊手學會了在時間緊迫的高壓下、在不理想的情況下做出關鍵決策。此外，為了達成任務，狙擊手還學會使用可用的元素，其所制定的決策樹，是盡可能以最有創意的方法，處理必須做的每件事。商界太常利用量化法，列出需求資源清單裡缺少的東西，對於達不到的目標也找理由推託，而不是找方法達到目標。

- **系統思維觀點：**相當於第九章首次提及的樂高準則。狙擊手的每件任務就如同每個行銷宣傳，每個新的組織措施都是由許多環節組成，而每個環節各有其結構、里程碑、特定的臨界點。唯有把每件事拆解成多個部分，唯有辨識出瓶頸以及決策能創造不同成果的那些時間點，案子才能化為一連串容易管理的行動。李小龍善於採行此法來規劃人生並決定當下該做些什麼，有助達成未來的目標。
- **隨機應變的做法：**事情發展往往不會按照計畫進行。商界和特種部隊的任務似乎同樣具有蝴蝶效應。為了讓事情順利進展，大量的外在因素需要各就其位，卻也因此使事情出錯的機率增加。為這類偶發事件做好準備，是需培養的一種心態。因此，狙擊手、特種部隊特務、奧運選手、棒球和籃球精英選手、獨攀好手，才會運用細膩的想像力，勾勒出即將進行的任務的正反面，看清哪些環節可能會出錯，可採取哪些處理方法。為最糟的狀況做好準備，最能抓住每個出現的機會，若事情的發展沒按計畫進行，也能做好最完善的解決方案，處理眼前的難題。

- **技術優勢的做法：**有時較佳的設備是讓我們享有強大競爭優勢的關鍵。我們無論如何都應該承認這種快速致勝的做法確實有效。知名的十七世紀日本武士宮本武藏在《五輪書》（此書以帶有寓意的筆法論述戰略）中寫道：「木匠有如士兵，會磨利自己的工具，把用具裝進工具箱，在工頭的指導下工作。木匠用斧頭造出樑柱，用刨子刨出地板和架子，精準切割出網格細工和淺浮雕，充分發揮技能，做出完美的成品。這就是木匠的工藝展現。技能優異的木匠，能依循正確的度量，高效率工作。木匠培養出所有工藝技能的實用知識，就能成為工頭。」懂得何時何地該用什麼，向來是專家技能的一部分。

堅強意志四大支柱

堅強的意志是可以培養的，大腦是一種可以訓練的肌肉。如霍諾德或經歷地獄週的海豹隊員所具備的堅強意志，並不需要把情緒隔絕在外。相反的，我們必須擁抱自己的情緒，並且覺察、了解、駕馭情緒，方法就是把情緒放在背景脈絡當中，揭開我們抗拒情緒背後的原因。

在朋友的葬禮上忍住不掉淚，並不是堅強的展現，這種否認的行為，日後有可能會反過來糾纏著自己。在精英活動的整個光譜上，有四項具體元素可稱為堅強意志四大支柱：

- 設立目標。
- 心理想像。
- 自我鼓勵。
- 抑制激動。

以上每一個支柱都具備幾個獨立的部分，實際情況視背景脈絡而定。讓我們心理變得堅強的，表面看似簡單，其實真的能讓我們堅強起來。然而，是什麼讓我們堅持下去？就連堅強意志的鍛鍊也需要意志才能達成，那麼究竟是什麼能保證我們毫不動搖？為了繼續往前進，我們能做什麼來確保自己能努力不懈？

美國哲學家與心理學者威廉．詹姆斯（William James）表示：

跟理應要成為的人相比之下，我們都只是半夢半醒罷了。我們的火力受到阻礙，也檢查過計畫，但運用的只是心理資源的一小部分……世界各地的人都擁有大量資源，唯有卓越者才懂得充分運用。

威廉・詹姆斯的作品是為了追尋兩個問題的答案：一，人類的能力有哪些類型？二，一般人要如何獲得那些能力？如今我們知道動作技能和認知技能密不可分，知道心智展現於身體，知道大腦要是沒發揮令人吃驚的功能，就沒辦法做伏地挺身、出拳、揮球棒、用步槍射擊。

堅持要達到目標的人，與覺得負擔太大、過程太艱苦就半途而廢的人，這兩種人之間的差異正是詹姆斯想了解的。為了設法回答前述問題，賓州大學與密西根大學的研究員以西點軍校的軍官學員為對象，探究他們在校園裡第一個夏天經歷的艱苦新生訓練，也就是「野獸營」。

研究員追蹤兩班將近兩千五百名的學員，把學員的天賦劃分成幾種技能，例如SAT分數、領導力潛能分數、體適能測驗等，結果發現受試學員的成功與否，最精準的預測因子是他們口中所稱的「恆毅力」。後來，研究員在《人格與社會心理學期刊》（*Journal of Personality and Social Psychology*）發表的文章寫道：

> 所謂的恆毅力，就是對長期目標抱持的毅力與熱情。恆毅力是指努力不懈迎接挑戰，儘管碰到失敗、逆境、停滯，還是長年持續付出心力和關注。有恆毅力的人會像跑馬拉松一般漸漸靠近成就的終點，優點就是耐力。在別人的眼裡，失

望或無聊就表示該換軌道認賠出場，但有恆毅力的人則會堅持到底。

換句話說，成功者展現的恆毅力超過速度和力量。擁有堅持到底、絕不放棄的意志，或者願意選擇更簡單的路。研究員運用五大人格特徵模式對軍官學員進行人格分類：

- 經驗開放。
- 盡責。
- 外向。
- 親和。
- 神經質。

無論怎麼組合這些特徵，恆毅力才是成功與否的決定因素。說到培養適當的心理態度，本書通篇一直要我們對以下三件事做好準備：培養良好習慣，不去擔心自己掌控不了的事情，經常從事某種運動。

狙擊手技能養成清單

本章學習內容：

□狙擊手做的四件事情，每位商業人士都能仿效。
□在高壓下仍有優異表現，是由毅力和一次次的嘗試累積而成的。
□有特定模式可用來描述我們做的決策。覺察到那些模式，就能打造出適合我們下決策的結構，避開明顯的陷阱。
□堅強意志四大支柱幫助我們奠定心理韌性，對抗壓力與逆境。
□恆毅力有如「魔法醬料」，幫助我們成為表現出色的人士。

第十一章

感受

仿效海豹隊員，運用感覺與情緒智商，
擬定必勝策略。

感性腦因應事件的速度比理性腦還要快。
——美國著名作家兼心理學家丹尼爾·高曼（Daniel Goleman）

偵察狙擊手是指揮官的眼睛和耳朵，通常也是指揮官扣扳機的手指。偵察狙擊手在海陸軍力的最邊緣處行動，負責防護路線安全、蒐集情報，必要時還要負責掩護。

伊拉克中部的拉馬迪市，位於巴格達西方約一〇九公里處，法魯加西方約五十公里處，因而成為伊拉克戰爭期間的暴動熱區中心。偵察狙擊手提姆．拉薩吉（Tim La Sage）隨同海軍陸戰隊第五團第二營部署，對他而言，拉馬迪市是凌晨三點的任務執行地點，目標是約旦激進伊斯蘭教徒，阿布．穆薩布．扎卡維（Abu Musab alZarqawi）的堂弟。在該件任務中，提姆差點沒了性命：

我們正往幾個街區外的巷子移動，這稱為「衝撞」。之前已經先派兩個弟兄到前面負責掩護，他們肯定被發現了，因為我們穿越馬路時有人在那裡等著，街上擺了土製炸彈。一直以來我們都擅長找出土製炸彈，可是這顆我們卻沒有看到。我們跑步穿越馬路，此時對方引爆炸彈。那個爆炸很大，我的兩個弟兄，一個在我右邊，一個在我左邊，都被炸死了。情況混亂成一團。這場衝突結束後，我失去腿部的所有肌肉和肌纖維，甚至可以把啤酒罐放進我的大腿裡。（註：在拉薩吉所屬單位的八人當中，後來有七人獲頒紫心勳章。）

大多數人受到那種重傷根本無法行動，拉薩吉卻撐了下來，協助傷勢更嚴重的弟兄，拚命還擊敵人，去除自己的恐懼、痛苦、絕望，守住戰役成效，等待支援到來，好讓他和他保護的弟兄離開那裡。

訓練狙擊手在高壓下遏制情緒所依循的準則，也就是「咬緊牙關撐下去」的方法，有如傳奇故事。我訪談的其中一位現役狙擊手叫做雷恩（Ryan G.），他對這種能力的看法頗有意思：

> 你知道等一下會很慘。你攪和在這裡。他們訓練你時會仔細觀察，看看你的狀況。你知道自己隨時能停下來，放棄了就淘汰，如果你願意的話。可是你腦子裡很清楚，自己無論如何是不會放棄的，因為你去那裡，就是要成為自己想成為的人。所以要讓你出局，唯一的方法就是他們讓情況糟糕到害死你，可是你很清楚，他們才不會那樣做。
>
> 然而等你服役時，情況就不是那樣了。當你一直遭到火力攻擊，或者處於很糟糕的位置，走錯一步就要付出代價。於是你抹去每件事，抹掉天氣、疲倦、恐懼，什麼都不剩。你專注於自己的任務——拯救生命。你的決策會讓某個人死去，某些人存活。你就像是帶著望遠鏡的上帝。於是，你考量每件事，挺過恐

懼，專注於自己的呼吸，聆聽自己的心跳。然後，你做著你受訓要做的事，因為你就是刀刃。

雷恩的描述很有意思，他有意無意運用生理工具和心理工具，藉此承認及掌控自己的情緒。比方說，他描述自己受過訓練可掌控自身的感覺，提到了狀況警覺（認知分析法）和認同感（了解自己的格言）。

他說，他知道在訓練期間他們不會讓他死掉，所感受到的恐懼是不合理的。這種做法很聰明地攪亂自身系統。他決心要堅持到底，因為他知道自己很安全。然後，他把該場訓練獲得的經驗遷移到現實情況。在現實中，死亡有可能近在咫尺。他能夠完全區隔化，運用掌控呼吸的技巧，讓自己冷靜下來，想像自己做事背後的動機，藉以保持專注。他承認情緒的存在，然後承受住，畢竟他也知道，這樣好過於受情緒掌控。

從他的描述中，可以發現他能觸發心理學者所說的三種獨特要素，這三種要素正是自我發展的關鍵：

- **自我覺察：**有能力辨識及了解自己的心情、情緒、動力，及其對他人造成的影響。
- **自我調節：**有能力對破壞的衝動和心情加以掌控或重新引導，適應多變的情況。從灌輸在每位訓練精良的狙擊手的內心，如今大家已熟知的格言「適應、克服」，就可得知其定義。

- **內在動機：**有熱情去做他做的事情，此是基於內在理由，超乎地位與外在獎賞。

訓練有素的狙擊手思維具有強大的力量，可以把與正常人的差異給擱在一旁。狙擊手思維創造出一條屹立不搖的線，連結起古今所有國籍、所有文化的狙擊手。有能力以特定方法運用思維，那麼即使是表面上截然不同的人，還是能繪製出心理上的相似處，創造出精神上的雙胞胎。

比方說，拿破崙戰爭期間在英國第九十五步槍團服役的愛爾蘭士兵湯瑪斯・普倫克特（Thomas Plunket），就有如卡羅斯・諾曼・海斯卡克二世的神槍手雙胞胎。海斯卡克是帶有美國原住民血統的海陸狙擊手，在越戰期間他為了擊斃敵軍將領，獨自爬行了一點三公里以上。

一八〇九年，在卡卡韋洛斯戰役（此為大規模的拿破崙戰爭當中的一起小事件），普倫克特使用貝克步槍，以大約六百公尺的射程，射中法國准將柯伯特（AugusteMarieFrançois Colbert）。普倫克特為了開這一槍，往前跑了過去。普倫克特還沒回到己方戰線就重新裝彈，射倒柯伯特的侍衛官拉圖爾—蒙伯格（Latour-Maubourg），拉圖爾—蒙伯格方才衝向倒地的柯伯特那裡救助。

由此可知，第一槍並非僥倖擊中，兩人的死亡足以把即將到來的法國攻勢化為一團散沙，這是「一發子彈殺死一人」和「一發子彈能改變歷史」原則的早期記錄案例，狙擊手都學會運用這兩項原則。

歷史的連結線不止於此。佩格馬加保（Francis Pegahmagabow）是隨加拿大人出征的奧吉布瓦族戰士，是一戰時期最精銳的狙擊手，曾擊斃三百七十八名德國人、俘虜三百人以上，看似早期版本的瓦西里．柴契夫，也就是那位來自烏拉山脈的農場少年，二戰期間在蘇聯第六十二軍服役。

任何一處、任何一位頂尖狙擊手，在心態、性格、做法上都十分類似，去掉他們的國家認同與所處的時代，列出他們的特性，還以為是同一個人呢。這背後是有原因的，好比某位奧運選手要是只看精英水準技能的本質，就會跟另一位運動員難以區分，而狙擊手思維也是一樣，把所有受訓採取某種思維模式的人員都統合在一起。

完全成熟的狙擊手思維具備的韌性和力量，來自於有能力積極運用及掌控感覺和情緒，打造有力的動機平台，排除會導致多數人士氣低落、失去動力的因素。這是偉大的成就。也就是說，有能力探索那片通常會生出絕望的真空地帶，成功帶回希望。

在聽來像是藍波系列電影的情節中，在我們的心智之眼所看到的電影遠景裡，我們看見一個男人獨自站立，既冷又餓，可能還受傷了。他的設備老舊，彈藥即將耗盡，跟他形成對比的是一大批的敵軍朝他的方向行進。歷史上有許多這類案例，蘇聯和芬蘭的冬季戰爭即是其中一例。

一九三九年史達林領導的蘇聯發起入侵鄰國芬蘭的行動，以十二師（約十六萬人）的軍力攻擊領土小很多的芬蘭。在柯拉戰役，芬蘭軍力寡不敵眾，是一二五比一的比例，有一度只有三十二人要對抗四千軍力的蘇聯部隊，保衛某塊領土。

席摩・海赫（Simo Häyhä）是芬蘭狙擊手，隸屬 JR 34 第六連。他在冬季戰爭的表現十分出色。他扛著莫辛—納甘 M91 步槍，穿著白色冬季偽裝服，只帶著一天的補給品和彈藥。他躲在外頭的雪地，蘇聯軍人要是踏進了他的獵殺區，就會一命嗚呼。他喜歡在槍上裝設鐵製瞄準具，不喜歡裝望遠鏡，因為望遠鏡往往會反射陽光，洩漏他的所在位置。

他聽起來或許像個普通的狙擊手，實情卻非如此，那年冬天，在長達一百天的時間，他總共擊斃五百多人，贏得「白色死神」的稱號。蘇聯軍怕他怕得要命，為了除掉他，蘇聯軍發動無數次的反狙擊手和火炮攻擊，全都以失敗告終。

儘管蘇聯軍當時佔領的芬蘭領土約有九萬一千七百平方公里，還是輸掉了冬季戰爭，原先軍力一百五十萬的蘇聯部隊，有一百萬人死在芬蘭軍的手裡。日後，有一名俄羅斯將軍說，他們征服的領土「只夠拿來埋戰死的士兵」。

三十年後，八千公里外的另一名狙擊手艾德・伊頓（Ed Eaton）在越南進行直昇機夜間任務。越共射下他搭乘的直昇機，機上的人多半都受傷了，傷勢幾近致命。他的朋友和任務組長麥可・伯金斯（Mike Perkins）少校的傷勢最為嚴重，被壓在直昇機底下動彈不得，逃不出來。在墜落的直昇機仍然遭受攻擊的情況下，他抑制情緒開始動作。日後他表示，既然自己的傷勢最輕微，就一定要保護同袍。

他爬到殘骸上方，使用一支因墜機而受損的狙擊步槍和一把M16，再加上狙擊手的夜視鏡，發現兩組分開行動的越共，他們從四百六十公尺外正趕來這裡。他所在的位置很容易遭受越共火力還擊，他沒有停下考量這點，而是精準射擊對方，跟兩組人交火，強迫敵軍連忙掩護自己，朝他所在位置行進的速度也減慢了。他使用兩把槍，使敵軍誤以為那裡不只一個人。還有一點更令人印象深刻，他摸清了狙擊步槍受到的損害，調整步槍的瞄準缺陷，然後開始一次一個拿下敵軍性命。

圖 11.1　席摩・海赫榮獲型號 28 的紀念步槍。

他盡量保留火力，好等待救援抵達。後來兩架直昇機前來拯救弟兄，伯金斯的傷勢太過嚴重搭不上機，於是伯金斯自願留下，還拿了一顆手榴彈，萬一被捉時可引爆自殺。正當直昇機要離開之際，伊頓說要留下來陪伯金斯，他不希望朋友失去生存的希望，一個人死在那裡。時間就快沒了，直昇機駕駛員一定得離開了，不得不把那兩個人留在戰場上。伊頓要以數量有限的彈藥對抗人數眾多、朝他進攻的敵軍。

這情況看似絕望，伊頓沒期望自己能活下來，就像是黑鷹計畫發生意外時，戈登和舒哈特在摩加迪休採取的行動。在交火暫歇之際，伊頓跟伯金斯說，他會把最後兩顆子彈留下來給兩人用，免得被敵軍活捉。儘管伊頓受了傷、彈藥將盡、情勢絕望，卻還是壓制住逐漸進逼的敵軍，順利等到第二批救援隊抵達現場，把受傷的同袍用直昇機載往安全地點。

閱讀著狙擊手的輝煌功績，聆聽著狙擊手以陳述事實的語氣說著那些特別英勇的時刻，我們頓時明白了，如果文化、國籍、時間都沒有意義，那麼狙擊手思維表現出的特徵與態度，肯定就是普通的思維接受特定訓練所致。這種訓練的重要環節就是懂得辨別、控制、更善加運用情緒智商。

知識：了解情緒、有效控制情緒、在思考及推理時運用情緒，有助於認知、任務表現、社交關係。

情緒智商四環節

如果不該隔絕情緒，而是應該承認、控制、引導、運用情緒，那麼有什麼技能可以幫我們做到這點？為了解我們需要什麼，我們必須承認自己整體的溝通能力很蹩腳，而且極其杞人憂天。我們多半沒有安全感又深陷其中，因此盡量少溝通。同時，我們經常忙於疲累的臆測遊戲，對於周遭人們少之又少的交流，設法解開背後隱藏的意義。

我們被這種沒有安全感的感覺推動，被內心的恐懼掌控。我們設法隱藏自己沒有安全感的事實，否認內心的恐懼，弄得自己筋疲力盡。而我們的溝通之所以變差，並不是因為無法交流，而是因為不曉得要怎麼溝通，才不會顯得好像自己覺得自己很弱，覺得別人就等著機會踩我們一腳。

在探討這個問題可以怎麼解決以前，務必要先了解一點，那就是必須先覺察情緒智商最初所處的背景脈絡，才能改善情緒智商的運用方法。對於社會常規、文化傳統、從這兩者產生的社會概念，要是我們毫無所覺，那麼判斷力可能會有瑕疵，假設會錯誤，我們的決策和後續的行動也可能會有瑕疵又錯誤。

由此可見，在現實上，情緒智商和社交互動不能分開來看。此外，社交互動也不能跟關鍵決策，以及我們投入的行動分開來看。其實有越來越多的著作都指出，能力上的個別差異是情緒智商所致。比方說，理論上能力相當的兩位明星運動員，實際上卻是其中一人比較優秀；海豹部隊有新兵放棄，但智力或體能沒那麼優秀的新兵卻沒放棄，背後的原因就出自於情緒智商。若要探討個體情緒智商的資格和量測，建議採用的準則有賴於四個獨特環節：

- 我們如何覺察情緒。
- 我們如何運用情緒來激發想法。
- 我們如何了解情緒。
- 我們如何控制情緒。

耶魯情緒智商中心（非營利研究組織，合作夥伴有空軍研究實驗室）在其網站上表明「情緒可促進學習、決策、創意、關係、健康」。每個人的心理構造裡頭，各環節的整合狀況都不一樣。人會從自身所見形成想法，基於這想法而做出關鍵決策，而決策能力上的一些基本差距，是各環節的發展情況所致。比方說，情緒的感知與表達，情緒提升思維的能力，是由分開的資訊處理區域進行個別處理。男性士兵看見哭泣的嬰兒，反應就是有別於母親或護理師。

根據卡內基技術學院的研究顯示，成功的理財有百分之八十五是拜「人因工程」技能所賜。人格、溝通能力、協商方法、領導風格，都比技術能力或智商還要更重要，技術能力和智商的因素僅佔百分之十五。

若說情緒智商就是人在社會環境裡的互動狀況，那什麼是重要的，就顯而易見了。如今，社會生物學者、心理學者、神經生物學者都會考量到背景脈絡，背景脈絡就是社交互動發生之處，具備篩選作用，可讓大腦在其處理的所有資訊當中，辨別哪個是相關的信號，哪個是煩人的噪音。於是情緒智商造就的技能，可分成獨特的兩類：個人能力和社會能力。

個人能力包含自我覺察與自我管理兩項技能；社會能力包含社會意識與人際關係管理兩項技能。前述四項技能加起來就是情緒智商高的人擁有的一整組重要技能。

前述技能如何影響感知？感知又是如何反過來影響技能？社會心理學者艾蜜莉．巴瑟提（Emily Balcetis）的畢生事業就是找出這兩個問題的答案。巴瑟提的看法跟本書陸續反覆提及的小概念息息相關。

視覺

在第二章，我們從德國攝影師賽門．曼諾的作品當中，看到了視覺和感知的重要性，以及訓練有素的狙擊手培養的覺知能力。日常英語所說的 Seeing（看到）往往是 understanding

（了解）的同義字。視力也是大腦收集資訊了解周遭世界的主要管道。

狙擊手會培養出直覺的理解力，理解自己所處的環境與情況。他們隨著心理技能的增進，會變得擅長把自己融入其中，不去干擾到環境裡的任何模式，也不會讓人注意到自己。此外，狙擊手還會培養出細膩的理解力，理解視覺資訊的處理方式，對於外部觀察者的大腦是透過何種過程理解到狙擊手的躲藏處，也會變得精通解讀那過程。

本書逐一探討訓練有素的狙擊手思維應該具備哪些技能，並提出「假如？」的問題。假如有方法可以培養出同樣的心理技能，又不用放棄自己的工作、不用拋棄自己的生活、更不用從軍受訓成狙擊手呢？

許多證據都證明大腦只有特定幾個管道專門處理資訊，只有特定幾個系統專門做事。由此可見，訓練有素的狙擊手思維能做到許多事，只要我們具備遷移的能力，把模擬環境中學到的技能應用在現實生活中，就可以仿效。在這趟狙擊手思維之旅，我們學到許多技能和訣竅，懂得如何變得更覺察、更富正念、更掌控自己的身體和情緒、更專注並且更堅定。

當然，要做到這些必須付出心力，沒一件可以輕鬆得來。然而大腦的能力，以及身體隨後展現的能力，兩者之間有一條有記載的明確途徑。身體的能力，及其隨後對心智能力造成的影響，兩者之間也有一條有記載的明確途徑。

從訓練有素的狙擊手描述的驚人事蹟當中，若說有個全面的重要教訓，那就是身心之間並沒有真正的分別，身心是一體的。基於研究目的，我們可以把身與心縮減成具體且有差異的器官部位，但是那樣不能證明它們真正的作用及其如何整合到整個人體，好比把跑車的輪胎拆掉，研究電鍍橡膠的化學公式，也無法知道輪胎所屬的跑車的能力。

由此可見，我們可以運用所學，在日常生活中做出一些小修改、小事情，從而改變人生道路與最後的結局。如今，有兩位研究員不僅提出更多證據，也提出兩項訣竅，可以幫助我們的身心表現獲得幾近立即的改善。這兩位研究員在研究上的典型之處，就是找出訓練有素的狙擊手日常運用的一些特性，並且強調軍隊長久以來灌輸給新兵的做法和想法當中的構造。至於不典型之處，就是證明誰都能達到那種境界。

第一位研究員是紐約大學助理教授艾蜜莉．巴瑟提，她在感知和認知的研究上，獲得越來越多的關注。在二〇〇六年巴瑟提發表一篇名為《動機型視覺感知》的論文，副標題是「我們是怎麼看到自己想看的」，文中探究動機如何抑制感知的處理，還強調心與身是藉由三種獨特方法相互影響：

- **內心的希望會讓我們對模稜兩可的畫面產生偏見**：換句話說，我們對於想看到的事物所抱持的期望，會影響我們對於所見事物的理解方向。這點跟我們所知的現象也有直接的關係：狙擊手讓心智做好準備，利用周遭環境來加強自己的行動能力和躲藏能力。這點也關係到前文提及的棒球選手和其他精英運動員的所有研究結果。此外，也有助於解釋心理警覺狀態如何能改變生理成果。

- **我們能學會減緩認知失調，進而改變感知及調節精神狀態：**訓練有素的狙擊手若認為艱苦和困難是任務的一部分，那麼肯定會顯現出這項特徵。不出所料，根據巴瑟提的研究結果，若教導一般人對自己感到滿意（海豹部隊和精英特種部隊士兵運用的自我鼓勵），那麼一般男女不僅會覺得任務變容易了，還會覺得完成任務所需的心力變得比較容易辦到，也簡單多了。即使實際上比以往還要更努力，也不會覺得自己有那麼辛苦。
- **我們能學會全神貫注於所需的目標，實際達到所需的成果：**狙擊手擅長全神貫注於手邊的任務，排除所有干擾因素，將全副心力都放在完成任務上。根據巴瑟提的研究結果，這項特徵並不是狙擊手獨有的特徵。這種能力，正如本書探討的所有能力，任何人都能培養出來。有一點很有意思，專注力很容易就會發揮作用，就像是一句再度確立的心法，能產生幾近立即的結果。

巴瑟提發現，相較於我們實際上獲得的視覺資訊量，我們在任何時間點能專注的視覺資訊量相當少。

能以優良的銳利度、清晰度、精準度看到的範圍，相當於伸出的手臂上的拇指的面積。周遭的其他東西都模糊不清，因此眼睛看到的大部分畫面都是朦朧的。然而，我們必須釐清並理解自己看到的究竟是什麼，此時心智就會幫忙填補空缺。由此可見，感知是一種主觀的經驗，我們就是這樣透過自己的心智之眼，去看到自己想看的。

心與身之所以相互連結，是透過大腦看見的方式，不是眼睛看見的東西。經由活化荷爾蒙和神經傳導物質，感知能在神經化學上改變身體運作的方式。巴瑟提讓體能不一的普通人覺得自己具備減重健身的能力與高度動機，證明他們在體能和認知能力上獲得大量又顯著的改善，未做準備的控制組則不然。巴瑟提針對表現改善上的差異進行分析，結果如下：

- 若是致力於近期可達成的目標，認為自己有能力達到目標，或是真的覺得自己可以達成目標，那麼在表現上會比沒有這類想法和行動，也沒有強烈自信感的人還要好將近百分之三十。訓練有素的狙擊手自然是相信自己的能力，已制約成了習慣。美國海軍陸戰隊教導新兵要懂得自己的能力，教導新兵要「挺直腰桿」，因為這樣在戰場上就能做出更好的本能判斷、更佳的決策、更正面的成果。

- 專注力會改變我們的主觀經驗，也會改變我們的目標表現成果。處於「忘我境界」、保持正念、意識到周遭環境和自己所做的每件事，都會讓大腦有不同的表現。然後，現實世界中的認知層次與生理層次表現，也會獲得顯著的改善。
- 我們全都能教自己透過心智之眼，以不同的眼光去看待世界，方法是訓練大腦以更縝密沉著的方式運作，並且掌控那些看似隨機的情緒拉扯。

要達到前述境界，巴瑟提傳授的簡單訣竅是一句心法，使從未受過軍事訓練的一般人，可在日常工作中提升表現。那一句心法是什麼呢？

專注於獎賞

提醒人保持專注，心思不要放在干擾因素上，應該要全神貫注於正在發生的事情上，要相信人的能力不是只受限於自己生理上能做到的，要相信人能把最複雜的任務化為容易做到的小步驟，按部就班就能獲得獎賞。

中華人民共和國開國領袖毛澤東宣揚「千里之行，始於足下」，摘自老子的《道德經》，時值紅衛兵開始進行長征，這也成為毛澤東往上爭取權位的起點。

「專注於獎賞」是以理智又簡練的口吻，提醒我們專注於自己心目中真正重要的事情。這句話有如使命宣言，經常篩選出自己的想法和所做的事情之間的關聯。我們很容易會過度簡化事情，很容易就把這句保持專注的提醒當成觸發因子，讓我們的「軟體」發揮作用，可是實際情況不是這樣運作。自我覺察、專注、自我肯定，不僅會活化那個讓我們運作的「軟體」，也會改變「硬體」，從而創造出新的機會，讓軟體得以掌控。

聽起來很複雜嗎？哈佛大學社會心理學者艾咪．柯蒂（Amy Cuddy）提出解釋，使我們更能聽得明白。柯蒂終生的志業多半是分析非語言行為對溝通造成的影響，他的研究是檢視非語言行為對接收端造成何種影響，同時也探討非語言行為會對使用者造成何種影響。就這方面而言，柯蒂的研究工作有別於此領域大多數的研究。大多數研究都是檢視權勢姿勢及權勢姿勢對觀者的影響，柯蒂的研究則是探討，我們採用的身體姿勢如何改變大腦裡的化學作用，並在一段時間後改變內在迴路，於是從神經生物學的角度來看，我們變成了不一樣的人。

柯蒂發表的許多演講和研究報告都提出了證據，證明心智是如何改變身體，而身體又是如何改變心智。柯蒂累積十分大量的證據，證明自我肯定的權勢姿勢和手勢會奠定自信感，還會覺得更有掌控力（即使當時不是這樣），進而引起體內的化學變化，增加睪固酮濃度並降低皮質醇（壓力荷爾蒙）濃度，使得我們在高壓下變得比較冷靜，更能清楚思考。此外，我們做關鍵決策的能力也會受到影響。

正如柯蒂在TED演講所說，覺得自己有權勢的話，心智會影響身體，而身體也會反過來影響心智：

我講的是想法和感覺，還有那些組成想法和感覺的生理事物，就我的例子而言，就是荷爾蒙。我看的是荷爾蒙。所以有權勢者和無權勢者的心智究竟是什麼樣子？有權勢者往往比較武斷、比較自信、比較樂觀，這點並不出乎意料。其實，即使是碰運氣的遊戲，有權勢者還是會覺得自己會贏，往往也有能力做比較抽象的思考。由此可見，當中存在許多差異。有權勢者比較願意冒險。有權勢者和無權勢者有許多差異。在生理上，有兩大荷爾蒙有差異：睪固酮，即支配荷爾蒙；皮質醇，即壓力荷爾蒙。

有些人在高壓下產生的皮質醇較少，覺得壓力沒那麼大，他們較能掌控情緒，以更廣闊的背景脈絡思考。

柯蒂的研究結果反映出加州大學柏克萊分校李・安・哈克（Lee Ann Harker）和達契爾・克特納（Dacher Keltner）的研究結果。哈克和克特納分析大學畢業紀念冊相片，找出有正面情緒的人，然後找出正面情緒以及三十年後的人生和事業有何關聯。哈克和克特納的研究結果有一點令人印象深刻，那就是正面情緒以及多年後的正面事業和人生結果的關聯，似乎跟長相和ＩＱ技能毫無關係。

基本上，正如柯蒂明確表示：「身體會改變心智，心智能改變行為，行為能改變結果。」對於那些說「裝久了就會成功」的人，柯蒂表示：「裝久了就會變成那樣的人。」這有其道理。大腦並沒有「假裝」機制和「真實」機制，可用來表達情緒及掌控情緒影響思維的方式，因此假裝一段時間過後，大腦迴路就會漸漸改變，最後弄假成真。

狙擊手訓練是藉由從事重覆的小任務、獲得小成功來累積信心，一直到新手開始真正有感為止。這是軍方比較正式的訓練法，有著普通疑慮、恐懼、不確定性的普通男女，經過訓練後就會變成有著高度動機和專注力的專業人士，達到超高水準的表現。說來湊巧，企業一直以來都希望能跟員工一起達到這樣的目標。

商業案例

表面上看來，美國運通（American Express）和美國空軍並沒有共同點。可是進入二十一世紀，這兩個組織都同樣碰到人員流失的問題。美國空軍的一年級新生流失率很高，進而造成資源的浪費和優良駕駛員的短缺。美國運通客戶業務專員的流失率也很高，許多人在團隊裡待了一小段時間的表現無法達標，這樣也會導致浪費寶貴的資源，客戶數量減少。

為了解決問題，這兩家組織訴諸於情緒智商，以類似的方法處理問題。為了針對人員的個人能力與社會能力水準進行量化，這兩家組織對每位員工進行以下十五項評估：

- 自尊感。
- 情緒自我覺察。
- 自我肯定。
- 獨立。
- 自我實現。
- 同理心。
- 社會責任。
- 人際關係技能。
- 抗壓力。
- 衝動控制力。
- 現實感。

- 應變力。
- 問題解決能力。
- 樂觀。
- 快樂。

在這兩家組織中，個人能力與社會能力得分高的人員，自然也會是表現最佳的徵兵人員和業務專員。狙擊手學習培養的「軟技能」，以及狙擊手受訓使用「硬技能」達到的正面成果，兩者之間有明確持久的模式。商界的情況也是如此，美國運通即是一例。

商業組織在外部獲得成功，其內在結構裡難以處理的人類溝通工作也會成功。這類組織會讓員工覺得自己獲得接納、有人需要、受到重視。若員工了解自己扮演的角色及其對利潤的重要性，就會開始像訓練有素的精英士兵那樣專注忘我，在工作上著眼於特定的任務，把自己應達到的成果牢記在心裡。那些員工會非常專注於獎賞。

把軍事訓練學到的技能、經驗、知識遷移到商業環境，只要具備七項個人特質，最後就能做出更佳的決策並達到正面成果。每位成功的狙擊手都具備這七項特質。有了這七大要件，便能在艱困局勢下仍有卓越的表現。

七大要件

英國有一位狙擊手艾德，曾經在皇家海軍陸戰隊服役，在伊拉克和阿富汗服勤。對於這個獨特軍種裡表現出色者的背後動機，艾德提出了以下的解釋：

我加入軍隊，是因為我只懂得做這個。我服役了一陣子，然後受訓成為皇家海軍陸戰隊的狙擊手。我曾經被派駐在伊拉克，然後派到阿富汗加入偵察旅，當時的局勢沒有現在那麼糟，後來打仗造成永久性的傷殘，我就退伍了。

當時我們所處的情勢非常艱困，外出巡邏向來會面臨潛在的危險。我第二次派駐海外，簡直跟地獄一樣，但我想念那個時候，想念弟兄的同袍情誼。我們都知道弟兄會挺自己，這種信任感，很難在軍隊以外的地方找到。之後，我就開始思考，想了很多。為什麼？我們背後的動力是什麼？當了狙擊手，世界看起來就不一樣了。眼睛看到的地方，是潛在的躲藏處。社會環境成了難以應付的地方，畢竟大腦經常在評估威脅程度，很難調整回來。

回來以後，我花了三年時間才開始定下來，覺得自己恢復正常。為什麼會當狙擊手呢？因為我們全都想要同一個東西，我們全部都是這樣，我們從來沒有說出口，沒跟別人說。甚至也沒對自己鬆口。不過，我們全都想要那個東西，那就是成為最厲害的人，盡力成為最厲害的人。

我們握著槍，透過瞄準具望出去，覺得其他事情都逐漸消失。然後，只剩下槍、目標、射擊、你要做的決策。全世界彷彿為了其他的一切而停了下來。然後，我們獨自在那個世界當中，事情變得更說得通了。我一直想盡力成為最厲害的人。

長久以來企業尋覓的價值觀，就是在商界佔有一席之地，變得重要、懂得理解，抱持的目的可以讓這世界擁有意義。亞馬遜擁有的衣鞋眼鏡公司 Zappos 所制定的內部組織準則，就類似空軍特勤隊的水平式指揮系統，因而成功達到前述的價值觀。

英國的約翰路易斯合夥公司（John Lewis Partnership）和美國的戈爾公司（W. L. Gore & Associates，GoreTex 品牌製造商），都建立了複雜的內在溝通系統，專門協助組織內的每個人都做到投入、負責、當責。把狙擊手思維的工具箱直接對應到企業環境下必須具備的條件，有七大要件是核心所在：

- **卓越的任務能力：**企業經營者對此必須有透徹的了解。比方說，即使軟體企業家自己不會寫程式碼，也必須了解程式碼的功能和局限。織品零售商必須熟悉織品的一切，懂得怎樣才能讓他的企業有別於其他零售商，讓客戶覺得他的企業是很重要的。作者要是不了解自己寫作的類型，無論寫得再怎麼好，事業也永遠好不起來。任務能力是依工作而定，必須熟知那些可讓人有能力做好工作的硬技能，還必須努力讓硬技能符合現今趨勢。

- **出色的社交技能：**就算你是在家裡獨自工作，有些事情還是必須跟同儕、競爭對手、廠商往來交流。如果缺乏可順利解決問題的社交技能，便會遭受不必要的挫敗。奠定成功的人際關係，必須具備多種軟技能（例如同理心），軟技能是社會能力的關鍵，可讓人以更好的方式在社會團體裡發揮作用。

- **情緒穩定：**對於戰場上的狙擊手、對於企業而言，情緒自我覺察、衝動控制力、抑制激動都同樣重要。情緒運用得宜，就能鼓舞士氣、釐清思緒、果斷行動。對於在變化莫測又艱鉅的商界裡工作的今日企業高階主管而言，或是對於任務有無法掌控的變數、最後期限逼近、有壓力要成功完成任務的狙擊手而言，自知、熱切的使命感和認同感都至關重要。

- **聰明且觀察力敏銳：**在當時情況下出現的所有可用的選擇當中，挑出最佳的選擇，快速做出決策，就必須具備知識、經驗、良好的觀察技能。商場有如戰場，若有智慧、觀察、能力去「根據事實推斷」，就能邁向成功。狙擊手經常運用觀察技能，經常精進及更新自己的知識。成功的企業之所以進步，是因為企業內的人員進步，在某種意義上，這很像是訓練有素的狙擊手所抱持的信念，也就是「適應、克服」。

- **狀況警覺**：沒有狙擊手會閉上眼睛或關上思維就去處理狀況，轉換成商業人士的情境，就是要熟知產業趨勢與現況的變動壓力。說到因應逆境、展現韌性、表現彈性、獨創力、創新思維，我們腦袋裡的洞察力（巴瑟提討論的心智之眼）正可讓我們掌握優勢。
- **善於挑選方向**：事業、人生、軍隊裡的關鍵決策，就在於選擇決策樹裡的路徑。無論是決定要從哪裡穿越敵軍領土，還是擬定電子商務部的年度指導方針，都必須能明確又有信念地做出決定，不能迷失在細節裡，或被細節弄得分心。我們在複雜的情況下會有何行為表現，關鍵在於我們身為個人所培養出的固有理論和信念。
- **耐心**：要有耐心，就必須具備自我覺察力、思辨能力、專注力。必須要有能力運用大量的軟技能和硬技能，比方說，藉由抑制衝動、抑制激動的方式，達到延遲的滿足，把工作給做對。回顧狙擊手學會的所有軟技能當中，耐心是狙擊手最應當重視的技能。保持耐心，在高壓下就會變得更冷靜，做出更佳的決策。這就是吉卜林〈倘若……〉一詩中提及的「昂首面對」。

根據史丹佛大學心理學者卡蘿．杜維克（Carol Dweck）的研究顯示，事業與人生的成功終歸到底就是心態使然。只要保持開放的心胸、不斷學習、培養眼界、運用正向強化，就可以保持正向，在人生中做得更好，享有成功的事業。

在今日充滿挑戰的世界裡，懂得運用情緒智商、有能力內省、經常重新評估自己的現況，顯然已是功成名就的人士所採用的做法。

狙擊手技能養成清單

本章學習內容：

□情緒智商有如「訣竅醬汁」，可強化每種硬技能。

□情緒智商含有四個環節，我們可藉此懂得如何培養情緒智商。

□我們如何看待這世界，正是決策過程的關鍵。

□有個簡單的指導方針是我們能給自己的，有助釐清思維、加強專注力、做出更佳的決策。

□在基本層次上，今日企業面臨的情況跟戰場上的狙擊手同樣多變又艱鉅，採用的做法也跟狙擊手學著應用的做法同樣精明又有彈性。

第十二章

落實

學習如何克服每道障礙，
從看似不可能的情況中建構完美的成果。

當你的視線從目標那裡移開，
你眼前看到的那些嚇人事物就成了障礙。
——美國汽車大王亨利·福特（Henry Ford）

假使你握著步槍，就算那步槍是 L42A1 狙擊步槍，德拉蒙德級護衛艦出現在眼前的畫面，還是令人生畏。德拉蒙德級護衛艦將近八十公尺長，幾乎跟足球場一樣長，全載重量是一千三百二十公噸，差不多是七百二十一輛 Jeep Cherokee 越野車堆疊起來的重量。

護衛艦的上甲板佈滿武器，有四個 MM38 飛魚式反艦飛彈、一台 100mm／55 Mod.1968 兩用炮、多台雙管 Bofors 40mm L／70AA 高射砲、兩台 20mm Oerlikon AA 機砲、兩支 .50 口徑 Colt M2 機關槍、兩支三管 324mm ILAS3 魚雷管（WASS A244S 魚雷）。護衛艦的軍火充裕，可有效進行防空作戰，同時還能防禦或攻擊海岸要塞。

相較之下，L42A1 狙擊步槍的長度只有一公尺左右，重量僅四點四公斤。口徑 7.62 公釐，十發子彈的彈匣，有效射程僅七百三十公尺。L42A1 狙擊步槍是以一八八八年的 Lee-Metford 步槍為基礎，在一九七〇年至一九八五年間，是英國皇家海軍陸戰隊和英國皇家空軍團採用的狙擊步槍，後來對現代戰場來說火力不夠強大便不再使用。相片上的 L42A1 狙擊步槍的木製槍托在今日顯得古雅，看起來像是狩獵用的步槍，不像作戰用的武器。

一九八二年，阿根廷和英國在南大西洋展開為期十週的交戰，起因是英國的兩個海外領土：福克蘭群島，南喬治亞及南桑威奇群島。這場衝突始於一九八二年四月二日星期五，阿根廷入侵佔領福克蘭群島（翌日入侵佔領南喬治亞及南桑威奇群島），為的是重新奪回統治權。在入侵南喬治亞的行動中，一艘護衛艦對上一支狙擊步槍，拚命爭奪主權。

戰爭始於一九八二年四月三日，阿根廷軍隊在南喬治亞島登陸。南喬治亞島曾是捕鯨基地，現已荒廢。島上唯一的指揮所是薛克頓屋，屬於英國南極研究站建物的一部分，可俯瞰島上大城愛德華國王角以及下方的港口。薛克頓屋部署了一隊二十二人的英國皇家海陸，其中一人是彼得・里奇（Peter J. Leach）二等士官長，他是排裡的狙擊手，配有 L242A1 狙擊步槍。

皇家海軍陸戰隊在幾天前抵達，準備固守防禦，對抗阿根廷軍隊。阿根廷指揮官發現英國海軍陸戰隊勇猛防禦，從直昇機空降到港口的阿根廷部隊到不了研究站，於是呼叫哥里科號護衛艦加入作戰，想快速解決戰事。

哥里科號護衛艦的艾馮索艦長（Carlos Luís Alfonso）立刻做出反應，率領護衛艦駛入海灣，準備跟英國皇家海軍陸戰隊作戰。不過，

圖 12.1　哥里科號護衛艦，攝於二〇〇五年，馬普拉塔（Mar del Plata）海軍基地。

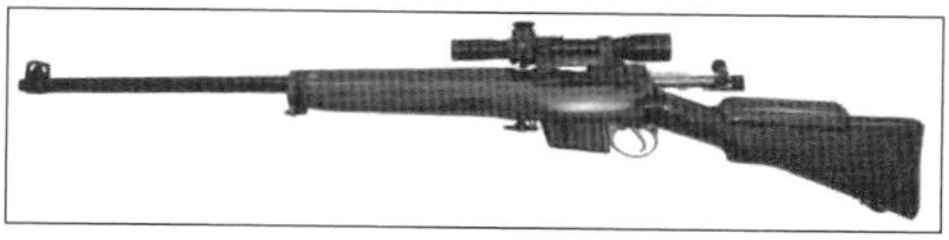

圖 12.2　L42A1 狙擊步槍的外型與其說是令人生畏的作戰用武器，不如說是為了聖誕節而購買的新手用槍。

國王角附近有大群巨藻，艾馮索必須讓護衛艦低速行駛才行。儘管如此，艾馮索艦長還是讓護衛艦悄悄就定位，部下也都做好武器準備，護衛艦的左舷和右舷架設口徑 20 公釐的機砲，艦橋的船尾架設雙管 40 公釐，前甲板架設主要軍備，塔裝 100 公釐機砲。

該場交戰的戰役報告幾乎是以細到分鐘論的描述文字，勾勒出接下來的情況：

上午十一點五十五分，右舷口徑 20 公釐機砲朝愛德華國王角開火，可是只射擊兩發就故障了。一分鐘後，雙管 40 公釐機砲開火，卻也好不到哪裡去，左槍膛射擊四發就失靈，右槍膛射擊五發，排煙失靈。

上午十一點五十九分，護衛艦距離愛德華國王角約五百五十公尺，英國皇家海軍陸戰隊開火。機關槍的火力開始擊中護衛艦，子彈擊碎艦橋的右舷窗，穿透護衛艦的電信室。雙管 40 公釐機砲的火砲手試圖清理卡住的砲管，但海陸隊員史蒂夫．帕森斯（Steve Parsons）以 L4A4 Bren 輕機槍精確瞄準火砲手。

帕森斯瞄準其中一位火砲手的胸口，開始掃射卻沒有射中。帕森斯觀察子彈噴濺狀況，提高瞄準點，再次短暫又克制地掃射。Bren 輕機槍的子彈擊中炮架，擊傷兩人，擊斃帕崔西奧．關卡（Patricio Guanca）士官。

護衛艦的戰備就緒度遭到動搖，雙方的勝率稍微接近一點，護衛艦往固守陣地的海軍陸戰隊移動。戰況正激烈，護衛艦的 100 公釐主要機砲發出首輪射擊，接著裝填機制卻故障了，是鹽分附著累積所致，因為護衛艦從阿根廷本土連忙趕往南喬治亞，一直沒時間清理。

機砲組員努力讓裝填機制再度運作，此時英國皇家海軍陸戰隊有一名隊員發射另一枚輕型反坦克武器的火箭，擊中砲塔，爆炸，砲塔的升高機制卡住了。

然後，皇家海軍陸戰隊戴夫．康貝斯（Dave S. Combes）使用 L14A1 84 公釐 Carl Gustav 無後座力砲射出了一發，那是小隊裡另一個反坦克武器。砲彈以 800 f.p.s. 的速度奔向目標，飛掠過海面，射進護衛艦的船身，然後爆炸。

這場爆炸導致護衛艦右舷破了一個洞。護衛艦進入狹窄的海岬不到幾分鐘，就通過英國南極研究站的建物後方，駛離英國海軍陸戰隊的火力範圍。在幾分鐘的時間內，護衛艦承受一千發的砲火，戰鬥能力受損，人員傷亡，船側破洞，這全出自於英國皇家海軍陸戰隊之手，只配備輕武器的步兵單位。然而，離戰爭結束還遠的很呢。

護衛艦利用狹窄海峽兩側的淺水駛往愛德華國王角，機動性降低，而艾馮索艦長回不了頭，只能努力進入海灣。即使反坦克武器把右舷打了一個大洞，還是繼續往前。

雖然第一回合不利於艾馮索艦長，但是他很清楚，擁有戰艦就等於是握有驚人的優勢。艾馮索艦長畢業於阿根廷海軍學院一九五八年畢業班，並曾在貝爾格拉諾號巡洋艦、查科號掃雷艦、布宜諾斯艾利斯號和玫瑰號驅逐艦海外服役過，經驗豐富，行事謹慎。艾馮索艦長決定再次挑戰，是經過仔細的衡量計算。他清空艦橋，下令再次通過英國皇家海軍陸戰隊所在的指揮點，並且認為這是最佳行動方針。

哥里科號冒出一陣煙，皇家海軍陸戰知道哥里科號要回頭了，繃緊神經做好準備。三十七歲的彼得．里奇二等士官長原本守在外頭草地挖好的防禦工事裡，此時離開崗位，跑進薛克頓屋。里奇一進屋內，就爬樓梯到二樓，沿著走廊衝向建物盡頭，朝向格里維根區。然後里奇使用步槍的槍托打破轉角窗的玻璃，把一張桌子拖到房間中央，就成了現成的狙擊平台。當年的里奇已經服役十九年，參加過婆羅洲、北愛爾蘭、賽普勒斯的戰役，是經驗豐富的老兵。危機當頭，他的決策過程高速運轉，他冷靜評估情勢，打算充分發揮狙擊能力，有如戰鬥力增倍器。

他趴在桌上，直接瞄準那艘正在接近的哥里科號的艦橋。此時，哥里科號再次面對海峽，接近愛德華國王角。一會兒之後，其他的海陸隊員開始二度連續射擊哥里科號，里奇也在謹慎瞄準後開始射擊船艦，一開始是先射擊艦橋正面的五扇窗戶。

此時，只有艾馮索艦長、舵手、航海士駐守在艦橋的崗位上，四周的玻璃開始破碎。里

圖 12.3　相片上是愛德華國王角和英國南極研究站建物，攝於二〇〇八年十一月。薛克頓屋曾經矗立於狹窄的台地上，右側紅色屋頂的正後方。

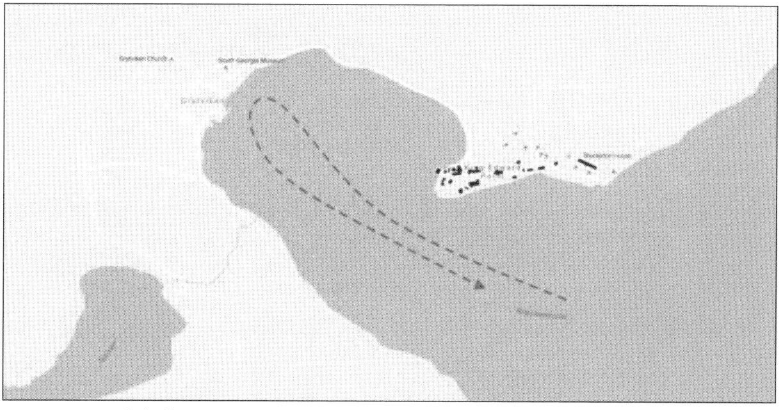

圖 12.4　愛德華國王灣。虛線是哥里科號的路線，方塊是英國皇家海軍陸戰隊的防禦點，薛克頓屋左側的十字是彼得．里奇二等士官長原本守的位置。

奇的狙擊步槍連續快速精準射擊，那三個人不得不蹲在船艦構造後方，免得被射中。由於100公釐機砲被火箭射中，因此艾馮索艦長希望利用船艦作為武器瞄準之用。然而，這樣就必須站在艦橋，跟機砲組員共同合作，把精準的指令轉達到輪機房。艦橋目前正在承受致命的狙擊火力，這種做法顯然行不通。

哥里科號行駛到英國南極研究站建物後方作為掩護，英國海軍陸戰隊不得不停火，此時里奇卻抓住機會，跑到另一處的有利位置，那裡可以再度看到哥里科號。里奇又在這處繼續不斷朝哥里科號射擊，這次是射向艦橋左舷的三扇窗戶。里奇以更精準的狙擊火力，連番攻擊航海士、舵手、艾馮索艦長，有更多的玻璃碎裂，飛來更多致命的子彈。

接著，哥里科號從英國南極研究站建物後方出現，其他的皇家海陸隊員再度開火，再度使用自動武器以一連串密集的火力進攻，從船頭掃射到船尾，戴夫．康貝斯使用輕型反坦克武器，開始進行84公釐機砲的第二輪攻擊。這一輪是猛烈攻擊哥里科號的飛魚式反艦飛彈發射器，發射器再也無法發揮作用。在最後的階段，正當哥里科號撤退到輕武器射程外，里奇移動到薛克頓屋二樓的另一扇窗戶那裡，在哥里科號掙扎通過愛德華國王角之時，射了最後幾槍當作告別。

原本令人生畏、裝備精良的戰艦，經過十五分鐘的短暫交戰後船身受損嚴重，以歪向一側的姿態從英國士兵守地撤離。原本哥里科號可以運用大型機砲摧毀英國海軍陸戰隊的所在地點，可是里奇火力精準的朝艦橋攻擊，讓哥里科號在重要時刻猶如失明，落點精準的致命狙擊火力，很有可能是哥里科號機砲組員失去鬥志的原因。

儘管皇家海軍陸戰隊打贏戰艦，卻仍然必須應付陸地上的阿根廷士兵，還要處理己方的傷亡人員。最後，是傷亡人員左右了他們的命運。為了讓受傷的同袍獲得醫療協助，他們投降了。他們被送往阿根廷，隨即遭到遣返回國。不久後該場戰爭告終，英國宣布勝利。在如今稱為格里維根戰役的關鍵時刻，里奇不斷讓戰艦疲於奔命又無法發揮作用，因而榮獲傑出服役勳章。

如果有什麼例子是從不可能的情況，與低得驚人的機率下建構正面的成果，那麼肯定就是里奇以一把狙擊步槍跟戰艦較量的那一刻。那不只是大衛戰勝巨人哥利亞，更是血肉之軀戰勝鋼鐵之山的例子。至於這種心理上的剛毅如何應用在其他情況，則屬於特殊科學知識的一部分。

知識：我們身為成人採用的注意力網絡有神經系統的基礎，會直接影響到我們接受的訓練以及我們養成而後落實的習慣。

重點在於關注力

本書列出無以計數的精英運動員和精英士兵的例子，他們全都具備以下特徵：腦內的神經路徑活化後，就會「看到」現況，在更深的層次理解現況，而且是早在意識大腦還沒覺察以前。

除了前述例子，還有一系列的研究使用 fMRI 技巧，針對我們到目前為止經歷的每件事進行量化。也就是說，卓越的表現始於心智當中注意力網絡的發展。不先理解，就做不到。要做到理解，就必須先在活動的背景脈絡下有所察覺並進行評估。然而，深層感知與下意識的感覺，是發生在心智的意識深處。根據加州大學社會認知神經科學實驗室的研究結果，社群媒體上有些文章之所以爆紅，是因為文章創作者深信文章對目標讀者具有價值。

研究人員探討我們要怎麼做，才能在商業背景脈絡（例如網路）捉住別人的注意力，畢竟連我們自己的意識注意力都能誤導自己了，而這樣的探討可帶出深層的含意，也就是說，商業人士不但要為自己的發展負責，也要為受眾的發展負責。如此一來，情感連結與對話就會發生在一個共有且可能是共創的空間裡，進而構建出我們正規所稱的體系，也就是一種條理分明的系統，以我們的例子來說，就是可連結賣家和買家的系統。這兩個子群構成了整體，共同參與了一趟互惠發展與變化的旅程。

紐約西奈山醫學院精神醫學系的研究員以及德國亞琛大學醫院認知神經科，雙方共同研究成人以及八歲至十二歲兒童的 fMRI 掃描片，結果發現「就行為而言，兒童表現出的警覺作用在數值上比較小，工作能力喪失（再定向）程度和干擾（注意力的執行控制）程度則是大多了。」換句話說，年輕大腦的複雜神經路徑還沒就定位，要等到就定位之後，大腦才能夠不費力地專注在心目中重要的事物上。

研究人員發現，成人大腦覺得很簡單就能吸收及應對的資訊，兒童不得不更努力思考那些資訊，不得不使用大腦裡的更多部位，才能理解那些資訊。研究人員還發現以下現象：

機能群差異與構造群差異的重疊之處，就在於灰質量，尤其是前額區內的灰質量。根據數據顯示，兒童的注意機能是由多個有作用卻未成熟的系統輔助，需要一段過度時期，那些系統才會轉變成更明確的成人網絡，此外，研究員觀察到的差異，則是反映出認知策略與形態學裡的發展變化。

隨著年紀和智慧的增長，大腦的機能（亦即我們為迅速因應特定刺激因子而採用的心理捷思法）和構造（大腦因實踐和經驗而形成更複雜的聯想網路）也會隨之發展。

我們有點像是繞了一圈。這個區域是艾咪．柯蒂和艾蜜莉．巴瑟提詳細繪製過的，大腦和身體猶如跳著一支不斷變化的舞，一個對另一個發信號，另一個收到信號就回應。針對人腦注意力網絡的重要性所進行的 fMRI 研究，強調著自我覺察的力量是如何改變我們思考的方式、思考的內容、成為怎樣的人。

如果真的想要在足以界定自己是誰的時刻，有能力做出自己能引以為豪的決策，就必須了解自己怎樣才能切合個人現實的背景脈絡，我們的技能在那個當下可以做出什麼貢獻。

商業案例

曾是海豹部隊狙擊手，目前為 Silent Circle 加密通訊公司的總裁麥可・詹克（Michael Janke），經常在 Quora 網站上公開回答問題，並表明執行長與狙擊手具有共通的技能。詹克認為，身為狙擊手就等同於擁有了執行長都渴望擁有的一套輔助技能，並在二〇一二年的交流當中解釋箇中原因。這類技能如下：有能力支援團隊並確定能達到最佳表現；放低自尊；能排除干擾因素，讓達到目標一事有可能成真；因應快速的變動，不擔憂也不驚慌；運用狙擊手的座右銘——「適應、克服」。

> 有能力在面對工作時放下自尊，有能力不讓任務、目標或成就的重點擺

在「自己身上」，而是擺在其他人身上。唯有到了必要時刻，才運用你的力量……。

這又是把某個環境習得的技能遷移到另一個環境的案例。曾是海豹隊員、現為領導力教練的馬克．迪范（Mark Divine）表示：「很多海豹隊員都是平凡的傢伙，可是他們學習到超乎尋常的紀律，不一樣的思維模式，放眼世界，達到目標。」如果精英軍事訓練和心理制約的所有要素全都發揮作用，那麼就能處理幾乎每一種情況，並招致正面的成果。

為了完成工作，一直專注於獎賞，訓練有素的狙擊手會運用四個步驟。在訓練期間，狙擊手會反覆練習這種做法，直到這種做法成為第二天性為止。

- 規劃。
- 執行。
- 重新評估計畫。
- 執行。

這種工作節奏結合了最佳的成就動機和好鬥心，以及最佳的判斷力與事前考量。就許多方面來說，這就是狙擊手自學而成的行動方式。以狙擊手為首，訓練有素的特務都很清楚，他們從事的每件任務具備大量的細節，而每個細節裡都含有某種問題。

有些是出自於外在因素（例如地形、天氣、人員、特定日子），是無論做什麼也無法左右的；有些是出自於任務本身的問題（困難度、計畫的改變、無從預料的情況）。在電影裡，狙擊手接下任務，只要勇往直前就能英勇執行任務，但實際情況並不是那樣，他們的一路上總是出現小障礙。

一個小障礙或許容易克服，兩個小障礙也還算能立刻處理，三個小障礙就成了問題解決模式的一部分。然而，如果小障礙一直累積，一般人會就此停下來，任務成了「辦不到」的難事，專注力耗盡，決心減弱。接著，無數的藉口浮上檯面。對一般人而言，這樣就「夠好了」，必須要做的事情不用堅持做完，計畫可以放棄，「任務」可以失敗。

瑣事會累積起來，要做出改變，往往也需要立即調整計畫，因此狙擊手和特種部隊特務也會經歷到同樣的認知負荷。他們跟一般人之間的差別，就在於他們把自己訓練到可以成功處理這些累積的瑣事。他們擬定個人策略，這樣就能成功面對每道難題，克服難題，讓難題成為成功模式的一小部分，而不是察覺到事件累積而導致失敗。

這也是一種心理訣竅，如同狙擊手和特種部隊特務受訓學會做的事情。必須擬定策略，將人類心理學和正向思維納入考量。必須有能力成功對不適區隔化，從局面中去除不適，畢竟要獲得延遲的滿足，就必須先專注於手邊任務。

狙擊手面對問題時，會運用自己受到的訓練，藉由簡單易懂的四步驟過程，把一件任務拆解成幾個具體的層面。四步驟如下所示：

- 辨別問題。
- 擬定可處理問題的行動計畫。
- 評估行動計畫。
- 視情況重新擬定行動計畫。

針對那些看似失去控制的複雜情況進行評估及重新掌控時，便是運用這四項步驟作為主要工具。方法很簡單，應用起來卻不容易。雖然職涯就跟軍隊一樣有挑戰性，但是各個作戰區在細節上的差異，往往足以讓技能遷移的益處蒙上一層陰影，結果錯失機會。

商界和軍隊若是簡化到基本的性質，其實運作方式是一樣的。兩者都擔心未來的成果，也都渴望掌控現況。兩者都認為，只要更能掌控現況，未來難以預料的狀況就會減少。

渴望掌控

道格拉斯．曼寧（Douglas Mennin）曾經待在耶魯大學的耶魯焦慮與情感疾患中心（此為舊稱），他花費大量時間聆聽人們對未來的憂慮，然後研究他們大腦的神經路徑。曼寧認為，擔心的情緒，也就是所有人對未來都有的負面思維，若是能進化成有建設性的解決問題行為，就能握有競爭優勢。只要對未來事件順利做好適當的準備，那麼也就能順利度過難關，變得更有成就。

然而在現代世界，我們的大腦可能會鑽牛角尖，擔心的情緒會引起以下不同的反應：想得太多，逃避負面成果，抑制情緒。前述聽起來像是很可取的做法，但往往會發生以下情況：人類非常聰明，大腦裡負責分析的部位不願相信過猶不及的道理。我們以為，只要對每個細節想得多，為其煩憂，就更能掌控未來，減少難以預料的狀況。

結果，過度擔心（思維導向層面）反而讓認知超過負荷，覺得自己沒能力應付情況。然後就把擔心連結到焦慮（情緒元素）。更偏分析的思維、想得太多、焦慮的情緒會過度刺激大腦裡的恐懼處理區域，釋出更多的皮質醇（壓力荷爾蒙），卻又沒有出口可抒解。所以可別這麼做，想像的威脅終歸是想像。

雙重打擊會弄得人頭暈腦脹，無法擬定行動計畫，身心機能過度負荷。大腦會體驗到慌張失措和難以預料的感覺，高等認知機能受到干擾，皮質醇多到讓身體無法應對。一般來說，擔心的情緒會激勵我們，讓我們在心理上準備做出典型的「戰或逃」反應，而我們所做的心理規劃和想像，則會讓自己覺得有自信處理未來。然而，實際情況並非如此。根據大腦掃描片，若有擔心的情緒，大腦裡的執行機能（例如規劃、推理、衝動控制力）相關區域的活動會隨之增加，因而對那類的過程形成阻礙（而非助力）。此外，擔心再加上大腦受到過度刺激且被搶先佔用，因此會錯失實際的危險跡象。

大腦會試圖保護自身，避開擔心的情緒不斷施加的壓力，因此會減少我們對刺激因子的情緒反應。結果，過度煩憂反而造成交感神經系統因應威脅時的活動力降低。交感神經系統會加快呼吸和心跳的速度，讓肌肉充氧，準備好「戰或逃」，讓身體對即將發生的危險快速做出反應。如今研究人員認為，不緊張的人的大腦活動可證明「潛意識預警機制」的存在，該機制可讓人保持冷靜、沉著、鎮定。此外，也更能處理複雜的逆境。

長久以來，軍隊向來比商界更善於訓練人員達到這種境界，也比商界更認可軟技能的重要性。軍隊還制定一套縝密的做法，用來學習、練習、保有軟技能。商界確實會投資在類似技能的學習上，例如投資在員工旅遊上，用以奠定領導技能與內省。可是，商界無法提供縝密的支援體系，因此無法在日後維持住那些技能。Zappos、戈爾公司等少數例外，只是證明定律的確存在。

那麼，我們應該怎麼做？在最理想的世界，企業會開始自行調整，克服其在今日面臨的大量挑戰。企業會真正開始投資在人員身上，重視每位員工，認為人人都是角色完全成熟的個體，可為利潤貢獻心力。企業會開始鼓勵人員專注投入工作並完全參與。企業會訓練、培養、保護人員，就像軍隊做的那樣。

然而，這種情況還不會那麼快就發生。我們仍然處於命令和控制的世界裡，利潤政策和短期利益還是左右了勝利與否。雖然企業往往很愛大量借用軍隊用語，把員工稱為「部下」，把工作說成是「陷入壕溝戰」，可是企業不可能那麼快就真正轉變心態，不是因為企業不想要真正改變，而是因為改變不夠快。

大型全球化企業之所以改變得很慢，是因為改變相當耗費成本，很嚇人，有意改變卻心生抗拒。小型企業的改變比較快，卻往往容易將大型企業當成仿效基準，原因在於小企業看到大企業的規模、人力、市場佔有率，就覺得應該以大企業的管理模式為目標。於是，小企業很快就放棄了那些最初讓自己具有競爭力的要素，例如：緊密的社群意識、共同目的和共同任務的使命感、實現目標的敏銳度等。

聽來不太充滿希望，但我就是看到改變的跡象，才寫了這本書。市場是無情之地，需要有正念、責任、主動、當責、智慧、彈性。簡單來說，就是需要有訓練精良的狙擊手思維，採取高度適應型的行為。企業若是輕忽這點，就會越來越落在後頭。企業和軍方都承認，現在他們需要的技能是無法大量生產的，適合的人員也不容易找到。他們需要的是能始終堅持運用適應型思維的人。在《特戰研究》這份專為美軍撰寫的委託報告中，適應型思維的定義如下：

> 美國陸軍特種部隊領袖培訓的重要元素，包含以下能力：協商及建立共識的技能，能有效溝通，對不明確的情況進行分析，自我覺察，創新思維，在關鍵時刻運用有效解決問題的技能。

現在我們需要商業人士具備戰士心態，並不是因為從商變得比以往還要困難又競爭激烈，而是因為商業環境改變，好比戰爭的環境也變了。以前的軍隊要在敵軍前方排好陣式，一大群男性盲目地同時間發射弓箭或子彈，最後的勝利屬於槍砲最大、士兵最多、傷亡最少的那一方，但現在再也不是如此；以前的企業能仰賴廣告預算和光鮮包裝帶來的力量，說服那些多變、分散、聰明的消費者購買，但現在再也不是如此。

現代軍隊與現代企業所處的環境必須直接應付競爭對手，跟他們打算幫助的人們之間建立橋樑和關係，在感性、理性上都要贏得他們的支持，這樣才能贏得戰役，最終贏得戰爭。軍隊和企業現在都必須重新界定勝利的意義，重新想像成功的樣貌。

我們每個個體都複雜得有如周遭世界的縮影，所以我們投入的第一場戰役，必須獲勝的戰役，就是跟我們自己打的仗。我們從本書當中學習到的每件事，同樣可應用在私人生活、企業經營、為自己在這世上開拓一席之地，也可以應用在新創公司、小型企業、國際集團。

美國和英國的軍隊十分認可狙擊手思維的價值，已經開始實施試行計畫，為的是把所有作戰部隊都訓練成具備狙擊手思維技能，也就是具備偵察、觀察、思辯能力，當然還有精準的射擊能力。

今日的商界急迫需要企業戰士，企業戰士樂意接納也能充分落實戰士心態。從商好比狙擊，首先就是一場思維遊戲。不過，還有一些點要加上去，比方說：若要認出前方的心理陷阱並充分因應，要如何自行做好準備？有一些陷阱和問題是永遠無法先做好充分的訓練。

布瑞特．史丁巴格（Brett Steenbarger）以證券交易心理學為主題撰寫的《從躺椅上操作：交易心理學》（*The Psychology of Trading: Tools and Techniques for Minding the Markets*）一書，指出狙擊手技能如何有助人冷靜做出交易決策：

我的辦公室掛了一些我喜歡的海報，其中一張是戰場上的軍隊狙擊手從地被植物那裡往外凝視，圖片底下的說明文字是：「狙擊手最厲害的武器就是磨利的思維能力。結合潛行、狀況警覺、彈道學、精準射擊的技能，就成了極其致命的武器系統，讓敵人心生恐懼。」

狙擊手要是變得太好鬥，厭煩了坐在戰場上等時機射擊，就可能會跳出掩護物，開始朝敵人掃射。大多數的子彈可能什麼人也沒射到，而失去控制的狙擊手很快就會被發現，遭到射殺。

其實，狙擊手會等待理想的射擊時機，「潛行」和「狀況警覺」是這行的重要工具。當一位狙擊手，就是要結合好鬥的個性以及細膩的自我控制和判斷力，那是一種受到控制的好鬥心。

有一點很有意思，史丁巴格運用四步驟模式所創造的工作節奏，有點像是訓練有素的狙擊手的工作節奏：

規劃，交換，重新評估計畫。交換：這種節奏結合最佳的成就動機和好鬥心，以及最佳的判斷力與事前考量。

避開心理陷阱

在制定威脅評估的可靠因應機制方面，美國心理學會扮演關鍵角色。威脅評估計畫（Threat Assessment Plan，簡稱TAP）的主旨是為了辨識潛在危險狀況，或者在發現事情開始出問題的那一刻，在問題還沒擴大前就先控制住。

對專案經理、執行長、企業家而言，這是關鍵的技能。出色的專案、卓越的行銷活動、優異的產品開發計畫之所以出差錯，往往是因為覺得小細節不會影響結果而輕待，或者純粹是徹底忽略那些小細節，導致每件事都脫軌的結果。

舉個典型的例子，之前Google跟時任歐盟公平競爭委員華金．阿慕尼亞（Joaquín Almunia）的關係很好，沒能意識到繼任委員的作風完全不同，不太可能替前任委員的報告背書。在瑪格麗特．維斯塔格（Margrethe Vestager）上任後，Google身陷一件件的反競爭調查案，公平競爭委員會認為，Google這家搜尋引擎公司在歐洲不正當宣傳自家產品，致使消費者利益受損。

Google的高階主管是不是鬆懈了？還以為自己做的措施足以防止歐盟地區出現問題，結果導致計畫和經營都走了樣。這些純粹是我的推測，事後解讀總是比較容易，畢竟在那之前一切都進行得很順利，也沒有徵兆顯示會立刻發生警報狀況。如果他們一開始就採取不同的做法，能不能避開日後的困局呢？同樣的，這也是推測，不過該公司人才濟濟，所以從我的角度看，答案是肯定的，他們肯定能避開。

準則夠簡單，誰都能馬上學會，變得堅強，能適應幾乎每一種情況和組織。準則夠簡單，沒有什麼是從虛空中發生，沒有事情是立即又突然發生的。該準則是由以下三項步驟（亦稱機能）構成：

- **辨識：**為了辨識潛在威脅，人們必須知道何時何地如何回報自己的疑慮，以及要使用什麼準則。要做到這點，必須要有清晰的思維、良好的溝通，社群或組織內要建立共同的架構。這個階段要成功，必須要有相關人員的參與。
- **評估：**威脅評估的下一個階段是蒐集多個來源的資訊並進行評估。工作內容包括規劃、協調、相關人員的合作。必須認同共通的目標並培養特定技能，好讓相關人員多少能發揮同樣的工作水準。
- **管理：**評估作業往往會揭露出一項必須處理且易控制的潛在問題。在這個階段，必須運用手法、智慧、判斷力、自動自發。

這類的宣言表面上看似簡單，裡頭卻隱含大量的細節，就像我們在本書中探討過的其他事情一樣。

在我們居處的這個世界，我們再也不能滿足於粗略的估算和概括的說法。戰事、醫藥、商業、運動科學、健康，愈趨成了個人化的事物，但這些只不過是冰山一角。我們背對牆壁，面對、留意的問題是「該怎麼做」。若要全盤理解，該怎麼做？若要在正確的時間做出正確的決策，該怎麼做？若要確保自己在最不能遲疑時不遲疑，該怎麼做？

本書各章探討了別人是怎麼做到的，看過了新技能的科學面，以及新技能帶來的影響。我們也都學會應用軍隊狙擊手、遊騎兵、綠扁帽、海豹隊員會的技能。

我們逐步往前進，逐漸獲得改善。我們變成更好的自己，這一路上並不容易。然而，「容易」向來不適合用在我們的情況上。每次有什麼容易的事，只會把該付出的代價拖到最後，結果還是不得不付，代價終歸是要付的。

法蘭克．赫伯特撰寫的獲獎科幻小說《沙丘魔堡》系列，有一位角色這樣提醒自己：「知道的太多，下起決定來就不簡單了。」本書是一趟知識之旅，為的是讓讀者學會做出更佳的決策。

狙擊手技能養成清單

本章學習內容：

□我們把注意力放在哪裡，決定了我們覺得什麼很重要。
□我們的大腦以及做出的執行決策，取決於我們的機能和構造組成。
□擔心的情緒無法給我們自由，甚至無法讓我們對未來做好準備。
□海豹部隊運用簡單的四步驟過程，著手處理面對的每一種情況。
□在商界、在個人生活，我們都是運用同一種過程，大幅減少威脅，只是規模不一樣罷了。

後記

全世界都深受狙擊手的魅力吸引。票房大賣的《美國狙擊手》講述已故的克里斯．凱爾的人生，再次讓狙擊手變得有魅力。然而，儘管狙擊的概念大受歡迎，但是大眾對於狙擊手仍投以疑慮的眼光，抱持不信任的態度。那些讓狙擊手變得特別的因素，也讓狙擊手變得與眾不同，而與眾不同就使得狙擊手有別於常人。

軍方的編年史中有一堆案例，可以證明狙擊手在行動中展現的驚人勇氣和犧牲精神。我們手中握有的狙擊手職涯資料，更證實了我們對狙擊手的所知。狙擊手身為戰鬥單位，不管在什麼軍隊，都是戰力數一數二的人員，一直以來都是如此。然而狙擊手身為人，表現得特別謙虛，性格優越，在高壓下也表現得不錯。

狙擊手的技能相當卓越，他們是融合了軟技能和硬技能的終極產品，真的很難找到這樣的人才。確切來說，狙擊手能忍受酷寒炙熱、飢餓口渴，敏銳覺察周遭環境，對自己的能力極有自信，格外專注在必須執行的任務上。

戰爭文獻裡的狙擊手案例更是不計其數，狙擊手一個人著手進行祕密任務，半路上才會得知任務的細節，必須臨機應變，不能指望己方後援，必須設法執行任務，然後更令人難以置信的一點，狙擊手要平安返家，而被他留在後頭的敵人氣急敗壞，積極搜索狙擊手。

狙擊手超乎常人的這一面，以及能精準射中數公里外目標的驚人能力，最是吸引我們的目光。然而，現在我們也有大量證據可了解大腦的運作方式。我們都知道，達到卓越不一定是少有的情況。全神貫注又高效率，運用心智的力量集中注意力並準時完成困難的任務，還要作出高水準的表現，不一定要先經歷模擬的拷打狀況、忍受幾近溺死的狀態、以少許食物和睡眠度過數天、承受寒冷和疲倦的折磨。前述經歷是布拉格堡狙擊手訓練學校的課程內容，安排在惡名昭彰的地獄週，在進入訓練後達五分之一的時間便隨即展開。

前述方法和體能試煉聽來艱鉅，卻也只是工具。軍隊長期利用這些工具，塑造士兵的思維，發揮士兵的潛力。還有其他方法，其實也是軍隊率先採用。

狙擊手之所以能達成任務，是因為他們的大腦。如果對人腦有所認識，就會知道人腦非常強大，其獨特在於它幾乎什麼都學得會。

神經科學使我們有能力一窺大腦深處的運作，實際上也能看見大腦的行動狀況，進而體會到我們有可能學會重現其心理狀態，有可能學會達到自己想像中的幾乎每件事，例如：狙擊手期望射中一公里半外的目標物時，那種一心一意的專注力；和尚沉浸於靜觀狀態時，那種沉著的態度；思考宇宙力量的平衡時，那種沉思的狀態；戰鬥機駕駛員同時操控儀表板及因應複雜情況，把戰鬥機降落在茫茫大海上的航空母艦時，那種高超的專注力。

根據資料顯示，我們重現前述心理狀態而擁有的能力，會很像是那些有前述心理狀態的人所擁有的能力。

在我們的世界裡，有兩件事情是真實且永遠不變的：第一，世界是由資料組成。資料有能力向我們展現出一幅潛藏的畫面，連我們都不知道它的存在。第二，世界上的每件事都互有關聯。我們現在開始理解那些關係有多穩固，即使是不明顯的關係，也仍舊相當穩固。

目前我們所處的世界極富挑戰性。情勢的變化極其快速，有可能昨日為是、今為非。我們必須要有靈活的做法、適應力高的心態、負責的性格。我們必須在高壓下展現思辨能力，終生學習不懈。簡單來說，在這個頗富挑戰性的時代裡，我們是應時勢所趨，才必須達到卓越表現。

本書正是講述卓越之道的書籍，說明要怎麼做才能成就比所有部位加起來還宏大的整體，方法很簡單，就是理解大腦的運作方式，知道哪些因素能讓大腦更有效運作，採取哪些做法才能實際達到那樣的改善。

狙擊手之所以能有卓越的成就，不是因為受過訓練（但訓練顯然有幫助），也不是因為上級的命令，而是因為他們了解這個世界及其在這世上的位置，覺得有責任從事沒人能做的事。

同樣的道理也適用在你的身上。現在你具備有力的知識，比周遭的人還要有能力，就必須主動站出來，達到沒人能做到的卓越成就，做出沒人能做的困難商業決策和關鍵選擇。商業上的成就確實有其回報，但是那再也不足夠。商業上的成就如今成了必要條件，因為商業跟這世界的構造、社會的質地形成了密不可分的關係。

無論是商業人士、團隊領袖、專案經理、執行長、企業家，還是做出人生重大決策的一般人，我們現在所做的，都有可能以微不足道卻重要的方式改變這世界。我們的行動日積月累下來，就是更宏大變遷的一部分，巨大的變化即將到來。

改變就要來臨，是因為我們，是因為我們的本質，是因為我們已成就的自己。

這就是真正的力量，要明智地運用你的力量。

誌謝

一本書的出版從來不是一個人就能成就，這本書也是如此。

謝謝騎士經紀公司（Knight Agency）經紀人潘姆・哈地（Pam Harty）及其同事對我有信心，謝謝他們勞心勞力，不斷支持著我。還要感謝班森柯利斯特公司（Benson Collister）的傑夫・李森（Jeff Leeson）和瑞秋・利弗西（Rachel Livsey）提出想法、建言、鼓勵，熱忱地協助本書面世。

謝謝潘姆・艾格（Pam Adger）、葛雷格・萊爾斯（Greg Ryals）、尼爾森・布朗（Nelson Brown）、麥可・梅森（Michael Mason）、SelfDefenseTraining47（DARABEE's The Hive 的 Adam）、柯洛琳（同 DARABEE's The Hive 的 Korellyn）在想法和文章上幫的忙，還提出建言和鼓勵，在我需要協助時出面協助。

特別感謝馬丁・薛文敦（Martin Shervington），他對書名提出的建議再度展現出他的才智。曾經是狙擊手、目前是數位創新推動者的米歇爾・瑞貝爾（Michel Reibel），在此也特別值得一提，他坦率敘述自己的經驗、動力、專注力，還證明了訓練有素的狙擊手思維如何協助你出類拔萃。

為了不讓這一頁變得跟書一樣長，我要向所有的Google+朋友大聲說：「謝謝你們！」當我的大腦因調查研究而變成一團亂，因缺乏睡眠而昏昏沉沉，因好幾個小時的寫作而產生失誤時，你們都在那裡，引導我走出網路資料海，不該花過多的時間考察研究。各位的機智、智慧、耐心、幽默、對話，等於是為此處寫出的所有想法提供了氧氣，你們都知道自己有功勞。

在此特別感謝賽門．曼諾，他是非凡的攝影師，更是社會良知，實至名歸。謝謝我人生中的兩個N，就算我睡不飽，也設法讓我起碼吃得飽，在我萎靡不振時關心我，讓我在寫另一本書的過程維持理智，我的感激之情無以言喻。

我跟多位編輯合作過，馬克．瑞斯尼克（Marc Resnick）特別與眾不同，他對我格外有耐心，跟他合作真的很愉快。

附錄一——金姆遊戲

吉卜林比起他那個時代的大多數英國國民，對於英國帝國主義引發的直接衝突看得更多，對於其造成的影響也觀察得更多。吉卜林身為出生在孟買的英國人，浸淫於英印兩國的傳說與傳統，對兩國的文化觀察更是此後的作家、記者、詩人少有人能及的。

一九〇〇年吉卜林開始撰寫長篇連載，是融合多種文化的間諜故事，藉由書中角色金姆（Kim）啟發人心。書中註定成為間諜大師的金姆會玩「珠寶遊戲」，之後該遊戲便改稱為「金姆遊戲」。

最初，金姆遊戲是男女童軍玩的遊戲，後來經過改編用於訓練狙擊手，維吉尼亞州匡提科的美國海軍陸戰隊偵察狙擊手教官學校，以及勒瓊營、彭德爾頓營、夏威夷的狙擊學校，都採用該遊戲作為訓練。

該遊戲之所以頗富成效，是因為可以訓練眼睛的觀察力與心智的記憶力。在狀況警覺的能力上，記憶扮演關鍵角色，而大腦有如肌肉，訓練越多表現得越好。狀況警覺的能力，是人了解四周環境的關鍵所在。越是了解環境，就越是了解所有可用選項與潛在威脅。

狙擊手和特種部隊特務都很清楚，自己必須有能力記住兩個小時前轉的彎，記住黑暗裡經過的標誌上的文字，同時還要弓著背背負重物。當天稍早觀察到的細節十分重要，可能會在晚上必須做決策時成為關鍵環節。

二〇〇一年十二月二十一日，《華爾街日報》描繪美國海軍陸戰隊士官克里斯多福・賈考克斯（Christopher G. Jacox）身為軍隊狙擊手的艱苦經歷。狙擊手是受過高強度訓練的軍事戰鬥專家，能夠冷靜挑出目標，遠在一千六百零九公尺外的目標也能擊中，即使是戰況激烈時也無礙。

狙擊手的工作就是要能在敵區執行任務並存活下來，還要在執行任務時蒐集戰略情報，也就是說，記住眼前所見的微小細節。賈考克斯在文章中表示：「一個丟棄的罐頭，表示可能補給食物與士氣。一堆罐頭，可看出敵軍的規模。每一件小東西都很重要。」

要把心智訓練成那樣，必須採用像狙擊手訓練那種有條理、漸進、反覆的做法。金姆遊戲就非常適合，可改編得幾乎任何一種情境都考量得到。海豹部隊喜歡採用某一版金姆遊戲，就是玩家在玩遊戲的同時，周圍會有十個人至二十個人對玩家大聲叫喊，拿東西丟玩家，費盡心力干擾玩家。玩家不只要專注在自己的事情上，還要把四周的所有干擾因素隔絕在外，才不會搞砸遊戲。

不過，到底什麼是金姆遊戲？規則很簡單，在托盤上擺放一些物品，物品的大小、質地、源頭不一樣。小說裡的遊戲是使用珠寶和半寶石，顏色、切割、大小不一樣。狙擊手訓練則是使用子彈、筆、迴紋針等物品。

物品一擺放在托盤上，玩家（通常是一次兩位玩家）只有六十秒的時間可以記起來。物品可以觸碰、把玩、嚐味道，那段時間內，玩家想怎麼做就怎麼做。然後，用布或手帕蓋住物品，兩位玩家必須背出自己在拖盤上看到的物品，說對物品最多的玩家就獲勝。

偵察狙擊手玩這個遊戲的重點，自然是比獲勝還要深多了。偵察狙擊手受訓學會觀察和記憶。遊戲一開始只在托盤上放幾件物品，不久就會增加物品的數量，並且縮減受訓者觀察物品的時間，此外，觀察之後，通常會拖得越來越久才回報。遊戲玩了一陣子之後，就只給受訓者半分鐘的時間，記下二十或三十個物品。接著，受訓者要度過一整天的訓練和讀書，在一天結束後，還要能記下當天一開始短暫看到的物品。

通常訓練會變得越來越複雜，但受訓者的思維也會變得越來越精進。能留意細節並記在心裡，就算同時間有十幾種干擾的噪音或事件發生，也還是能記住細節，這些就是訓練精良的狙擊手思維，也是令人生畏的武器的所有關鍵特性。

想想那種能力在商業環境裡有多重要吧，商業環境有一堆干擾因素，卻還是期望工作的人能把注意力集中在每個相關細節上，達到優異的經營思維。想想那種能力有多實用，在微妙敏感的商業協商，觀察到的微小細節可能會是重要的線索，可從而得知要有何種行為表現，才能達到所需的成果。

金姆遊戲是用現實生活中的物品來玩，畢竟受訓者很有可能必須處理現實生活中的物品。然而，假使不用托盤上的物品，也很容易可以改用螢幕畫面上的物品、投影片（例如PowerPoint 簡報）上的物品等。

進階版的遊戲是使用觀察到的東西，強迫受訓者在高壓下運用思辨能力。例如，要求受訓者說明某張相片的重要性，或者說明某枝鉛筆的長度，而不是只說出那裡有一枝鉛筆。還可以要求受訓者回想名片上的姓名，或相片上的汽車顏色。重點在於該遊戲很容易改編，便於準備，更能獲得真正的成果。

iPhon 用戶可在應用程式商店下載數位板的金姆遊戲：https://goo.gl/Of9la2。線上版請至http://goo.gl/k0RytX，但這版本的領域有限。

想對自己嚴苛一點的話，可以在只睡四小時的那天玩金姆遊戲。當你工作了一天很累、心理疲憊的時候，或是努力健身、累得視力模糊的時候，也可以試著玩玩看。

附錄二——正念靜觀技巧

如果你從來沒有靜觀過，可能有很多習慣要改，有很多新的東西要學。你對靜觀的理解可能會受到小說和電影影響，覺得自己必須筋骨超軟，或者必須是某種絕地武士才做到如此怪異的心靈絕招。放輕鬆，根本不是這樣。

如果你過去曾做過靜觀，很熟悉靜觀，那麼這附錄對你來說或許是多餘的。你只需要在地上找塊地方坐下，在腦海裡度過安靜的「獨處時間」，然後直接進入本附錄的最後一個步驟就行了。

如果你是正念靜觀的新手，放輕鬆，根本不會受皮肉痛。如果無法盤腿坐在地板上（或者盤腿坐會造成自我意識過強），請以舒適的坐姿坐在椅子上即可。身體挺直，不要僵硬，也不要癱坐，讓身體自然找到舒適的挺直姿勢。腳底碰到地板，手放在大腿上，掌心朝上，雙手完全放鬆。雙手要離骨盆相當近，這樣身體就不會往前彎。重點在於找到自然平衡，這樣就不用繃緊肌肉來維持姿勢。

我們會採取漸進的方式，一步步學會正念靜觀，像狙擊手那樣，學會後就能採取許多的小步驟，達到卓越的表現。

第一步：採取放鬆姿勢，使用廚房用的計時器或手機應用程式設定三分鐘倒數時間。閉上眼睛，坐著，注意力放在呼吸上。感覺空氣進入身體，然後離開身體。

吸入空氣時，專注在吸入的空氣上；呼出空氣時，專注在呼出的空氣上。就這樣，每天一次，持續一週，或做到你覺得自己在做的時候不會陷入自我意識，也不用費力維持專注力。

當你覺得做起來很自在的時候，把計時器的時間增加到五分鐘，每天重覆同樣的過程，直到你覺得那五分鐘的時間也很自在為止。

持續做，漸進增加計時器的時間，每次增加二到三分鐘，直到你能維持整整二十分鐘的專注力。

第二步：等你擅長專注在呼吸上，下一步就是提升專注力。計時器再度設成三分鐘，這次在你坐著閉上眼睛、身體完全平衡放鬆時，專注在吸進空氣、呼出空氣上，把其他事情都排除在外。

這段時間，別讓其他思緒進入腦海裡，如果有思緒溜進腦海裡就專注在呼吸上。其實要做到這點滿難的，所以時間要短，就像之前一樣做到你覺得自己越做越好，好到可以增加計時器的時間長度。同樣的，目標是能做滿二十分鐘。如果需要花一些時間才能做滿二十分鐘，也不要洩氣，這很正常。

正念靜觀是一種技能，跟其他事情一樣，需要時間培養。請耐心給自己時間，這真的不是比賽。

第三步：在這個步驟，要增加你在正念靜觀時所專注的東西的複雜度。你現在能維持住姿勢，吸進又呼出，專注在呼吸上達二十分鐘。那麼，計時器請再度設成三分鐘，這次呼吸時，要專注覺察自己的身體。感覺自己是怎麼坐的，感覺雙腳是怎麼樣。留意皮膚上的空氣是涼爽還是溫暖。覺察周遭的環境，覺察處於環境當中的身體。

體驗那些油然而生的感覺，知道那些感覺的含意，同時你還要一直專注在呼吸上。這是一種心理欺瞞行為，畢竟我們很容易就會突然間急躁起來，毀掉專注力，然後覺得自己又回到起點。

同樣的，要有條理、有耐心。從三分鐘開始做起，經過一兩週的時間，再把時間增加到五分鐘，然後增加到八分鐘、十分鐘，繼續一步步增加時間，直到自己能再次專注在呼吸上，充分覺察自己的身體和環境達二十分鐘。

第四步：找出身體緊繃的位置。你坐著，吸進空氣又呼出空氣，體驗身體的感覺，此時就會覺察到身體緊繃的位置。或許是在肩膀，或許是在背部、腿、下腹。

計時器再度設成三分鐘。現在專注在呼吸上，意識到自己的身體和周遭環境，也要審視身體緊繃的位置。

找到緊繃的位置，練習放鬆，用心靈消除緊繃。以緩慢的步調，想像那個緊繃的位置是一顆球，球上面有一堆線糾纏在一起，你要做的就是把線給解開，一次解開一點。

同樣的，需要時間才能做到完美。運用之前提過的漸進方法，等到你對一段指定的時間長度覺得自在以後再慢慢增加時間。同樣的，目標是二十分鐘整都處於以下狀態：覺察自己的呼吸、所在的環境、自己的身體，思維能漫遊在自己的身體上，放鬆感覺到的緊繃位置。

第五步：計時器一開始設成三分鐘，以舒適的姿勢坐著，就像前述步驟所做的一樣。現在，專注於呼吸時，要充分覺察到自己的身體和所在的環境，放鬆身體的緊繃位置，念頭浮現時，跟著念頭走。這可能是最難的一件事，畢竟你的心智會產生各種念頭以及相關的思緒和感覺。

不要忽略念頭，必須追蹤念頭，跟念頭產生連結，跟著一個念頭走，直到下一個念頭出現、壓倒前頭的念頭。

不是要壓抑大腦富有色彩又看似混亂的思考方式，而是完全接納。

這需要一些時間才能臻至完美，所以請耐心以對，給自己熟練的時間，就像前述步驟一樣。不要洩氣，不要失去專注力。等到三分鐘內都能自在追隨念頭，又不會忘了專注呼吸，也不會忘了體驗身體的感覺或周遭發生的事，此時再試著把時間增加到五分鐘，其次是八分鐘，再其次是十分鐘。繼續增加正念靜觀的時間長度，直到最後做滿二十分鐘為止。此時，就完成了！

知識：你的正念變得強大，專注力也隨之強大，而等到你能充分專注，就有機會根據你的覺知與感覺，掌控念頭出現的方式、做決策的方式。

附錄三——給那女孩一把槍

蘇聯紅軍的兩位士兵小心翼翼接近戰役現場，儘管現場看來顯然是大屠殺，戰場上到處散落著死屍，但是跟正在撤退的德國軍隊打了好幾個月，「什麼東西、什麼人也都別信」的概念已烙印在他們的腦海裡。

兩人現在進入的區域距離東普魯士的伊姆斯朵夫（Ilmsdorf）只有三公里，此區經歷過激烈的戰鬥，反映出德國軍隊拚命死守、對抗蘇聯軍的情景。時值一九四五年一月二十七日，而兩週前，蘇聯紅軍發動東普魯士進攻，這場重要的進攻行動逼得德國軍隊不得不撤退，而且是一路撤退回柏林。

兩位蘇聯士兵在紅軍大炮攻擊後留下的殘餘物上緩緩行進，眼前所見的大屠殺現場，正呈現出那些已故的侵略者在二戰最後幾個月期間感受到的絕望。他們看著那些失去生命的扭曲屍體，是德軍砲火下的犧牲者。然後，偶然看到了一團東西，乍看是煙塵和身體部位混在一起。有兩具軀體倚靠著損壞的蘇聯大砲，其中一具軀體稍微在動。

死掉的那一個是炮兵上尉，有一塊碎片插在頭部，傷口幾乎不見血，肯定是當場立刻死亡。另一個看得出來是女性，金色短髮往後梳紮成馬尾，瘦削的年輕臉孔滿是煙塵。方才砲彈來襲時，她試圖掩護那位受傷的上尉，砲彈的碎片劃開她的腹部和胸膛，她雙手緊抓傷口，拚命設法止血，生命之潮漸漸從她的體內滲流出去。儘管她的狀態很糟，但是那兩位士兵一看到她，就馬上認出她了。

她是羅莎・山尼那（Roza Shanina），年方二十就已成為紅軍的傳奇人物。她是隸屬第一百八十四步槍師的狙擊手，經證實總共擊斃五十九人。

沒有一本書是性別中立的，作者要麼選擇承認長久以來固有的性別不平等情況，在創造象徵理想讀者的虛構人物時，在陽性代名詞和陰性代名詞之間擇一選用；要麼做出更糟糕的選擇，選擇假裝沒有性別不平等，使用「他們」二字來概稱。不管是做出前述哪一種選擇，也無法沖淡以下的事實：性別中立尚未成真，不平等的情況仍舊存在。

我編纂本書時，幾乎是純粹站在男性角度描繪。細膩描繪的戰爭故事，當中的主角是男性。我提出訪談要求，回應的狙擊手數以百計，全部都是男性。對於昔日狙擊手的詳細描繪，也是大量以男性為中心。

可是，正如本節附錄一開始所強調的，女性狙擊手確實存在。二戰期間的蘇聯軍兵額短缺，各地能徵用的人民都徵用了，女性到達前線支援，她們也在前線作戰。

根據當時的文獻記載，在性格、耐心、毅力方面，女性應該會比許多的男性同袍還要更適合從事狙擊任務。那麼，為什麼女性狙擊手沒那麼多呢？阿紫．阿穆德（Azi Ahmed）的故事或許最能回答這個問題，阿穆德是英國女性，一九九九年至二〇〇二年跟空軍特勤隊一起受訓。空軍特勤隊是英國超級士兵精英團，利用令人生畏的課程作為選拔機制，在新兵當中篩選出最有潛力的候選人員。

阿穆德身高僅一百五十公分、體重四十四公斤，卻通過修訂版的空軍特勤隊體能訓練，可是後來不受認可，因為女性在前線或（如本例中的）敵區作戰的議題引發政治爭論，無法再持續下去，她參與的課程訓練遭到中止。

直到現在，由男性主導的女性參戰討論，還是側重於保護，而非訓練，側重於女性的弱點，而非女性的能力。我們全都知道這樣不對。英國軍方直接承認政策缺失，現在已再度准許女性擔任作戰職位。同樣的，美國國防部開放所有前線職位供女性申請。

我們會以為軍方立場改變是因為他們終於明白歧視是不對的，終於明白軍隊缺乏多樣化會失去重要人才和關鍵技能。然而，軍方決定重新檢討政策，認可女性也很適合作戰，並不是基於前述原因。

真正的原因是戰爭的性質起了變化。昔日的戰爭需要肌力多過於腦力，而今日的戰爭是高技能的競賽，需要的是技術、優異的訓練、心理健全、精神適性、適應力、彈性。再者，大家也公認最厲害的武器向來是人腦。

站在腦神經的角度來看，我們都知道男性大腦和女性大腦之間的共同點多過於不同點。從腦神經來看，性別的流動更是大過於我們能自在接受的程度。現代的訓練法讓男女之間不再有體能上的鴻溝。至於男女之間仍然留存的差異，與其說是與生俱來的性別上的屏障所致，不如說是文化上的人為所致。

因此，本書內容雖側重擷取大量以男性狙擊手為主角的文獻，著眼的卻是他們的腦力，而非肌力。男人能打造成訓練有素的狙擊手思維，女人也行。商界也是同樣的道理，在這個時代，多樣化是現在進行式，只不過速度比我們希望的還要緩慢。

閱讀本書，我們看到了男性狙擊手的英勇事蹟，想想很快就會有女性狙擊手的英勇事蹟可訴說，例如：羅莎．山尼那、柳米拉．帕里琴科（Lyudmila Pavlichenko）。帕里琴科是二戰期間的烏克蘭蘇維埃狙擊手，經證實總共擊斃三百零九人，是有史以來數一數二的軍隊狙擊手。

然而在那以前，商界應該要有更多女性在思考、表現上勝過那些重要職位的男性，畢竟她們也同樣具備了有如狙擊手的思維。

附錄四——向水學習吧

本附錄放在書末，針對文本內容探討過的主題，提供額外資訊。這是為了讓讀者讀過的內容增添新鮮感和深度，可豐富內容，也有教育甚至娛樂的作用。若是把附錄內容放在正文裡，可能會干擾本書走向，偏離要旨。

要是在內文中提到李小龍，尤其會干擾對話或甚至想法的走向。

李小龍的名字在多年積累後已成為流行文化的包袱，經受多次重新詮釋，再加上他在螢幕上扮演硬漢角色，以創新方式展現武術，在在打造出李小龍多層次的人格，因此沒有簡單的方法可以在本書介紹李小龍，非得另起一章才行。

本附錄基於同樣道理，必須簡短介紹，因此不得不藉由狙擊手思維的稜鏡，聚焦在李小龍的成就上，去探問他到底有什麼能促進這場獨特的交流對話。

李小龍在《李小龍：生活的藝術家》中如此寫道：「為了掌控自己，我必須先接納自己，要順從本性，不要對抗本性。」該書是彙總編輯而成，有平生記事、哲理論述、想法紀錄等。李小龍接納現況，而後超脫現況，覺察情勢並抑制激動，可說是跟接受特殊訓練的狙擊手相互呼應。

至於李小龍是怎麼頓悟，而後成為武術家，成就出日後的自己，書中一段格外重要的文字給了解釋。

我花了好幾個小時靜觀及練習，然後放棄了，一個人跑去划船。在海上，我想到了過去所有的訓練，很氣自己，拳頭用力朝水面打了一下。就在那個時候、那個當下，突然有了個想法，這水不就像是功夫的精髓嗎？現在這水不就是在向我展現功夫的原理？

我打了水，水卻不會痛。我又使盡全力打了水一下，水卻沒有受傷！然後，我試著抓住一把水，卻是徒勞一場。水，世上最軟的物質，可以裝在最小的玻璃罐裡，看起來很柔弱，卻能穿透世上最堅硬的物質。

我知道了！我要仿效水的本性。

突然，有一隻鳥飛過，倒影落在水面上。

正當我吸收著水教給我的功課，另一個帶有神秘感的隱含意義在我面前揭露，我在對手面前所產生的想法和情緒，不就該像是對待那些飛掠過水面的鳥的倒影，任由它們流逝？

這正是葉問師父所說的超然，不是毫無情緒或感覺，而是內心的感覺不黏滯也不阻礙。

因此，為了掌控自己，我必須先接納自己，要順從本性，不要對抗本性。

李小龍在針對水的本性和心理韌性發表知名的一席話，在勸告理想拳師「向水學習」以前，已先在書中直接引用老子的話：「天下莫柔弱於水，而攻堅強者莫之能勝，其無以易之。」

有時，在最關鍵的時刻，正是這些小事在心裡起了作用，帶來真正的改變。

附錄五——進入狙擊手思維

長久以來，我一直藉由《秘境探險》，在那個不是殺人就是被殺的虛構世界裡，逃離心理壓力。這款遊戲很不錯，只不過我花了一萬多個小時，還是玩得很爛，主要是因為對我來說，那是減壓的方法，在玩的時候我可以讓其他想法滲入腦袋裡。

我並不是百分之百專注在玩遊戲，我在線上玩是選擇多人選項，我想隊友肯定很不爽，因為我有時看起來像是在幫別隊，或是幫自己隊的倒忙。

我改變了一點，其實，是變了很多。我替這本書做背景調查的期間，看到一些研究報告在探討遷移的作用，遷移是大腦在虛擬環境裡學到技能，然後把學到的技能遷移到線下世界的另一種環境裡。

此後，我對線上遊戲的處理方式有了改變，畢竟有關狙擊手、狙擊技巧、高強度狙擊任務準備作業，一些最務實的建議都是來自於線上遊戲論壇的匿名使用者。

在本書的背景調查期間，我不僅在玩《秘境探險》時改變了行為和策略，也學會更加善用「死亡空間」（此區可讓人自然躲開視線），更快速接近敵人。我在心理上變得更沉浸在遊戲裡，觀察技能進而變得更敏銳，整體心態也改變了，得以在高壓下更冷靜處理，就像是情況很慘還能耍笨一樣。

我現在成了更厲害的玩家，還有一點更為重要，我能夠實際看到自己有所改善，這在之前根本是不可能發生的事。

如果你想要稍微體驗一下快速變動、難以捉摸的環境，對抗跟你一樣堅決又聰明的敵人，那麼我由衷推薦《秘境探險》這款遊戲。

我也很推薦《最後生還者》，這款遊戲很像《秘境探險》，可以讓你處於必須戰鬥才能存活的虛擬世界中。有一點跟《秘境探險》不一樣，《最後生還者》的玩家簡直要有團體動力博士學位才行，對戰略和策略也要高度覺知。

萬一你有時間解任務，體會一下當狙擊手的感覺，我也很推薦《狙擊之神 III》，這款策略遊戲很費心力，玩最高階的內容，非常精準地模擬了狙擊手的工作。

如果想要體驗今日的戰爭，想感覺戰爭的混亂、無聊、難以預測，或是想看看基本原理如何把士兵行動裡的理想、愛國心、政治、意識型態給剝除，只留下自身的生存、支援身旁的同僚，那麼我會推薦美國記者塞巴斯汀·榮格（Sebastian Junger）的兩部紀錄長片《當代啟示錄》和《克拉高谷》。撰寫本書期間，這兩部紀錄片我看了好幾次，對於戰場上的士兵，再度萌生敬意、深切理解。

許可

- 圖 1.3 依創作共用授權條款刊登。
- 圖 2.1 和 2.2 是在賽門・曼諾（Simon Menner）善意許可下刊登，著作權屬於賽門・曼諾，所有權利予以保留。
- 圖 2.5 依開放政府授權條款刊登，原攝影師為比爾・賈米森（Bill Jamieson）。
- 圖 3.2 依創作共用授權條款取用，著作權所有人 BodyParts3D, © The Database Center for Life Science，依 CC Attribution-Share Alike 2.1 Japan 授權。
- 圖 3.5 依創作共用授權條款取用，著作權所有人美國陸軍。
- 圖 4.4 依 GNU 自由文件授權使用，著作權所有人 Chabacano。
- 圖 10.2 依創作共用授權條款刊登，著作權所有人 Sean McCoy。
- 圖 12.1 依創作共用授權條款刊登，著作權所有人 Martín Otero。
- 圖 12.2 依創作共用授權條款刊登，著作權所有人 Sergei Meerkat。
- 圖 12.3 依創作共用授權條款刊登，著作權所有人 Liam Quinn。

職場通 職場通系列 045

一擊必中的狙擊手法則

商場如戰場，學習狙擊手思維，用最少資源達成不可能的任務

The Sniper Mind : Eliminate Fear, Deal with Uncertainty, and Make Better Decisions

作　　者　大衛・艾莫蘭（David Amerland）
譯　　者　姚怡平
總 編 輯　何玉美
編　　輯　簡孟羽
封面設計　張天薪
內文版型　顏麟驊

出版發行　核果文化事業有限公司
行銷企劃　陳佩宜・黃于庭・馮羿勳
業務發行　盧金城・張世明・林踏欣・林坤蓉・王貞玉
會計行政　王雅蕙・李韶婉
法律顧問　第一國際法律事務所　余淑杏律師
電子信箱　acme@acmebook.com.tw
采實官網　http://www.acmestore.com.tw
采實粉絲團　http://www.facebook.com/acmebook

I S B N　978-986-96497-0-4
定　　價　380 元
初版一刷　2018 年 8 月
劃撥帳號　50148859
劃撥戶名　采實文化事業股份有限公司
104台北市中山區建國北路二段92號9樓
電話：(02)2518-5198
傳真：(02)2518-2098

國家圖書館出版品預行編目(CIP)資料

一擊必中的狙擊手法則：商場如戰場，學習狙擊手思維，用最少資源達到不可能的任務 / 大衛.艾莫蘭（David Amerland）作；姚怡平譯 -- 初版. -- 臺北市：核果文化，2018. 08
面；　公分.

ISBN 978-986-96497-0-4（平裝）
譯自：The sniper mind : eliminate fear, deal with uncertainty, and make better decisions

1. 職場成功法　2. 自我實現

494.35　　107010414

采實出版集團
ACME PUBLISHING GROUP